推銷之王的冠軍法則

The Champion Rule of Sales Kings

寒暄有禮化、介紹客製化、讚美真誠化，銷售聖經在手，訂單只能我有！

U0087269

對於貧窮的人來說，就像是可望而不可及的星星間的距離只差「一個想法」

你必須擁有這本綜合了大師智慧的推銷聖經！
推銷大師們的人生經歷×成功法則×黃金定律×溝通技巧
每位推銷員、行銷人員創造佳績，走向成功的必讀好書

徐書俊，禾土 著

崧燁文化

目錄

目錄

目錄

目錄

目錄

前言

推銷在人們日常生活和商務活動中有著十分重要的地位和作用。世界上許多取得巨大成就，擁有億萬財富的傑出人物，有不少就是透過從事推銷等商務活動而逐步走向成功的。

如果你也想獲得成功的事業，或者你已經走上了推銷員的人生道路，那麼，學習世界上最偉大推銷員們的智慧和經驗，將會讓你獲得巨大的力量，讓你在朝著成功人生道路前進的途中更輕鬆、更自信。

本書是一本綜合了人類推銷菁英、成功人士的人生經典、成功法則和黃金定律的書。

書中包括了偉大的作家奧格‧曼迪諾所著（文中記載了一則感人肺腑的傳奇故事。一個名叫海菲的牧人，從他的主人那裡幸運的得到十卷神祕的羊皮卷，遵循卷中的原則，他執著創業，最終成為了一名偉大的推銷員，建立起了一座浩大的商業王國……這是一本深深影響全世界的書，適合任何年齡層的人閱讀。它振奮人心、激勵鬥志，改變了許多人的命運……本書是一經問世，英文版銷量當年突破 100 萬本，很快被譯成 18 國語言，每年銷量有增無減。），同時，也介紹了世界上最成功、最具影響力的推銷之王們的人生經歷和奮鬥歷程和成功啟迪，他們是：喬‧吉拉德、原一平、貝特格、柴田和子等四位頂級推銷大師。

此外，書中還介紹了成為最偉大推銷員的成功心態、銷售法則、人際溝通技巧和口才智慧等，它是每個推銷員、行銷人員創造佳績、走向成功的金科玉律。

本書可謂內容豐富，博大精深，堪稱是一本綜合了人類推銷智慧的「推

前言

銷聖經」。為了幫助讀者朋友學以致用，我們在本書中特別加入了不少實際案例閱讀和參考，你可以切實提高自身的推銷能力、溝通能力、達成交易的能力和自我推銷及管理的能力。

誠然，推銷人才並非天生而來，而是經由培訓和和磨練來的，無論是閱讀前輩菁英的經驗智慧也好，積極投身實踐也好，這個行業沒有捷徑可選，只有努力、努力、再努力。但是，每一位銷售人員都應該讀一讀這本書，因為本書是一本實用性很強的書籍，既可作為有志青年的勵志讀物，也可作為企業行銷人員、銷售人員的成功讀物。

它是一本值得隨身攜帶的書。擁有了它，你的生活或許從此會發生天翻地覆的變化，你將在推銷事業上、在商業活動中戰無不勝、攻無不克，你的人生也將由此走向輝煌。

卷一

世界上最偉大的推銷員

第一章　奧格‧曼迪諾

　　1924 年出生在美國的一個平民家庭的奧格‧曼迪諾（Og Mandino），在 28 歲前比較幸運，學校畢業後，他很快找到了工作，並結婚成家。但由於他沒有好好把握美好的生活，逐漸偏離了正確的人生軌跡，失去了工作和財產，妻子也和他離了婚。失意中的奧格‧曼迪諾在苦悶中徬徨。有一天，他在教堂做彌撒的時候遇到了一位將改變他一生的牧師，他教誨和鼓勵了曼迪諾一番後，送給了他一部《聖經》和一張列著 11 本書書名的清單，包括：《最偉大的力量》（J‧馬丁‧科爾）、《思考的人》（詹姆斯‧E‧愛倫）、《鑽石寶地》（拉舍爾‧H‧康維爾）、《向你挑戰》（廉‧丹佛）、《班傑明‧富蘭克林自傳》、《從失敗到成功的銷售經驗》（法蘭克‧貝特格）、《思考與致富》（拿破崙‧希爾）、《獲取成功的精神因素》（克萊蒙特‧斯通）、《神奇的情感力量》（羅依‧加恩）、《信仰的力量》（路易士‧賓斯托克）和《愛的能力》（愛倫‧佛洛姆）。從此，奧格‧曼迪諾開始仔細閱讀這些書，並決定：「我馬上付諸行動！」他要「用愛來面對世界，開始新生活。」這樣，他從賣報紙、公司推銷員，做到業務經理。在他 35 歲生日那一天，奧格‧曼迪諾創辦了屬於自己的企業──《成功無止境》雜誌社，他逐漸成了美國家喻戶曉的商界菁英。他以自己的親身經歷和體驗，在 44 歲時完成了《世界上最偉大的推銷員》一書。1968 年，此書出版的當年，英文版銷量超過了 100 萬冊，並且迅即被譯成法、俄、日、韓等 18 種文字。目前，估計此書在全球總銷量已超過了 2,000 萬冊。《世界上最偉大的推銷員》一書的主角海菲其實就是曼迪諾本人的化身，而泊沙羅在死前贈與海菲那十張充滿神祕色彩的羊皮卷，就是奧格‧曼迪諾遇到的牧師給他所開的「指定參考書」的精華。如果迫切想成為推銷菁英，那麼，你就翻開本書的下一頁吧，從此，你的人生事業也就人進入新的篇章。

海菲多年的祕密

海菲在鏡前行著，時而思索，時而在鏡前佇立，注視著鏡中自己的容顏。

「現在看來，我的全身只有眼睛還和年輕時一樣了。」他一邊自言自語，一邊轉過身，緩緩的他拖著年邁的步履，在敞亮的大理石地板上徘徊著。

臥床和沙發發著微光。鑲著寶石的牆壁上，織錦的精美圖案熠熠生輝。古銅花盆裡，碩大的棕櫚枝葉沐浴在石膏美人樣的噴泉中安靜的生長著。綴滿寶石的花壇和裡面的花兒競相爭寵鬥妍。凡是來過海菲這座華麗的大樓的客人都會說他是一個富商。

老人穿過花園的圍牆，走進大樓的另一邊大約五百步遠的倉庫。他的總管伊萊姆正在門口等他，開始一天的商務。

「老爺好。」

海菲點了點頭，沒有說話，仍舊面無表情的走著。見到這種情形，伊萊姆一臉困頓，但是他又不好多問，只是默默的跟在後面，心頭想著「主人為什麼選擇這裡會面」的問題。主僕二人走到卸貨臺前，海菲駐腳，看著一包包貨物從馬車上抬下來，井然有序的堆放在倉庫裡。

這些貨品種繁多，從小亞西亞的羊毛、細麻、羊皮紙、蜂蜜、地毯和油類，到本地生產的玻璃、無花果、胡桃、香精、帕耳邁勒島的衣料和藥材，阿拉伯的生薑、肉桂和寶石，埃及的玉米、紙張、花崗岩、雪花石膏和黑色瓷器，巴比倫的掛毯，羅馬的油畫，以及希臘的雕像等等，只要是能夠暢銷的，深受客戶喜愛的商品，可以說是應有盡有。倉庫的空氣中散發著香精的氣味，海菲敏感的鼻子還聞到了香甜的李子、蘋果、起司和生薑的味道。

然後，他轉向伊萊姆：「老夥計，我們的金庫裡現在有多少現款？」

「是全部嗎？」

「全部。」

「我最近沒有清點，不過估計在七百萬金幣以上。」

「倉庫裡的現貨，折合成金幣，總價值多少金幣？」

「老爺，這一季的貨還沒有全到，不過我想少說也折合到三百萬金幣。」

「哦，」海菲點了點頭，「不要再進貨了。馬上把所有的現貨賣了，換成金幣。」

老總管瞠目結舌，一句話也說不出來。他像是中彈似的往後退了幾步，緩了口氣才說道：「老爺，您把我弄糊塗了，我們今年的財運最好，各大商店都說上個季度銷售量又增加了，就連羅馬軍方都向我們買貨，您不是在兩個禮拜之內，賣給耶路撒冷的總督兩百匹阿拉伯牧馬嗎？請您原諒我，老爺，我一向很少頂撞您，但是這事，我實在弄不明白，您為什麼要……」

海菲微微一笑，和藹的拉著老伊的手，「老伊，你還記不記得好多年前你剛來的時候，我要你做的第一件事？」

伊萊姆皺了皺眉，然後眼睛突然一亮，「你吩咐我每年要把所賺的一半分給窮人。」

「那時候，你不是認為我是個做生意的白痴嗎？」

「我那時候覺得……」

海菲點點頭，指了指卸貨臺，「你現在不承認當時多慮了？」

「是的，老爺。」

「那麼，我勸你對我剛才要你做的事要理解，我會把我的用心解釋給你的。我老了，需要的東西很簡單，自從里莎走了以後，我就決定把所有財富分送給城裡的窮苦人，自己留下的這點夠用就行了。除了清理財產之外，

我希望你準備一些文件，把分行的所有權文件，轉移給所有分行的掌櫃、帳房，另外再拿出五萬個金幣，分給每個帳房，這麼多年來他們一直忠心耿耿，任勞任怨，從此，他們喜歡賣什麼就賣什麼，由他們自己經營。」

伊萊姆張了張嘴，海菲揮手阻止了他。

「你不太喜歡這麼做，是嗎？」

老總管搖了搖頭，勉強露出笑容，「不是的，老爺，我只是不明白您為什麼要這麼做，您好像在交代後⋯⋯」

「你老就是這樣，老伊，老是想著我，從來不替自己想想，我們的生意不做了，你就不為自己考慮考慮？」

「我跟了您這麼多年，怎麼能只想自己呢？」

海菲擁著老僕人繼續說道：「別這樣，我要你馬上把五萬金幣轉到你的戶頭上，然後我求你留下來，等我把多年來的一樁心事了結以後再走。到時候，我會把這座大樓和庫房都留給你，然後我就找里莎去了。」

老總管睜大眼睛看著主人，不敢相信自己的耳朵，「五萬金幣，房子，倉庫⋯⋯」

海菲點了點頭，「在我看來，你的忠心才是我一生中最大的財富，和它比起來，我送你的這些東西又算得了什麼呢？你懂得生活的真諦，不為自己，而為別人快樂的生活，這就是你與眾不同的地方。我現在要你做的，就是盡快幫我完成我的安排，我的時日不多了，對我來說，沒有什麼比時間更重要的了。」

伊萊姆轉過頭，不讓主人看見眼裡的淚水。「您說您有心願未了，是什麼心願？您對我像親人一樣，可是我從來沒聽您提過什麼心願。」

海菲雙臂抱在胸前，面帶笑容，「等你把我交待你的事辦完以後，我會告

訴你一個祕密 —— 這個祕密除了我，只有里莎知道。這個祕密都三十多年了……」

老人的羊皮卷

這樣，一輛遮蓋得嚴嚴實實的馬篷車從大馬士革出發了，車上裝載著各種證明檔和金幣，就要分送到海菲的每個帳房手中。從喬柏的歐拜特到派特拉的魯耳，每個帳房都收到了海菲的厚禮。他們得知主人退休的消息，個個瞠目結舌，不知說什麼好。當篷車駛過最後一站，全部完成了使命。

從此，曾經輝煌的商業王國不復存在了。

伊萊姆心情格外沉重，覺得非常難過。他派人稟告主人，說庫房已經空了，各地分行再也看不到那人人引以為榮的海菲王國的旗幟。不久，傳話的人回來說主人要立即見他，要他在噴泉邊等著他。

噴水池旁，海菲深深的端詳著伊萊姆：「事情辦完了嗎？」

「都辦完了。」

「別難過，老伊，跟我來。」

海菲帶著伊萊姆，向後面的大理石階梯走去。當他們走近一個擱置的柑木架上的大花瓶時，海菲的腳步突然停了下來。花瓶在太陽光裡由白色變成了紫色。看著它，海菲那飽經滄桑的臉上綻開花一樣的笑容。

接著，兩個人開始攀登內梯，階梯一直通向藏在大樓圓頂裡的房間。伊萊姆這才發現，昔日守在階梯口處的武裝警衛已經沒有了。他們爬上一個樓梯平臺，停下來歇息，兩個人都累得上氣不接下氣。當他們爬上第二個平臺時，海菲從腰帶上取下一把小鑰匙，打開那沉重的橡木門。他把身體靠在門上，門吱呀呀的向裡面推開了。伊萊姆在外面躊躇著，當主人喚他，才小心

翼翼的走了進去，走進這三十年來的禁地的絕密。

　　橙色的陽光夾雜著塵埃從塔樓的縫隙中流瀉下來。伊萊姆抓住海菲的手，漸漸適應了幽暗的環境。房子裡幾乎空無一物，一束陽光落在牆角，只有那裡放著一個香柏木製成的小箱子。伊萊姆環顧四周的時候，海菲臉上浮上淡淡的笑容。

　　「老伊，現在的結果讓你失望了吧？」

　　「老爺，我不知道說什麼才好。」

　　「你難道不感到這裡的失望嗎？這三十年來，我一直請人嚴加守護，大家一定常常議論，猜測這裡面放了些什麼神祕的東西。」

　　伊萊姆點點頭，「不錯，這些年來常聽大家議論著塔樓上藏的東西，有許多謠言。」

　　「這些謠言我都聽過，有人說上面有整箱的鑽石、黃金，有人說這上面有珍禽異獸，甚至有一個波斯商人說我在金屋藏嬌，里莎還笑這個商人心術不正。你看，其實除了一個箱子以外，什麼也沒有。」

　　兩人在箱子旁蹲下身去。海菲小心翼翼的把包在箱子上的皮革掀開，深深的吸了口柏木散發出來的香氣，最後，他按下箱蓋上的按鎖，蓋子一下子彈開了。伊萊姆向前傾著身子，目光越過海菲的肩頭，落在箱內的東西上。這一來，他更糊塗了，要這頭看著海菲。箱子裡除了幾張羊皮卷，再什麼也沒有了。

　　海菲伸手輕輕的拿出了一卷，閉上雙眼，緊緊的摀在胸前。他的臉變得平靜安詳，幾乎撫平了歲月留下的皺痕。他站起來，指著箱子，說道：「就算這屋子裡堆滿鑽石，它的價值也無法超過你眼前的這些羊皮，我的成功、幸福、快樂、愛心、安寧、財富全來自這幾張羊皮，我永遠無法報答它的主人對我的恩情。」

伊萊姆聽了海菲說話的語氣，驚駭得後退了幾步，道：「這是不是您所說的祕密？這箱子和您說的心願有關係嗎？」

「有關係。」

伊萊姆擦了擦額頭上的汗珠，疑惑的看著主人。「這幾張羊皮卷裡究竟寫些什麼，會比鑽石還珍貴？」

「這些羊皮卷，除了一卷以外，全都記載著一種原則，一種規律，一種真理。它們都是用獨一無二的格調寫成的，以便讀者了解其中的含義。一個人要想掌握推銷的藝術，成為這方面的大師，那就一定得看完所有的內容。假如懂得運用這裡面的原則，那他就可以隨心所欲，擁有他想要的財富。」

伊萊姆盯著箱中陳舊的羊皮卷，困惑不解的問道：「和您一樣有錢嗎？」

「如果願意，甚至可以比我還富有。」

「您剛才說過，這些羊皮卷講的都是推銷的辦法，除了一卷以外，那麼這一卷又講了些什麼？」

「你說的這一卷，其實是必須閱讀的首卷。其他每卷都要按特殊的順序來讀。這頭一卷裡藏著一個祕密，能夠領悟它的智者，歷史上寥寥無幾。事實上，這第一卷是閱讀指南，告訴我們怎樣有效的看完其他幾卷。」

「好像是人人都可以做的事情。」

「確實很簡單，只要肯花時間，專心致志，把這些原則融入自己的個性當中，讓原則成為一種生活習慣。」

伊萊姆伸手拿出一卷，小心翼翼的捧著它，顫巍巍的問他的主人：「請您原諒我這麼問，為什麼您不把這些原則告訴我們？特別是常年在您手下工作的人。對於其他的事，您向來很大方，為什麼那些終生替您賣命的人，都沒有機會看到這些羊皮卷，獲得財富？最起碼，他們可以變成更優秀的推銷

員，賣更多的貨，這麼多年來，您為什麼對這些原則一直保密到現在？」

「我沒有多餘地選擇，許多年前，當這些羊皮紙卷交到我手中時，我曾發過誓，答應只讓一個人知道內容。我至今也不明白為什麼會有那麼奇怪的要求。我受命將羊皮卷裡所寫的東西用到自己的生活中，知道將來有一天出現那麼一個人，他比少年時的我更需要幫助，更需要這羊皮卷的指引，那時我就把這些寶貝傳給他。據說我將透過靈異認出那個我要找的人，可能他並不知道自己在尋找這些東西。

「我一直耐心等待著，一面等，一面按上面的啟示去做，結果我成了人們所說的最偉大的推銷員，就像給我羊皮卷的那個人一樣，他也是他那個時代最成功的推銷大師。伊萊姆，你現在大概可以想到，為什麼有時候我會做出你看來莫名其妙、毫無意義的舉動，而結果卻證明我是正確的。我一直深受這些羊皮卷的影響，照上面的思維和方法去做，也可以說，我們所賺的財富，並不是出自我個人的智慧，我只是個替代執行工具而已。」

「生活了這麼多年，您還相信那個傳人終會出現？」

「是的」

海菲小心翼翼的把羊皮卷放回箱內，然後把箱子蓋好。

「老伊，你願不願意跟著我，直到我找到那個傳人為止？」

老伊在柔和的光線裡伸出手去，終於和主人的手緊緊握在一起。伊萊姆忠厚地點了點頭，然後悄悄的退下，走下了閣樓。海菲把箱子重新鎖好，用皮革裹好，又看了一會兒才直起身子走出閣樓。

東風微微吹來，拂過老人的臉頰，風中挾著遠處湖水和沙漠的味道。他高高的，站在那兒，隨風的往事掠過了胸際，老人微動雙唇，微微的笑著望著遠方。

真正的財富是成功的信心和決心

　　山上寒風獵獵，似乎讓人感覺永遠無法擺脫冬季嚴寒的氣息。耶路撒冷教堂裡燒香燻煙的氣味，焚燒屍體時發出的惡臭，以及山上樹林裡松脂的清香，混雜在一起，穿過山谷，嫋嫋飄來。

　　離馬耐村不遠的斜坡上，歇息著帕耳爾邁勒島的泊沙羅商隊。夜深人靜，萬籟俱寂，主人最寵愛的種馬也不再咀嚼低矮的樹叢，靠在樹旁，安靜的打盹。

　　很長的一列帳篷旁，粗大的麻繩圍住四棵古老的樹，圈在裡面的駱駝和騾子擠在一起，互相取暖。除了兩個守夜的來回巡邏外，周圍一片寂靜，只有泊沙羅的帳篷現出人影走動。帳篷裡，泊沙羅面帶慍色，來回踱著步子，對跪在門邊的那個怯生生的少年時而皺眉，時而搖頭。最後，他在金縷交織的地毯上坐下來，招手示意少年過來到他的身邊。

　　「海菲，我一直當你是自己的親生兒子。我不明白你為什麼會提出這種奇怪的要求，你對現在做的工作不滿意嗎？」

　　「不是，老爺。」

　　「是不是敞篷車多了，你餵養不了那麼多駱駝？」

　　「也不是，老爺。」

　　「那麼，再把你的請求說一遍，慢慢的說，告訴我你這樣做的理由。」

　　「我想當一個推銷員，幫您去賣貨，我不想一輩子只當為您看管駱駝的僮僕。我想和哈德、西門、凱里他們一樣，帶著大批的貨出去，回來的時候帶回一大堆金幣。我不想再過這樣位卑低下的生活，一輩子餵駱駝，沒什麼出息，如果能做推銷員，我有一天一定會成功，會賺大錢的。」

「你怎麼會有這種想法呢？」

「我常聽您說，一個人要想從貧窮變為富有，最好的方法就是去做一名推銷員。」

泊沙羅開始點頭了，思忖了一會兒，「你認為你能夠做得像西門還有其他推銷員一樣好嗎？」

海菲信心十足的盯著老人說：「我常聽凱里抱怨運氣不好，貨賣不出去，也常聽您告誡他說，任何人只要認真勤學推銷的原則，掌握規律，就能在很短的時間裡把貨賣出去。像凱里這麼笨的人都能學會那些，我想我一定能夠學會！」

「如果有一天，你對那些法則運用自如，那你一生的目標是什麼？」

海菲猶豫了一下：「人人都稱讚您是一位了不起的推銷大師，世上從來沒有一個商業王國像您親手建立的這麼龐大。我的目標是要比您更偉大，做一個全世界最偉大的商人，最成功的推銷員，最有錢的富翁。」

泊沙羅向後挺了挺身子，仔細打量著眼前這個稚氣的少年。少年的衣服上隱隱可以聞到牲口的味道，但他的神態中看不到絲毫的自輕自賤。「那麼，你打算怎樣處理這麼多財富和那一起而來的權勢呢？」

「和您一樣，我要我的家人好好享受，然後我要救濟窮人。」

泊沙羅搖了搖頭，「孩子，不要把財富當成你一生的目標。你的話很動聽，但那還不夠，真正的富有，不是錢包裡的，而是精神上的。」

海菲馬上問道：「您不算富有嗎？」

老人笑了，笑少年的幼稚。「孩子，從物質上的富有來講，我和外面的乞丐，只有一點不同，乞丐想的是下一頓飯，而我想的是最後一頓飯。孩子，不要一心只貪妄發財，不要受金錢的奴役。要努力去爭取快樂，愛與被

愛，最重要的，是求得心靈的寧靜和平衡。」

海菲依然堅持自己的觀點，「如果沒有錢，您說的這些是達不到的。誰能一文不名而心理平衡？誰能飢腸轆轆而快樂幸福？不能養家糊口，豐衣足食，怎能讓家人感受到愛的關懷？您自己也說過，能帶給人快樂的財富便是美好的。那麼，我要成為一個有錢人不可以嗎？

「對我來說，貧窮只意味著無能無志，而我並非這樣不中用的人！只有沙漠裡的和尚，才適合過苦日子。因為他們只需養活自己，除了神以外，不用討好別人。」

泊沙羅皺起眉頭，「是因為什麼事情讓你突發奇想，躊躇滿志？你說要養家糊口，可除了我這個在你父母病故後收養你的人，你並沒有家人呀？」

海菲那被太陽晒得黑黑的臉龐，掩不住突然泛起的紅暈。「我們路過希伯倫的時候，我遇見了卡耐的女兒。她……她是……」

「哦，哦，現在說實話了，不是什麼大道理，是愛情讓這個看管駱駝的男孩變成一個勇士。卡耐很有錢，他能讓自己的女兒和一個看管駱駝的窮小子在一起嗎？絕不可能！假如是一個年輕有為、英俊瀟灑的富商，那又另當別論了。那好，我可以助你一臂之力，讓你做一名推銷員，開創自己的新天地。」

海菲跪在地上，感激的抓住主人的長袍。「老爺，老爺，我該怎樣報答您啊？」

泊沙羅掙扎了海菲的手，退後一步，「你先不要謝我，我能給你的幫助微乎其微，最重要的還是要靠你自己堅持不懈的努力。」

海菲不禁問道：「您不教我那些原則規律，讓我變成偉大的推銷員嗎？」憂慮重新又代替了喜悅。

「你小的時候，我從來沒寵過你，大家都說我不該對你管教這麼嚴格，不該讓養子去做餵牲口的粗活，可是我一直相信只要心中的那團火燒得恰到好處，早晚會冒出火花，那時你就會成為一個真正的男人，以前吃的苦都沒有白費。今晚，我很高興你能提出這樣的要求，你的眼睛像點燃的火焰，你的臉上充滿渴望，看來我沒有看錯人。不過你還要倍加努力，用事實和行動來實現你的理想。」

海菲沉默不語，主人說道，「首先，你要向我證明，當然更重要的是向自己證實，你能忍受推銷的勞累和辛苦。你的這個選擇，並非輕而易舉。你常聽我說，只要成功，報償相當可觀，我這樣說，只是因為成功的人太少了，因此回報才大。許多人半途而廢，他們在絕望失意中，並沒有感覺到自己已經擁有達到成功的一切條件。一些人面對困難，畏縮不前，如臨大敵，殊不知，這些絆腳石正是他們的朋友，他們的助手。困難是成功的前提，因為推銷和其他行業一樣，失敗乃成功之母。每一次的失敗和奮鬥，都能使你的思想更成熟，磨練你的本領和耐力，增加你的勇氣和信心。這樣，困難就成了你的夥伴，發人自省，迫人向上。故天將降大任於斯人也，必先苦其心志，勞其筋骨，困乏其身，所以動心忍性，增益其所不能。」

海菲在一旁頻頻點頭，想著老人的話，正要開口，卻被老人揮手止住了。「還有，你正走向世界上最孤獨的行業。即便是受人輕視，夕陽西下時，還有家回，那些士兵，天黑以後只能以營舍為家。但是你以後會眼睜睜的看著太陽下山，遠離親友，無處藏身，看著別人闔家歡聚，共用天倫，你別無選擇，只能穿越萬家燈火，匆匆趕路。世上沒有比這些更能讓人觸景生情，心灰意沉的事情。」

「當你備感寂寞的時候，誘惑就來了。」泊沙羅繼續說著，「如何應對這些誘惑，關係到你的事業和前途。當你獨自趕路，伴著你的只有一匹駱駝

時，你會感到陌生而可怕，那時，我們常常會暫時忘了一切，忘了前途，忘了身分，變得像小孩子一樣，渴望安全，渴望一份屬於自己的溫暖和愛。許多人熬不住，半途而廢，另找出路。其實事實上，他們都具有潛力，可以成為一流的推銷員，只是缺乏忍耐力。有時，當你的貨推銷不出去的時候，沒有人會諒解你，安慰你。人們只會趁你不注意的時候，拿走你的錢袋。」

「我會記下您所說的這一切。」

「現在就開始吧！我不再給你任何忠告。現在，你就像一顆青澀的無花果，熟透前無人問津。等有了經驗，有了知識，有了收穫你才算得上一名真正的推銷員。」

「那麼，我該怎樣開始呢？」

「明早，你先到管行李車的西耳偉那兒去，他會給你一件紅色的袍子，算在你的帳上。這袍子是山羊毛織成的，可以防雨。袍子裡面繡著一顆小星星，是托拉工廠的標識，他們做出的袍子，品質式樣全是一流的。我們的標識繡在小星星的旁邊，是個四方的框框，裡面有個圓圈。幾乎每個人都認得這兩個標識，我們不知道已經賣出多少件這種袍子了。我和猶太人打了多年交道，他們管這種袍子叫『阿不恩』。」

「拿到袍子後，牽上驢，天一亮就到伯利恆去。我們來這裡前，曾經路過那個村莊。到目前為止，我們還沒有人去那兒推銷過。據說，那裡的人太窮了，去那裡賣東西是白費時間。可是多年以前，我曾經親自賣過幾百件袍子給當地的牧羊人。你就留在伯利恆，賣掉袍子再回來。」海菲點點頭，掩飾不住心中的興奮。「一件袍子要賣多少錢？」

「你回來跟我結帳的時候，交給我一塊銀幣就行了。賺下的你就自己留著吧。這樣，你就可以自己定價了。伯利恆的市場在南門口，你可以先到那兒看看，或是打算挨家挨戶拜訪，都隨便你，那兒大概有一千多戶人家，總有

一戶人家會買吧？你說呢？」

海菲又點了點頭，心已啟程。

泊沙羅輕輕按著少年的肩膀。「你回來之前，我不會找人頂替你的工作。假如你發現自己不適合做這種工作，我會諒解你，可別覺著有什麼丟臉的。不要計較成敗，一個從來沒有失敗過的人，必然是一個從來沒有未嘗試過什麼的人。你回來以後，我會問你總結經驗，然後再決定下一步如何幫你實現自己的夢想。」

海菲深深一鞠躬，正打算退下，老人又開口了，「孩子，在你開始這種新生活之前，你要牢牢記下一句話，多想想它，當你遇到困難和問題就會迎刃而解。」

「您說吧，老爺。」

「只要決心成功，失敗就永遠不會把你打倒。」

泊沙羅上前兩步，「明白我的意思嗎？」

「老爺，我明白。」

「那麼，重複一遍。」

「只要決心成功，失敗永遠不會把我打倒。」

暗夜中的星辰

想著自己坎坷的命運，海菲把啃了一半的麵包推到一旁，明天就是他到達伯利恆的第四天了，他滿懷信心帶來的那件紅袍子，依然原封不動的放在牲口背上的包裹裡。

旅館裡人聲嘈雜，他卻全然不知，只皺著眉，愣愣的看著桌上沒吃完的晚餐，那些多年困擾著每個推銷員的問題，向他襲來。

　　怎樣才能引起他們的注意？「為什麼人們不願聽我說什麼？為什麼不等我開口，他們就把門關上了？為什麼他們對我的話不感興趣？這個小鎮上的人都那麼窮嗎？要是他們說喜歡我的袍子，可是買不起，那我又能說什麼呢？為什麼好多人都叫我停幾天再去？我賣不掉這袍子的話，別人能賣掉嗎？每次敲門的時候，心中就有說不出的害怕，這到底是怎麼回事？怎麼才能克服這種心理？是不是我比別人賣得貴了？」

　　也許他不適合做這行，也許他還是應該回去重新餵養駱駝，繼續做每天只能賺取幾個銅板的苦工。他搖著頭，對自己的失敗很不滿意。要是他能把袍子賣掉，回去見到主人，該有多麼風光！泊沙羅叫他什麼來著？年輕的勇士？此時此刻，他多麼希望自己能帶著成群的牲口衣錦還鄉啊！

　　他又想到了里莎，想到她那勢利眼的父親卡耐。從而，他很快打消了這些猶豫不定的想法。再在山上湊合一夜吧，看好行李，明天一早再去碰碰運氣。這回他得使出百般招數，巧言說服大家，賣個好價錢。得早點啟程，天一亮就出發。碰上一個人就如此這般的說一遍，也許很快就可帶著錢回去了。

　　泊沙羅一定會對他感到滿意，引以為榮，因為他沒有半途而廢，失敗而歸。他一邊啃著剩下的麵包，一邊想著他的主人。四天賣掉一件袍子，時間是長了一點，但他心裡明白，這次能用四天時間賣掉東西，以後就能從主人那裡學到三天賣掉東西的方法，然後兩天，總會有那麼一天，他能在一小時內賣掉許多件袍子。那時，他就真成了知名的推銷員了。

　　告別嘈雜的小客棧，他舉步走向拴著駱駝的山洞。野草在寒冷的空氣中凍僵了，披著一層薄薄的霜衣，他踩在上面，草葉劈啪作響，發出脆裂的抱怨聲。他今晚不打算回山上，就和駱駝在洞裡擠一夜。

　　他現在明白為什麼別的推銷員都不願光顧這個小鎮，但他還是堅信明天

自己會吉星高照，時來運轉。每每受到拒絕時，他都會想起別的推銷員說過這裡根本沒有生意可做。可是，泊沙羅不是在多年以前在這一帶賣出了很多袍子嗎。也許時過境遷了，再說，泊沙羅畢竟是個了不起的推銷大師。

　　洞裡好像有亮光，可能是小偷。想到這兒，他加快了腳步，一個箭步衝進了洞口。誰知眼前的畫面倒讓他鬆了口氣，擒賊的念頭化為烏有。

　　一支蠟燭在石縫中勉強插著，微弱的燭光下，一個滿臉鬍子的男人和一個年輕女人緊緊靠在一起。他們腳邊放草料的石槽裡，睡著一個嬰兒。海菲雖然不大懂，不過由嬰兒皺巴巴的深紅膚色看來，這孩子才生下來不久，年輕夫婦怕嬰兒著涼，兩個人身上的斗篷全蓋在他身上，只露出睡得香甜的小臉。

　　那個男人朝海菲點了點頭，一旁的女人挪動了一下身子，靠近旁邊的孩子。沒人說話。海菲注意到女人在瑟瑟發抖，這才發現她衣衫單薄，難以抵禦洞裡的溼寒，他又看了看孩子，看著他的小嘴一張一合，好像在對他笑。看著這種情景，一種奇妙的感覺湧進海菲體內，也不知道為什麼，他突然想起里莎。女人又在發抖，把他從幻覺拉了回來。

　　經過一番痛苦掙扎，這個未來的大老闆，走到駱駝跟前，小心的解開包裹，取出袍子，把它展開，愛惜的撫摸著它。袍子的紅色在燭光下像燃燒的火。他看到袍子上繡著的兩個公司的標誌：方框框裡一個圓圈，還有一顆小星星。三天來，這袍子在他累得痠痛手臂上不知掛過多少次了，他甚至認得出袍子上的每一根纖維。這的確是一件上等長袍，小心保養的話，可以穿上一輩子。

　　海菲閉上眼睛，嘆了口氣。然後，他快步走向眼前的這個小家庭，在孩子身邊的稻草上跪下來，輕輕的把蓋在他身上的破斗篷拿開，分別交給男人和女人。這對夫婦對海菲自作主張的舉動不知所措，看著他張開珍愛的紅袍

子，充滿柔情的包在熟睡的嬰兒身上。

海菲牽著他的駱駝走出了小洞。孩子母親在他臉上留下的親吻還留著餘溫。在他頭頂正上方的夜空中，高掛著一顆明亮的星星，他從未見過這麼的明亮。他靜靜的仰望著，直到眼眶盈滿了淚水，才騎著駱駝，踏上了歸途。

勇敢去吧，就這樣做

他為什麼要做這種蠢事？海菲慢慢的騎著，垂著頭，不再理會那顆星星，任它將皎潔的光芒灑在前方的路上。他根本不認識洞裡的人，為什麼沒有想到把袍子賣給他們？怎麼向主人交待？別人又會怎麼看他？要是他們知道他把自己欠了帳的袍子送給不相識的人，何況是給了一個山洞裡的嬰兒，一定會笑得在地上打滾。

他思忖著，打算編個故事，就說他去吃飯的時候，袍子被人偷走了。老闆會相信嗎？不過，就算泊沙羅信了他的話，難道不會怪他疏忽嗎？反正這年頭到處是強盜。

一眨眼，他已經回到了商隊紮營的地方。海菲下了駱駝，憂心忡忡的牽著牲口，來到篷車前。頭頂上的星光將大地照得如同白晝。泊沙羅正站在帳篷外，仰望夜空。他一路上忐忑不安的場面終於出現了。

海菲止住了腳步，不動聲色，老闆還是馬上發現了他。

泊沙羅驚訝不已，走近少年問道：「你直接從伯利恆回來的？」

「是的，老爺。」

「你留意過沒有，有顆星星一直在跟著你？」「我沒留意，老爺。」

「沒有留意？兩個小時前，從我看到有顆星星在伯利恆的方向升起的時候，我就站在那兒，一動沒動，我從來沒見過這麼光彩奪目的星星。我看著

它出現，又看著它朝著我們的方向移過來。現在它就在我們頭頂的正上方停住了，你正好出現，天啊，它這會兒也停住了。」

泊沙羅走近海菲，仔細打量著年輕人的神色，追問道：「你在伯利恆有沒有遇上什麼特別的事情？」

「沒有，老爺。」

「我從來沒有經歷過這樣一個夜晚。」老人皺起眉，頓時陷入了沉思。

海菲欲言又止，終於還是說道：「我也永遠不會忘記今夜，老爺。」

「哦，那一定是發生了過什麼事，你怎麼這麼晚趕回來？」

海菲一言不發的看著主人檢查著他的行李。「空了。終於成功了！來，好好把這次的經歷跟我說說。看來今晚睡不成是上帝的意思了。你就好好的講給我聽，說不定我可以聽出些眉目來，看看這顆星星為什麼跟著一個餵駱駝的人。」

泊沙羅斜靠在帆布床上，閉著眼睛傾聽海菲描述在伯利恆遇到的無數次拒絕、挫折和侮辱。聽到有個瓷器店老闆連推帶搡的把海菲趕出店門時，他點了點頭；聽到由於海菲不肯降價，那些士兵把袍子扔到他臉上時，老人微微一笑。

最後，海菲的嗓子都說啞了，終於說到傍晚在客棧裡的種種疑慮。泊沙羅打斷他的話，「海菲，盡量說詳細些，你坐在客棧裡，心灰意冷的時候，心裡有什麼疑慮？」

海菲盡量把想得起來的都說了一遍。老人又道：「好，現在告訴我，最後是什麼念頭讓你打消這些疑慮，重新鼓起勇氣，打算第二天拿著袍子再去推銷？」

「我只是想到卡耐家的女兒，我知道，要是失敗了，就永遠沒臉見她

31

了。」說著，他突然失聲道：「可是我還是失敗了！」

我不明白，「你失敗了？你並沒有帶著袍子回來呀？」

海菲不得不將洞穴、嬰兒以及長袍的故事說了一遍。由於聲音太低，泊沙羅只好向前傾著身子。他一邊聽，一邊望著帳篷外灑滿星光的大地。他不再困惑，慢慢露出笑容。他沒有注意到少年已經把故事講完，開始在一旁低聲的哭泣。

漸漸的，抽泣聲也止住了，帳內一片沉寂。海菲不敢抬頭看他的主人。他已經失敗了，事實證明，他只配餵養駱駝，他很想站起來逃出帳篷。突然他感到那位推銷大師的手正按在自己的肩上，他不得不看著主人的眼睛。

「孩子，這一趟，你沒賺什麼錢。」

「老爺，是的。」

「我不得不承認，天上的那顆星星照亮了我的眼睛。但在我看來，你獲益匪淺。等我們回到帕耳邁勒島以後，我再解釋給你聽，現在我要聽我的。」

「好的，老爺。」

「明天日落之前，我們的推銷員都會回來，到時候他們牲畜還需要人照料。你願不願意先回去照料那些牲畜？」

「您吩咐我做什麼，我都願意去做……這一趟讓您失望，我很難過。」海菲順從的站起身，感激的向主人鞠了一躬。

「準備一下，大夥快要回來了。我們回家以後再說。」

海菲出了帳篷，星光亮得他睜不開眼。他揉揉眼睛，聽到主人在裡面叫他。

海菲轉回身又進了帳篷，聽候主人的吩咐。只聽老人說道：「好好休息吧，孩子，你沒有錯，也沒有失敗。」

那顆明亮的星宿，整晚都停在帳篷上的天空。

遵守羊皮卷保密的諾言

商隊返回帕耳邁勒島兩個星期後的一天夜裡，海菲在圈棚的草床上被人叫醒 —— 主人要見他。

他急忙來到主人的寢宮，手足無措的立在床頭。寬大的床鋪使得睡在上面的人看起來小了許多。泊沙羅睜開雙眼，掙扎著坐了起來。他面容憔悴，手上青筋暴露，海菲不敢相信，眼前的這個人，就是兩週前和自己談過話的那個人。主人用手指了指床鋪的下面，海菲小心翼翼的挨著床邊坐下來，等著主人發話。他注意到就連主人說話的音調都和上次見面時大不相同。

「這些天來，你有足夠的時間考慮，你還想成為一個最偉大的推銷員嗎？」

「是的，老爺。」

「那就開始吧！老人點了點頭。我本想多花點時間和你說話，但是你也看得出來，我還有別的事要做。雖然我是一個成功的推銷員，但是我還是沒辦法把死亡從這個門口推銷出去。死亡早在那兒等著我了，就像一隻餓狗，等在廚房門口，稍一麻痺，就衝進來把我吃掉……」

話沒說完，他便咳嗽起來，海菲呆呆的坐在床邊，看著老人吃力的喘著氣。最後，咳嗽停了，泊沙羅露出虛弱的笑容。「我們在一起的時間不多了，我還是言歸正傳吧。你先把床下的香杉木箱子取出來。」

海菲跪下來，雙手摸索著，從床底拉出一個裹著皮革的小箱子，把它放在泊沙羅剛剛坐過的地方。老人清了清喉嚨，「很久以前，當我連個餵養駱駝的僮僕都不如的時候，偶然間救了一個東方人，那時他被兩個強盜綁架。事

後，這個東方人便說我是他的救命恩人，一定要報答我。他見我無依無靠，孤苦伶仃的一個人，就把我接到他家去，與他的家人共用天倫之樂。」

「我逐漸適應了那裡的生活。一天，他把這個箱子打開給我看，裡面裝了十張羊皮卷，每一張都標了號碼。第一張寫的是如何學習這些羊皮卷上的功課，其他幾張講的是關於推銷藝術的所有祕訣。他花了整整二年的功夫，把那些哲理一條一條的講給我聽。我終於記住了每一卷裡的每一個字，直到它們與我融為一體，指導著我的生活。

「此後，他把箱子給了我。除了十張羊皮卷以外，還有一封信，一個錢袋，裝著五十枚金幣。他說，那封信必須在我離開他家以後才能拆開。從而我告別了那一家人，隻身前往帕耳邁勒島經商。我看了那封信，信上說，我得利用那些錢，結合羊皮卷上的方法，去開創新的生活。信中命令我無論何時，都要把賺得的一半財富分給那些比我貧窮的人，但箱中的羊皮卷不能給人，甚至不能讓人看到，直到我得到神的啟示，找到下一個人選為止。」

「我不明白，老爺。」海菲搖搖頭。

「許多年來，我一直在尋找那個人。我一邊等待他的出現，一邊運用羊皮卷中的祕訣經商，存了不少財富。你從伯利恆回來以前，我還以為有生之年見不到這個人了。一直到看見你站在那顆星星下面的時候，我才意識到什麼。我試圖去想清這種現象的寓意，而我只能順從神的安排。後來，你告訴我說你放棄了那件對你來說意義重大的袍子時，我才聽到內心深處有一個聲音說：「我長期以來的尋求現在可以結束了。我終於等到了可以繼承那只香杉木箱的人。」說也奇怪，從我找到合適人選的時候開始，我的精力便開始衰竭，現在我的大限已到，可以安心的走了。」

「孩子，你仔細聽著，因為我沒有力氣再重複這些話了。」老人的聲音越來越弱，他握緊雙拳，傾身向前對海菲說。

海菲坐到主人身旁，含著淚，他們握著手。這位推銷大師深深的吸了口氣，繼續說道：「我現在把這只箱子還有裡面價值連城的東西都交給你，但是你必須先答應我幾件事情。這裡有一個錢袋，裝著一百枚金幣。你可以用它們維持生計，再買一些地毯開始做生意。我本可以給你更多錢財，但是這對你只有百害而無一益，你要靠自己的奮鬥成為世上最偉大的推銷員才有意義。你現在知道我一直沒忘記你的夢想了吧！」

「你馬上離開這裡，到大馬士革去，那裡有的是機會，羊皮卷裡的東西派得上用場。等你落下腳，就可以打開第一張羊皮卷了，其他幾卷暫時不要看。你要反覆誦讀，熟記裡面的內容，體會其中的含義。以後再依次打開其他幾卷，運用裡面的原則和方法，你賣出的地毯一定會一天比一天多的，生意一天比一天好的。」

「你必須發誓，依照第一卷的指示去做。你答應嗎？」

「答應，老爺。」

「好，只要照著羊皮卷上面教的方法去做，將來你會比自己夢想的還要富有。我的第二個條件是，你必須把賺下的錢財分給那些比你不幸的人，這一點不能有絲毫含糊，你答應嗎？」

「答應，老爺。」

「最後，還有最重要的一個條件，你不能把羊皮卷上的內容告訴任何人，將來有一天，你會得到神的啟示，就便那顆星星對我的啟示，到時候，你會認出這個人來，也許連他本人也不知道是怎麼回事。等你確認無誤之後，你再把這箱祕密傳給他。這第三代傳人，假如他願意，就可以把所有祕密公之於世了。你答應這個條件嗎？」

「答應。」

泊沙羅長噓一口氣，如釋重負。此刻，他面帶微笑，用骨瘦如柴的雙手

捧起海菲的臉龐。「帶上箱子上路吧。我們不會再見面了。孩子，我愛你，祝你成功，也願你的里莎能分享你未來的一切幸福。」

淚珠順著海菲的臉頰滾落下來。他拿起箱子，走出主人的臥房。他在門外停住腳步，放下箱子，又轉回頭問他的主人：

「只要決心成功，失敗永遠不會把我打倒？」

老人靠在床上，微微點了點頭，微笑著朝他揮手告別……

決心成功就立即行動

海菲騎著駱駝，由南門進了大馬士革城。他沿著一條叫做斯特啟的大街走著，心中充滿了疑慮和惶恐。趕集者的喧囂吵嚷聲，都無法驅除他內心的恐懼。以前跟著主人的商隊，浩浩蕩蕩的來到這裡時是多風光啊，現如今自己孑然一人，無依無靠，前途難卜。街上兜售生意的小販，聲音一個比一個響亮。他看著鴿子籠似的店鋪。他經過滿地擺著的攤位時，琳瑯滿目的銅器、銀器、馬具、織品、木工製品，讓他每走一步，都會有小販上前伸出手兜售生意，發生自憐的哀泣。在他的正前方，西牆外，矗立著海門山。雖然時已入夏，山頂依舊皚皚白雪，遠遠的俯視著熙熙攘攘的人群，似乎已習慣了它的喧嘩。海菲離開了這條遠負盛名的街市，開始打聽可以過夜的地方，沒多久就找到一家叫做漠沙的旅館。房間很乾淨，他預付了一個月的房費，店老闆立即對他殷勤起來。他把牲口牽到後面拴好，自己去布人河洗了澡，回到客房。

海菲把那個香杉木箱放在床下邊，掀開裹在外面的皮革。把蓋子打開，他凝視了一會兒裡面的羊皮卷，伸手摸了摸，一觸到那些羊皮卷，他突然覺得它們好像有了生命，在蠢蠢欲動，就又趕緊把手縮了回來。他起身來到窗前，窗外集市上亂哄哄的聲音像洪水一樣湧了進來，聽上去似乎只有半步之

遙。他循聲看去，恐懼與惶惑再次襲上心頭，臨行前的信心消失殆盡。他閉上眼，頭靠在牆上，哭泣起來。「我真傻，一個餵駱駝的僮僕竟然夢想有一天成為世界上最偉大的推銷員。現在我連到街上去的勇氣都沒有。今天總算親眼看到這麼多的推銷員。他們看上去都比我條件好得多，有膽量，有熱情，有毅力，都比我更能應對險惡的商場，立於不敗之地。我真是自不量力，居然以為能夠超過他們。我又要讓您失望了，泊沙羅老爺。」

帶著旅途的勞累，他一頭栽到床上，在淚水中睡著了。

醒來已是第二天清晨，還沒睜眼，就聽見窗外鳥兒喞啾的唱著。他坐起身來，睜開雙眼，不敢相信的看著一隻麻雀闖進屋內落在敞開的箱蓋上。他奔到窗前，見外面成群的麻雀聚集在無花果樹上，唱著歌，迎接新一天的到來。有幾隻小鳥停落在窗臺上，海菲稍微一動，麻雀們馬上拍動著翅膀飛開了。他回過頭來看看箱子，那上面身披羽衣的小客人也正看著他頻頻點頭，似乎對他的微笑問好。

海菲輕輕的走到箱子旁，伸出手去，小鳥一躍，居然跳到他的手心上。「同樣是麻雀，成百上千的在外面不敢進來，只有你的膽子最大，竟敢飛進窗戶。」

小鳥在海菲手上啄了一下。他接著小鳥走到桌邊，從背包裡拿出麵包和乳酪，他掰了一塊麵包，用手搓成碎屑，放在小鳥身旁邊，小鳥竟開心的吃了起來。

海菲心中一動，快步來到窗前，用手探了探窗格子上的小孔。那窗格子小極了，小鳥幾乎不可能飛進來。這時，他記起泊沙羅的話，就大聲說了出來，「只要決心成功，失敗永遠不會把我打倒。」

他轉身回到木箱旁邊，伸手取出最殘舊的一張，小心的展開，困擾著他的恐懼早已無影無蹤。他回身看看那隻麻雀，發現小鳥也不見了，只有桌

上的麵包屑和乳酪讓他確信那個勇敢的小精靈曾經來過。海菲低頭看著羊皮卷，見標題上寫著：第一卷。從而他讀了下去。

十卷羊皮卷

第一卷羊皮卷

今天，我要開始重新的生活。

今天，我要爬出滿是失敗創傷的老繭。

今天，我重新來到這個世界上，我出生在葡萄園中，園內的葡萄隨便讓人享用。

今天，我要從最高最密的藤上摘下智慧的果實，這葡萄藤條是好幾代前的智者種下的。

今天，我要品嘗葡萄的美味，還要吞下每一位成功的種子，讓新生命在我心裡萌芽成長。

我選擇的道路充滿機遇，也有辛酸與絕望，失敗的同伴數不勝數，疊加在一起，比金字塔還要高。

可是，我不會像他們一樣失敗，因為我手中持有航海圖，可以領我越過洶湧的大海，抵達夢想的彼岸。

失敗不再是我奮鬥的代價。它和痛苦都將從我的生命中消失。失敗和我，就像水火一樣互不相容。我不再像過去一樣接受它們。我要在智慧的指引下，走出失敗的陰影，走向富足、健康、快樂的家園，這些都超過了我以往任何時候的夢想。

我要是能長生不老，就可以學到一切，但我不能永生，因此，我要在有

限的生命裡，我一定學會忍耐的藝術，大自然的行為一向是從容不迫的。造物主創造樹中之王橄欖樹需要一百年的時間，可洋蔥經過短短的九個星期就會枯死。我不再留戀從前那種洋蔥式的生活，我要成為萬樹之王 —— 橄欖樹，成為現實生活中最偉大的推銷員。

　　我既沒有淵博的知識，又沒有豐富的經驗，況且，我曾一度跌入愚昧與自憐的深淵？原因很簡單，我不會讓所謂的知識或者經驗阻礙我的行程，上帝已經賜予我足夠的知識和能力，這份天賦是其他人望塵莫及的。經驗的價值往往被高估了，人老的時候開口講的多是糊塗話。說實在的，經驗確實能教給我們很多東西，只是需要花費太長的時間，等到人們獲得智慧的時候，其價值已隨著時間的流逝而削減了。結果往往是這樣，經驗豐富了，人的餘生不多。經驗與時尚有關，適合某一時代的行為，並不意味著在今天仍然行得通。

　　堅持原則是永久的，而我現在正擁有的這些原則，可以指引我走向成功的原則全寫在這幾張羊皮卷裡，它教我如何避免失敗，而不只是獲得成功，因為成功更需要一種精神狀態和健康的狀態。人們對於成功的定義，見仁見智，而失敗卻往往只有一種解釋：失敗就是一個人沒能達到他的人生目標，無論這些目標是什麼。

　　實際上，成功與失敗的最大分別，來自不同的習慣。好習慣是開啟成功的鑰匙，壞習慣則是一扇向失敗敞開的門。因此，我首先要做的便是養成良好的習慣，全心全意去做事。

　　我小時候，常會感情用事，長大成人了，我要用良好的習慣代替一時的衝動。我的自由意志屈服於多年養成的惡習，它們威脅著我的前途。我的行為受到品味、情感、偏見、欲望、愛、恐懼、環境和習慣的影響，其中最屬害的就是習慣。因此，假如我必須受習慣支配的話，那就讓我受好習

慣的支配。必須戒除那些壞習慣，我要在新的田地裡播種好的種子，讓它發芽、生根。

我要養成良好的習慣，這不是輕而易舉的事情，要怎樣才能做到呢，靠這些羊皮卷就能做到。因為每一卷裡都寫著一個原則，可以摒除一項壞習慣，換取一個好習慣，使人進步，走向成功。這也是自然法則之一，只有一種習慣才能抑制另一種習慣。因此，為了走好我選擇的道路，我必須養成的第一個習慣，每張羊皮卷用三十天的時間閱讀，然後再進入下一卷。

清晨即起，默默誦讀；午餐之後，再次默讀；夜晚睡前，高聲朗讀。

第二天的情形完全一樣。這樣重複三十天後，就可以打開下一卷了。每一卷都依照同樣的方法讀上三十天，久而久之，它們就成為一種習慣了。

這些習慣有什麼好處呢？這裡隱含著人類成功的祕訣。當我每天重複這些話的時候，它合成了我精神活動的一部分，更重要的是，它們融入我的心靈。這是個神祕的世界，永不靜止，創造夢境，在不知不覺中影響我的行動。

每當這些羊皮卷上的文字，被我奇妙的心靈完全吸收之後，我每天都會充滿活力的醒來。我從來沒有這樣精力充沛過。我更有活力，更有熱情，要向世界挑戰的欲望克服了一切恐懼與不安。在這個充滿爭鬥和悲傷的世界裡，我竟然比以前更快活更高興。

最後，我會發現自己有了應對這一切情況的辦法。不久，這些辦法就能運用自如，因為任何方法，只要多練習，就會變得簡單易行。

經過多次重複，一種看似複雜的行為就變得輕而易舉，實踐起來，就會充滿無限的樂趣，有了樂趣，出於人之天性，我就更樂意常去實踐。從而，一種好的習慣便誕生了，習慣成為自然。既然是一種好的習慣，那麼也就是我的意願。

今天，我開始全新的生活。

我鄭重的發誓，絕不讓任何事情阻礙我新生命的成長。在閱讀這些羊卷的時候，我絕不浪費一天的時間，因為時光一去不復返，失去的日子是無法彌補的。我也絕不打破每天閱讀的習慣。事實上，每天在這些新習慣上花費少許時間，相對於可能獲得的快樂與成功而言，只是微不足道的代價。

當我閱讀羊皮卷中的字句時，絕不能因為文字的精練而忽視內容的深邃。一瓶葡萄美酒需要千百顆果子釀製而成，果皮和渣子拋給小鳥。葡萄的智慧代代相傳，有些被過濾，有些被淘汰，隨風飄逝。只有純正的真理才是永恆的。

今天，我的老繭化為塵埃。我在人群中昂首闊步，不會有人認出我來，因為我不再是過去的自己、我已擁有全新的生命。

第二卷羊皮卷

我要用全身心的愛來迎接世界和今天。

愛這是一切成功的最大的祕密。強力能夠劈開一塊盾牌，甚至毀滅生命，但是只有愛才具有無與倫比的力量，使人們敞開心扉。在掌握了愛的真諦之前，我只算商場上的無名小卒，我要讓愛成為我最大的利器，沒有人能抵擋它的威力。

我的理論，他們也許反對；我的言談，他們也許懷疑；我的穿著，他們也許不贊成；我的長相，他們也許不喜歡；甚至我廉價出售的商品都可能讓他們半信半疑，然而我的愛心定能溫暖他們，就像太陽的光芒能溶化冰冷的凍土一樣。

我要用全身心的愛來迎接世界和今天。

從此，我對一切都要滿懷愛心，這樣才能獲得新生。我愛太陽，它溫暖

我的身體；我愛雨水，它洗淨我的靈魂；我愛光明，它為我指引道路；我也愛黑夜，它讓我看到星辰。我迎接快樂，它使我心胸開闊；我忍受悲傷，它昇華我的靈魂；我接受報酬，因為我為此付出汗水；我不怕困難，因為它們給我挑戰。

我要用全身心的愛來迎接今天。

我讚美敵人，敵人從而成為朋友；我鼓勵朋友，朋友從而成為手足。我要常找理由讚美別人，絕不搬弄是非，說人長短。想要責罵人時，咬住舌頭，想要讚美人時，高聲表達。

飛鳥、清風、海浪，自然界的萬物不是都在用美妙動聽的歌聲讚美造物主嗎？我也要用同樣的歌聲讚美她的兒女。從此，我要記住這個祕密。它將改變我的全部。

我要用全身心的愛來迎接今天。

我要愛每個人的言談舉止，因為人人都有值得欽佩的性格，雖然有時不易察覺。我要用愛摧毀圍困人們心靈的高牆，那充滿懷疑與仇恨的圍牆。我要搭建一座通向人們心靈的橋樑。

我愛雄心勃勃的人，他們給我靈感。我愛失敗的人，他們給我教訓。我愛王侯將相，因為他們也是凡人。我愛謙恭之人，因為他們非凡。我愛富人，因為他們孤獨。我愛窮人，因為窮人太多了。我愛少年，因為他們真誠。我愛長者，因為他們有智慧。我愛美麗的人，因為他們眼中流露著淒迷。我愛醜陋的人，因為他們有顆寧靜的心。

我要用全身心的愛來迎接今天。

愛是我打開人們心扉的鑰匙，也是我抵擋仇恨之箭與憤怒之矛的盾牌。愛使挫折變得如春雨般溫和，它是我商場上的護身符：孤獨時，給我支持；絕望時，使我振作；狂喜時，讓我平靜。這種愛心會一天天加強，越發具有

保護力，直到有一天，我可以自然的面對芸芸眾生，泰然處之。

我要用全身心的愛來迎接今天。

我該怎樣面對遇到的每一個人呢？只有一種辦法，我要在心裡默默的為他祝福。這無言的愛會閃現在我的眼神裡，流露在我的眉宇間，讓我嘴角掛上微笑，在我的聲音裡響起共鳴。在這無聲的愛意裡，他的心扉向我敞開了，他不再拒絕我推銷的貨物。

我要用全身心的愛來迎接今天。

最主要的，我要愛自己。只有這樣，我才會認真檢查我的身體、思想、精神、頭腦、靈魂，心懷的一切東西。我絕不放縱肉體的需求，我要用清潔與節制來珍惜我的身體。我絕不讓邪惡與絕望來引誘我的頭腦，我要用智慧和知識使之昇華。我絕不讓靈魂陷入自滿的狀態，我要用沉思和祈禱來滋潤它。我絕不會心懷狹窄，我要與人分享，使它成長，溫暖整個世界。

我要用全身心的愛來迎接今天。

從此，我要愛所有的人。仇恨將從我的血管中流走。我沒有時間去恨，只有時間去愛。現在，我邁出成為一個成功人的第一步。有了愛，我將成為偉大的推銷員，即使才疏智淺，也能以愛心獲得成功；相反的，假如沒有愛，即使博學多才，也終將失敗。

我要用全身心的愛來迎接今天。

第三卷羊皮卷

永遠堅持不懈，直到成功。

在古老的西方，挑選小公牛到競技場格鬥有一定的程序、牠們被帶進場地，向手持長矛的鬥牛士攻擊，判斷以牠受激後再向鬥牛士進攻的次數多和少來評定這隻公牛的勇敢程度。從此，我須承認，我的生命每天都在接受類

似的考驗。假如我堅忍不拔，勇往直前，迎接挑戰，那麼我一定會成功。

堅持不懈，直到成功。

我不是為了失敗才來到這個世界上的，我的血管裡也沒有失敗的血液。我不是任人鞭打的羔羊，我是猛獅，不與羊群為伍。我不想聽失意者的哭泣，抱怨者的牢騷，這是羊群中的瘟疫，我不能被傳染。失敗者的屠宰場不是我命運的歸宿。

堅持不懈，直到成功。

生命的獎賞遠在旅途終點，而非起點附近。我不知道要走多少步才能達到目標。踏上第一千步的時候，仍然可能遭到失敗。但成功就藏在轉角後面，除非拐了彎，我永遠不知道還有多遠。

再前進一步，假如沒有用，就再向前一步。事實上，每次進步一點點並不太難。

堅持不懈，直到成功。從此，我承認每天的奮鬥就像對參天大樹的一次砍擊，頭幾刀可能了無痕跡。每一破擊似乎微不足道，然而，累積起來，巨樹終會倒下，這恰如我今天的努力。就像沖洗高山的雨滴，吞噬猛虎的螞蟻，照亮大地的星辰，建起金字塔的奴隸，我也要一磚一瓦的建造起自己的城堡，因為我深知滴水穿石的道理，只要持之以恆，什麼都可以做到。

堅持不懈，直到成功。

我絕不會想到失敗，我的字典裡從來沒有放棄，不可能、辦不到、沒辦法、有問題、失敗，行不通、沒希望、退縮……」這類愚蠢的字眼，我要努力避免，一旦受到絕望的威脅，立即想盡辦法向它挑戰，我要辛勤耕耘，哪怕忍受苦楚。我放眼未來，勇往直前，不再理會腳下的障礙，我堅信，沙漠盡頭必然是綠洲。

堅持不懈，直到成功。

我要牢牢記住古老的平衡法則，鼓勵自己堅持下去，因為每一次的失敗都會增加下一次成功的機會。這一次的拒絕可能就是下一次的贊同，這一次皺起的眉頭可能就是下一次舒展的笑容。今天的不幸，往往預示著明天的好運。夜幕降臨，回想一天的遭遇，我總是心存感激，我深知，只有失敗多次，才能成功。

堅持不懈，直到成功。

我要嘗試，嘗試，再嘗試。障礙是我成功路上的彎路，我迎接這項挑戰。我要像水手一樣，乘風破浪。

堅持不懈，直到成功。

從此，我要借鑑別人成功的祕訣。過去的是非成敗，我全不計較，只抱定信念，明天會更好。當我精疲力竭時，我要抵制回家的誘惑，再試一次，我一試再試，爭取每一天的成功，避免失敗結局。我要為明天的成功播種，超過那些按部就班的人。在別人停滯不前時，我繼續拚搏，終有一天我會獲得豐收。堅持不懈，直到成功。

我不因昨日的成功而滿足，因為這是失敗的先兆。我要忘卻昨日的一切，是好是壞，都讓它隨風而去。我信心百倍，迎接新一天的太陽，相信「今天是此生最好的一天」。

只要我尚存一息的氣力，就要堅持到底，因為我已深知成功的祕訣：

堅持不懈，終會成功。

第四卷羊皮卷

我是世界上最偉大的奇蹟。

自從上天創造了天地萬物之後，世上沒有一個人同我是一樣的，我的頭

腦、心靈、眼睛、耳朵、雙手、頭髮、嘴唇都是與眾不同的。言談舉止和我完全一樣的人以前沒有，現在沒有，以後也不會有。雖然四海之內皆兄弟，然而人人各異。我的造化是獨一無二。

我是世界最偉大的奇蹟。

我不可能像動物一樣輕易滿足，我心中燃燒著代代相傳的火焰，它激勵我超越自己，我要使這團火燃得更旺，向世界宣布我的出類拔萃。

沒有人能模仿我的筆跡，我的商標，我的成果，我的推銷能力。從此，我要使自己的個性充分發揮，因為這是我得以成功的最大資本。

我是世界最偉大的奇蹟。

我不再徒勞的模仿別人，而要展示自己的個性。我不但要宣揚它，還要推銷它。我要學會去同存異，強調自己與眾不同，迴避人所共有的通性，並且要把這種法則運用到貨物上。推銷人和商品，兩者皆獨樹一幟，我為此而深感自豪。

我是獨一無二的奇蹟。

物以稀為貴。我獨行獨立，因而身價百倍。我是千萬年進化的終端產物，頭腦和身體都超過以往的帝王與智者。

但是，我的技藝，我的頭腦，我的心靈，我的身體，若不善加以利用，都將隨著時間的流逝而遲鈍、腐朽、甚至死亡。我的潛力無窮無盡，腦力、體能稍加開發，就能超過以往的任何成就。從今天開始，我就要開發潛力。

我不再因昨日的利潤沾沾自喜，不再為微不足道的成績自吹自擂。我能做的比已經完成的更好。我的出生並非最後一樣出奇，為什麼自己不能再創奇蹟呢？

我是世界最偉大的奇蹟。

　　我不是隨意來到這個世上的。我生來應為高山，而非草芥。從此，我要竭盡全力成為群峰之額，將我的潛能最大限度發揮。

　　我要吸取前人的經驗，了解自己以及手中的商品，這樣才能加倍的增加銷量。我要字斟句酌，反覆推敲推銷時用的語言，因為這是成就事業的關鍵。我絕不忘記，許多成功的商人，其實只有一套說詞，卻能使他們無往不勝。我也要不斷改進自己的儀態和風度，因為這是吸引別人的美德。

　　我是世界最偉大的奇蹟。

　　我要專心致志對抗眼前的挑戰，我的行動會使我忘記其他一切，不讓家事纏身。身在商場，不可戀家，否則那會使我思慮混沌。另一方面，當我與家人同處時，一定得把工作留在門外，否則會使家人感到冷落。

　　商場上沒有一塊屬於家人的地方，同樣，家中也沒有談論商務的地方，這兩者必須截然分開，否則就會顧此失彼，這是很多失敗者人難以走出的盲點。

　　我是世界最偉大的奇蹟。

　　我有雙眼，可以觀察；我有頭腦，可以思考。現在我已洞悉了一個人生中偉大的奧祕。我發現，一切問題、沮喪、悲傷，都是喬裝打扮的機遇之神。我不再被他們的外表所矇騙，我已睜開雙眼，看破了他們的偽裝。

　　我是世界最偉大的奇蹟。

　　飛禽走獸、花草樹木、風雨山石、河流湖泊，都沒有像我一樣的命運，我孕育在愛中，擔負使命而生。過去我忽略了這個事實，從此，它將塑造我的性格，引導我的人生。

　　我是世界最偉大的奇蹟。

　　自然界不知何謂失敗，終以勝利者的姿態出現，我必如此，因為成功一

旦降臨，就會再度光顧。

我會成功，我會成為偉大的推銷員，因為我舉世無雙。

我是世界最偉大的奇蹟。

第五卷羊皮卷

今天假如是我生命中的最後一天。

我要如何利用這最後、最寶貴的一天呢？首先，我要把一天的時間珍藏好，不讓一分一秒的時間流失。我不為昨日的不幸嘆息，過去的已很不幸，不要再賠上今日。

我可以糾正昨天的錯誤嗎？時光會倒流嗎？太陽會西升東落嗎？我能撫平昨日的創傷嗎？我能比昨天年輕嗎？一句出口的惡言，一記揮出的拳頭，一切造成的傷痛，能收回嗎？

不能！過去的永遠過去了，我不再去想它。

今天假如是我生命中的最後一天。

我該怎麼辦？忘記昨天，也不要痴想明天。明天是一個未知數，為什麼要把今天的精力浪費在未知的事上？想著明天的情形，今天的時光也白白流逝了。當你企盼今早的太陽再次升起時，可是太陽已經下山。走在今天的路上，能做明天的事嗎？我能把明天的金幣放進今天的錢袋裡嗎？明日瓜熟，今日能蒂落嗎？明天的死亡能將今天的快樂蒙上陰影嗎？我能杞人憂天嗎？明天和昨天一樣被我埋葬。我不再想它。

今天是我生命中的最後一天。

這是我僅有的一天，是現實。我像是被赦免死刑的犯人，用喜悅的淚水擁抱新升的太陽。我心懷虔誠，感謝這無與倫比的一天。當我想到昨天和我一起迎接日出的朋友，今天已不存在時，我為自己的倖存而感恩蒼天。我是

無比幸運的人，今天的時光是額外對我的獎賞。許多強者都先我而去，為什麼我得到這額外的一天？是不是因為他們已大功告成，而我尚在途中前行？假如是這樣，這是不是成就我的一次機會，讓我功德圓滿？造物主的安排是否別具匠心？今天是不是我超過他人的一個機會？

今天是我生命中的最後一天。

生命只有一次，而人生也不過是時間的累積。我若讓今天的時光白白的流逝，就等於毀掉人生最後一頁。因此，我要珍惜今天的一分一秒，因為它們將一去不復返。我無法把今天存進銀行，明天再來取用。時間如風一樣不可捕捉。每一分一秒，我需用雙手捧住，用愛心靈撫摸，因為它們如此寶貴。垂死的人用畢生的錢財都無法換得一息氣。我無法計算時間的價值，它們是無價之寶；

今天是我生命中的最後一天。

我憎恨那些浪費時間的人和行為，我要摧毀拖延時間的習性，我要用真誠埋葬懷疑，以信心驅趕恐懼。我不聽風話、不遊手好閒，不與無所事事的人來往。我終於徹底醒悟，若是懶惰，無異於從我所愛之人的手中竊取錢物和衣食。我不是賊，我有愛心，今天是我最後的機會，我要證明我的愛心和偉大。

今天是我生命中的最後一天。

今日事今日畢。今天我要趁孩子還小的時候，多加愛護，明天他們將離我而去，我也會離開他們。今天我要深情的擁抱我的妻子，給她甜蜜的熱吻，明天她會離去，我也是。今天我要幫助落難的朋友，明天他不再求援，我也聽不到他的請求。我要樂於奉獻，因為明天我無法給予，也沒有人來受領了。

今天是我生命中的最後一天。

假如這是我的末日，那麼它就是一個不朽的紀念日，我把它當成最美好的日子。我要把每分每秒化為甘露，一口一口，細細品嘗，心懷感激。我要讓每一分鐘都有價值。我要加倍努力，直到精疲力竭。即使這樣，我還要繼續努力。我要拜訪更多的顧客，銷售更多的商品，賺取更大的財富。今天的每一分鐘都勝過昨天的每一小時，最後的也是最好的。

假如今天是我生命中的最後一天。

假如不是的話，我要跪倒在天面前，深情致謝。

第六卷羊皮卷

今天，我要學會控制情緒。

冬去春來，夏末秋至，日出日落，潮起潮落，月圓月缺，雁來雁往，花飛花謝，草長瓜熟……自然界萬物都在循環往復的變化著 —— 我也不例外，情緒會時好時壞。

今天我要學會控制情緒。

這是大自然的玩笑，可很少有人能窺破天機。每當我醒來時，不再有昨日的心情。往日的快樂變成今日的哀愁，今日的悲傷又轉變成明日的喜悅。我心中像有一個輪子不停的旋轉著，由樂而悲，由悲而喜，由喜而憂……這就好似花兒的變化，今天綻放的喜悅也會變成凋謝時的絕望。但是我要記住，正如今天枯萎的花兒蘊藏著明天新生的種子，今天的悲傷也一定預示著明天的歡樂。

今天我要學會控制情緒。

我怎樣才能控制情緒，以使每天有效率的工作呢？除非我能保持心平氣和，否則迎來的又將是失敗的一天。花草樹木，隨著氣候的變化而生長，但是我為自己的生活創造一個好氣候。我要學會用自己的心靈彌補天氣的不

足。假如我為顧客帶來風雨、憂鬱、黑暗和悲觀，那麼他們也會報之以風雨、憂鬱、黑暗和悲觀，因而他們什麼也不會買。相反的，假如我為顧客獻上歡樂、喜悅、光明和笑聲，他們也會報之以歡樂、喜悅、光明和笑聲。我就能在銷售上的獲得豐收，賺取滿箱的金幣。

我要學會控制情緒。

我怎樣才能控制情緒，讓每天充滿幸福和歡樂？我要學會這個千古不變的祕訣：弱者任思緒控制行為，強者讓行為控制思緒。每天醒來，當我被悲傷、自憐、失敗的情緒包圍時，我就這樣與之對抗：

沮喪時，我會引吭高歌。

悲傷時，我會開懷大笑。

病痛時，我會加倍工作。

恐懼時，我會勇往直前。

自卑時，我會換上新衣。

不安時，我會提高嗓音。

窮困潦倒時，我會想像未來的富有。

力不從心時，我會回想過去的成功。

自輕自賤時，我會想想自己的目標。

總之，今天我要學會控制自己的情緒。

從今以後，我明白了，只有無能者才會江郎才盡，我並非無能者，我必須不斷對抗那些企圖摧垮我的力量。失望與悲傷一眼就會被識破，而其他許多敵人是不易覺察的。它們往往面帶微笑，招手而來，卻隨時可能將我摧毀。對它們，我永遠不能放鬆警惕。

自高自大時，我要撫摸失敗的傷痛。

　　縱情享受時，我要想起挨餓的日子。

　　洋洋得意時，我要想想競爭的對手。

　　沾沾自喜時，不要忘了那忍辱的時刻。

　　自以為是時，看看自己能否讓邪風止步。

　　腰纏萬貫時，想想那些食不果腹的人。

　　驕傲自滿時，要想到自己怯懦的時候。

　　不可一世時，讓我抬頭，仰望群星。

　　今天我要學會控制情緒。

　　有了這一新本領，我會更易體察到別人的情緒變化。我寬容怒氣衝衝的人，因為他尚未懂得控制自己的情緒，就可以忍受他的指責與辱罵，因為我知道明天他會改變，從而變得隨和。

　　我不再只憑一面之交來判斷一個人，也不再因一時的怨恨與人絕交，今天不肯花一分錢購買金蓬馬車的人，明天也許會用全部家當換取樹苗。知道了這個祕密，我可以獲得極大的財富。

　　今天我要學會控制自己的情緒。

　　我從此領悟了人類情緒變化的奧祕。對於自己千變萬化的個性，我不再聽之任之，我知道，只有積極主動的控制情緒，才能掌握住自己的命運。

　　控制自己的命運，而我的命運就是成為世界上最偉大的推銷員！

　　我成為了自己的主人。

　　我從此後變得偉大。

第七卷羊皮卷

　　我要笑遍世界。

萬物當中，只有人類才會笑。花草樹木受傷時也會流「血」，禽獸也會因痛苦或飢餓而哭嚎哀鳴。然而，只有我們才具備笑的天賦，可以隨時開懷大笑。從此，我要培養自己笑的習慣。

笑有助於消化，笑能減輕壓力，笑是長壽的祕方。如今，我終於掌握了它。

我要笑遍世界。

我笑自己，因為自視高傲的人往往顯得滑稽。千萬不能跌進這個精神陷阱，雖說我們是造物主最偉大的奇蹟，我不也是滄海一粟呵？我真能知道自己從那裡來，到那裡去嗎？我現在所關心的事情，十年後再看，不會顯得可笑嗎？為什麼我要為現在發生的微不足道的瑣事煩擾？這漫漫的歷史長河中，能留下多少日落的記憶？

我要笑遍世界。

當我受別人的冒犯時，當我遇到不如意的事情時，我只會流淚詛咒，卻怎麼笑得出來？有一句至理名言，我要吸納，直到它深入我的骨髓，出口成言，讓我永遠保持良好的心態。這句話，傳自遠古時代，它們將陪我渡過難關，使我的生活保持平衡。這句至理名言就是：這一切終將會過去。

我要笑遍世界。

世上種種到頭來都會成為過去。精神疲憊時，我安慰自己，這一切都會過去：當我因取得成功洋洋得意時，我提醒自己，這一切都會過去。窮困潦倒時，我告誡自己，這一切都會過去。腰纏萬貫時，我也告訴自己，這一切都會過去。是的，昔日修建金字塔的人早已逝去，埋在冰冷的石頭下面，而今高大的金字塔有朝一日也會埋在沙土下面。假如世上種種終必成空，我又為何對今天的得失斤斤計較呢？

我要笑遍世界。

我要用笑聲裝扮今天，我要用歌聲點亮黑夜。我不再苦苦尋覓快樂，我要在繁忙的工作中忘記悲傷。我要享受今天的快樂，它不像糧食可以儲藏，更不似美酒越陳越香。我不是為將來而活，今天播種今天收穫。

我要笑遍世界。

在笑聲中，一切都會顯露本色。我笑自己的失敗，它們將化為夢的雲彩；我笑自己的成功，它們恢復本來面目；我笑邪惡，它們遠我而去；我笑善良，它們發揚光大。我要用我的笑容感染別人，雖然我的目的很自私，但這的確是成功之道，因為皺起的眉頭會讓顧客棄我遠去。

我要笑遍世界。

從此，我只因幸福而落淚，因為悲傷、悔恨、挫折的淚水在商場上毫無價值，只有微笑可以換來財富，和言善語可以建起一座城堡。

我不再允許自己因為變得重要、聰明、體面、強大，而嘲笑自己和周圍的一切。在這一點上，我要永遠像小孩一樣，因為只有做回小孩，我才能尊敬別人，尊敬別人，我才不會自以為是。

我要笑遍世界。

我永遠不會貧窮，因為只要我能笑。這也是天賦，我不再浪費它。只有在笑聲和快樂中，我才能享受到勞動的果實。否則，我會失敗，因為快樂是提味的美酒佳釀。要想享受成功，必須先有快樂，而笑聲便是伴娘。

我要快樂。

我要成功。

我要成為世界上最偉大的推銷員。

第八卷羊皮卷

今天我要加倍重視自己的價值。

桑繭在天才的手中變成了絲綢。

泥土在天才的手中變成了城堡。

柏樹在天才的手中變成了殿堂。

羊毛在天才的手中變成了衣衫。

如果桑葉、黏土、柏樹、羊毛經過人的創造，可以成百上千倍的提高自身的價值，那麼我為什麼不能使自己身價百倍呢？

我今天要加倍重視自己的價值。

我的命運如同一顆麥粒，有著三種不同的道路。一顆麥粒可能被裝進麻袋，堆在貨架上，等著餵豬；也可能被磨成麵粉，做成麵包；還可能撒在土壤裡，讓它生長，直到金黃色的麥穗上結出成千上百顆麥粒。

我和一顆麥粒唯一的不同在於：麥粒無法選擇是變得腐爛還是做成麵包，或被種植生長。而我有選擇的自由，我不會讓生命腐爛，也不會讓它在失敗，絕望的岩石下破碎，任人擺布。

我今天要加倍重視自己的價值。

要想讓麥粒生長、結果，必須把它種植在黑暗的泥土中，我的失敗、失望、無知、無能便是那黑暗的泥土，我須深深的扎在泥土中，奮力生長，爭取成熟。麥粒在陽光雨露的哺育下，終將發芽、開花、結果。同樣，我也要以健全自己的身體和心靈來實現自己的夢想。麥粒須等待大自然的所給予的條件方能成熟，我卻無須等待，因為我有把握自己奮鬥方向和改善自己命運的能力。

今天我要加倍重視自己的價值。

　　怎樣才能做到呢？首先，我要為每一天、每個星期、每個月、每一年、甚至我的一生確立目標。正如種子需要雨水的滋潤才能破土而出，發芽長葉，我的生命也須有目標方能結出碩果。在制定目標的時候，要參考過去最好的業績，並使其逐步擴大，這必須成為我未來生活的目標。永遠不要擔心目標過高，取法乎上，得其中也；取法乎中，得其下也。

　　今天我要加倍重視自己的價值。

　　高遠的目標不會讓我望而生畏，雖然在達到目標以前可能屢次遭挫。摔倒了，再爬起來，我不灰心，因為每個人在抵達目標前都會受到挫折。只有毛毛蟲不必擔心摔倒。我不是毛毛蟲，不是洋蔥，不是綿羊。我是一個人。讓別人作他們的黏土造洞穴吧，我只要建一座城堡。

　　今天我要加倍重視自己的價值。

　　太陽溫暖大地，麥粒吐穗結實。這些羊皮卷上的話也會照耀我的生活，讓夢想成真。今天我要超越昨日的成就。我要竭盡全力攀登今天的高峰，明天更上一層樓。超越別人並不重要，超越自己才是最重要的。

　　今天我要加倍重視自己的價值。

　　春風吹熟了麥穀，風聲也將我的聲音吹向那些願意聆聽者的耳畔。我要宣告我的目標。君子一言，駟馬難追，我要成為自己的預言家。雖然大家可能嘲笑我的言辭，但會傾聽我的計畫，了解我的夢想，因此我無處可逃，直到兌現了我的諾言。

　　今天我要加倍重視自己的價值。

　　我不能放低目標。

　　我要做失敗者不屑一顧的事。

　　我不停留在力所能及的事上。

我不滿足於現有的成就。

目標達到後再定一個更高的目標。

我要努力使下一刻比此刻更美好。

我要常常向世人宣告我的目標。

但是，我絕不炫耀我的成績。讓世人來讚美我吧，但願我能明智而謙恭的接受它們。

今天我要加倍重視自己的價值。

一顆麥粒增加數倍以後，可以變成數千株麥苗，再把這些麥苗增加數倍，如此數十次，它們可以供養世上所有的都市。難道我不如一顆麥粒嗎？

當羊皮卷上的話語在我身上實現時，世人會驚嘆我的偉大。當我完成這件事，要再接再厲。

第九卷羊皮卷

我的計畫渺如塵埃，我的目標不可能達到，我的幻想毫無價值。

一切的一切毫無意義 —— 除非我們付諸實踐和行動。

我現在就付諸行動。

一張地圖，無論多麼詳盡，比例多麼精確，它永遠不能帶著它的主人在地面上移動半步。一個國家的法律，不論多麼公正，永遠不可能防止罪惡的發生。任何寶典，即使在我手中的羊皮卷，永遠不可能創造財富。只有行動才能使地圖、法律、寶典、夢想、計畫、目標具有現實意義。行動，像食物和水一樣重要，它能滋潤我，促使我成功。

我現在就付諸行動。

遲緩拖延使我裹足不前，它來自恐懼。現在我從所有勇敢的心靈深處，

體會到這一祕密。我知道，想克服恐懼，必須毫不猶豫，起而行動，唯有如此，心中的慌亂才能平定。現在我知道，行動會使猛獅般的恐懼，減緩為螞蟻般的平靜。

我現在就付諸行動。

從此，我要記住螢火蟲的啟迪：只有振翅的時候，才能發出光芒。我要成為一隻螢火蟲，即使在豔陽高照的白天，我也要發出光芒。讓別人像蝴蝶一樣，舞動翅膀，靠花朵的施捨生活；我要做螢火蟲，照亮大地。

我現在就付諸行動。

我不把今天的事情留給明天，因為我知道明天還有明天的事情。現在就付諸行動吧！即使我的行動不會帶來快樂與成功，但是動而失敗總比坐而待斃好得多。行動也許不會結出快樂的果實，但沒有行動，不可能得到絲毫的成果。

我現在就付諸行動。

立即行動。立即行動。立即行動。從此，我要一遍又一遍，每時每刻重複這句話，直到成為習慣，好比呼吸一般，成為本能，好比眨眼一樣。有了這句話，我就能調整自己的情緒，迎接失敗者逃避的每一次挑戰。

我現在就付諸行動。

我一遍又一遍的重複這句話。

清晨醒來時，失敗者留戀於床榻，我卻要默誦這句話，然後開始行動。

我現在就去行動。

外出推銷時，失敗者還在考慮是否遭到拒絕的時候，我要默誦著句話，面對第一個來臨的顧客。

我現在就付諸行動。

面對緊閉的大門，失敗者懷著恐懼與惶惑的心情，在門外等候；我默誦著句話，隨即上前敲門。

我現在就付諸行動。

面對誘惑時，我默誦這句話，然後遠離罪惡。

我現在就付諸行動。

只有行動才能決定我在商業上的價值。若要成倍增加我的價值，我必須付出更多的努力。我要前往失敗者懼怕的地方，當失敗者休息的時候，我要繼續工作。失敗者沉默的時候，我開口推銷，我要拜訪十戶可能買我東西的客戶，而失敗者在一番周詳計劃之後，卻只拜訪一家。在失敗者認為太晚時，我能夠說服自己大功告成。

我現在就付諸行動。

現在是我的所有。明日是為懶人保留的工作日，我並不懶惰。明日是棄惡從善的日子，我並不邪惡。明日是弱者變強者的日子，我並不軟弱。明日是失敗者藉口成功的日子，我並不會失敗。

我現在就付諸行動。

我是雄獅，我是蒼鷹，飢即食，渴即飲。除非行動，否則死路一條。

我渴望成功，快樂，心靈的平靜。除非行動，否則我將在失敗、不幸、夜不成眠的日子中死亡。

我發布命令。我要服從自己的命令。

成功不可等待。假如我遲疑，她會投入別人的懷抱，永遠棄我而去。

此時、此地、此人。

我現在就付諸行動。

第十卷羊皮卷

在生活中，即使沒有信仰的人，遇到災難的時候，不是也渴求神的保佑嗎？一個人在面臨危險、死亡或一些從未見過或無法理解的神祕之事時，不曾失聲大喊嗎？每一個生靈在危險的剎那間都會脫口而出，這種強烈的求生本能是由何而生的呢？

如果把你的手在別人眼前出其不意的揮一下，你會發現他的眼瞼本能的一眨；在他的膝蓋上輕輕一擊，他的腿會跳動；在黑暗中嚇一個朋友，他會本能的大叫一聲。

不管你有沒有宗教信仰，這些自然現象誰也無法否認。世上的所有生物，包括人類，都具有求助的本能。為什麼我們會有這種本能，這種恩賜呢？

我們發出的喊聲，不是一種祈禱的方式嗎？人們無法理解，在一個受自然法則統治的世界裡，上蒼將這種求救的本能賜予了羊、驢子、小鳥、人類，同時也規定這種求救的聲音應被一種超凡的力量聽到並做出回應。從此，我要祈禱，但是我只求指點迷津。

我從不苛求物質的滿足。我不祈求有傭人為我送來食物，不求屋舍、金銀財寶、愛情、健康、小的勝利、名譽、成功或者幸福。我只求得到指引，指引我獲得這些東西的途徑，我的禱告都有回音。我所祈求的指引，可能得到，也可能得不到，但這兩種結果不都是一種回音？假如一個孩子問爸爸要麵包，麵包沒有到手，這不也是父親的答覆嗎？

我要祈求指導，以一個推銷員的身分來祈禱：

萬能的主啊，幫助我吧！今天，我獨自一人，赤條條的來到這個世上，沒有您的雙手指引，我將偏離通向成功與幸福的道路。

我不求金錢或衣衫，甚至不求適合我能力的機遇，我只求您引導我把握和適應機遇的能力。

您曾教獅子和雄鷹怎樣利用牙齒和利爪覓食。求您教給我如何利用言辭謀生，怎樣借助愛心得以興旺，使我能成為人中的獅子，商場上的雄鷹。

幫助我！讓我經歷挫折和失敗後仍能謙恭待人，讓我看到勝利的獎賞。

把別人不能完成的工作交給我，指引我在他們的失敗中獲取成功的種子。讓我面對恐懼，磨練我的精神，給我勇氣嘲笑自己的疑慮和膽怯。

請賜給我足夠的時間，好讓我達到目標。幫助我珍惜每日如最後一天。

引導我言出必行，行之有果。讓我在流言蜚語中保持緘默。

鞭策我，讓我養成一試再試的習慣。教我使用平衡法則的方法。讓我保持敏感，得以抓住機會。賜給我耐心，得以集中力量。

讓我養成良好的習慣，戒除不良嗜好。賜予我同情心，同情別人的弱點。讓我知道，一切都將過去，卻也能計算每日的恩賜。

讓我看出何謂仇恨，使我對它不再陌生。讓我充滿愛心，使陌生人變成朋友。

但這一切祈求都要合乎您的意願。我只是個微不足道的人物，如那孤零零掛在藤上的葡萄，然而您使我與眾不同。事實上，我必須有一個特別的位置。指引我，幫助我，讓我看清前方的方向知道路。

當您把我種下，讓我在世界的葡萄園裡發芽，讓我成為您為我設計的一切。

幫助我這個謙卑的推銷員吧！

上帝啊，指引我！給我信心、勇氣和力量。

羊皮卷成功的應用

海菲一直孤獨的等著多年要等的人。陪伴他的只有老總管伊萊姆。眼看著春去秋來，一年一年的過去，年邁的他也無法幫上忙，每天只是靜靜的待在園子裡。

他期待著。

自從處理完那世界上最大的財富和解散了龐大的商業帝國後，他整整花費三年時間等待那個人的出現。

有一天，從沙漠以外的東方來了一個身材修長、跛著腳的陌生人。那人走進大馬士革城，穿過幾條街道，一直來到海菲的大樓前面。要是換作以前，伊萊姆早就會彬彬有禮的把他從門外趕開了，而這次他卻站在那裡一動不動了。陌生人只得重複道：「我想拜見您的主人。」

這位陌生人容易讓人一生疑。他的草鞋破破爛爛，用繩子綁著。他那褐色的腿，傷痕累累，殘留著刀疤和抓破的痕跡。腰上束了條駱駝毛纏腰帶，破爛不堪。他的頭髮又長又亂，眼睛布滿血絲，像是被太陽晒紅的，又像是裡面在燃燒。

伊萊姆緊緊的握著門上的把手，「你找我們老爺，有什麼事嗎？」

陌生人把肩上的袋子放在地上，雙手合十的哀求道：「我知道你是個好心人，就讓我見見你們這的主人吧。我來這見他，並沒有什麼惡意，也不是為了求他施捨。我是有幾句話要和他說，假如我惹他生氣了，我就會立刻離開。」

伊萊姆仍然帶有一些懷疑，慢慢的把門打開。他朝裡面點了點頭，轉身快步走向花園。來訪者一瘸一拐的跟在後面。

花園裡，海菲正在打盹。伊萊姆站在他面前猶豫了一會兒，然後乾咳了

幾聲，海菲動了一下。他又咳了一聲，老人睜開了眼睛。

「對不起，老爺，有客人要見您。」

這時，海菲才慢慢甦醒過來，目光落在這個陌生人的身上。只見他深鞠一躬，說道：「您就是大家說的最偉大的推銷員？」

海菲皺了皺眉，然後點點頭，「那都是過去的說法了。現在我已經老得不行了，不配再有這個稱號，你來這裡找我有什麼事嗎？」

這個人的個子不是很高，站在海菲面前略有一些不安，雙手撫在胸前。他眨了眨眼睛，目光柔和。「我叫哨羅，從耶路撒冷來，打算回老家塔瑟斯。請您不要因為我容貌可憎就把我當成壞人。我不是蠻荒之地的強盜，也不是流落街頭的乞丐。我是塔舍斯人，也是羅馬公民。我的同胞是卞傑明的猶太部落中的法利賽教徒。我雖然做帳篷生意，可也在家裡念過書，有人叫我保羅。」他說話時，身子輕輕的搖晃著。因此，海菲才從睏倦中全然清醒，並表示歉意，示意客人落座。

保羅點點頭，卻依然站在那裡不動，「我來這裡，是想求得您的指導和幫助，只有您才能做到這一點。我可不可以把我的故事告訴您？」

站在客人身後的伊萊姆撥浪鼓似的搖頭。海菲假裝沒有看到，幾經打量著這位在他睡著時來臨的不速之客，終於點點頭：「我年紀大了，沒辦法一直仰著頭看你。來，坐到我身邊來，慢慢的說給我聽。」

保羅把他的行李袋推到一邊，靠近海菲。海菲靜靜的等著。

「四年前，由於我受到多年以來陳習陋見的影響。後來，我替官方作證，使得一名叫做史帝芬的聖徒在耶路撒冷被投石致死。他被猶太最高法庭以褻瀆神靈的罪名判處死刑。」

海菲有些不明白的問：「可是，這和我有什麼關係呢？」

　　保羅伸手止住老人的話，「我這就解釋給您聽。史帝芬是耶穌（JESUS）的門徒。在他被石塊打死的前一年，耶穌被羅馬人以煽動叛亂的罪名釘死在十字架上。史帝芬堅持說，耶穌是救世主，他的駕臨早有猶太先知預言過，寺廟勾結羅馬政府陰謀殺害了這位上帝之子。說出這種冒犯當權者的話必死無疑。我剛才說過，我也參與了對他的迫害。不但如此，由於我的盲從和年輕的狂熱，耶穌的門徒我接受了寺院最高僧侶的指派，到大馬士革來，四處搜捕，把他們用鍊子帶回耶路撒冷，強迫他們接受審判。這就是十年前的我。」

　　伊萊姆向海菲看了一眼，心裡大為吃驚，從來沒有見海菲眼神裡會流露出這種驚人的光彩。這時，只有園中的噴水池水聲潺潺。保羅又繼續說道：

　　「在我像殺人犯一樣前往大馬士革的途中，突然有一道亮光從天而降，我沒有被它擊中，卻發現自己已跌倒在地上，雙目失明，只有耳邊傳來一個聲音：『保羅，你為什麼迫害我？』我問道：『你是誰？』那個聲音說，『我就是一直受你迫害的耶穌。起來，進城去，會有人告訴你該怎麼辦。』從此，我起身前往大馬士革，三天三夜滴水未進。我住在耶穌一個門徒的家裡。後來有一個名叫亞那尼亞的人來找我，他說他見到異象才來的。然後，他把手放在我的眼睛上，我的眼睛就復明了。從此，我開始進食，恢復了體力。」

　　海菲傾斜著身子問：「後來呢？」。

　　「他們帶我到一個集會上，由於我曾迫害耶穌，因此他的門徒一看到我都顯得很緊張。無論他們怎麼說，我依然還堅持自己的原則，還是依然傳道。我的話使他們大為驚訝，因為我對他們說，那個被釘死在十字架上的耶穌，和他確是神的兒子。

　　「許多人聽了我的話，仍然帶有一些懷疑，以為我要為耶路撒冷帶來更大的災難。我無法讓他們相信我的心已經改變。有不少人都想置我於死地，在

萬般無奈下翻牆逃出了那裡，回到耶路撒冷。」「沒想到耶路撒冷的情況也是一樣。儘管我在大馬士革的講話已經不脛而走，可還是沒有人肯相信我。我不顧一切的按基督的旨義布道，然而毫無效果，處處遭人反對。直到有一天，我到聖殿去，在庭院中看到有人在販賣鴿子、綿羊這些祭品。突然有聲音對我說……」

「這一次說什麼？」伊萊姆脫口而出。海菲點頭笑了笑，表示讓保羅繼續說下去。

「那聲音說『你傳播上帝的話已近十年，但毫無希望之光。要知道即使是神的話語，也需要推銷給眾人，否則他們又怎麼會相信你呢。我不是也借助寓言讓所有的人聽懂嗎？你這樣生硬的演說是不會有什麼效果的。回到大馬士革去，想盡辦法要找到那個世上最偉大的推銷員，假如你想把我的話傳給世人，就要虛心向他請教。』」

海菲向伊萊姆看了眼。老總管早已經知道，這個叫保羅的人不就是主人等待多年的人嗎？海菲向前探著身子，手搭在保羅的肩上，「告訴我耶穌的事情。」

保羅為此更有信心，從而就滔滔不絕的講起耶穌的故事。主僕二人安靜的聽著。他說猶太人一直在等待彌薩亞的來臨，等待他來把大家團結起來，創造一個新的獨立王國，充滿快樂與和平。他談到施西約翰，談到一個叫做耶穌的人出現在歷史舞臺上。他談到這個人所行的神蹟和所傳的道，他使死者復活，他對稅吏的態度，被釘十字架，埋葬與復活。最後，為了加深印象，保羅從行李袋中拿出一件紅色的袍子，放在海菲的腿上。「老爺，您今天所擁有的財富都是耶穌給的。他把擁有的一切都給了世人，包括他的生命。在他的十字架下，羅馬士兵以抽籤的方式決定這件袍子歸誰所有。我在耶路撒冷四處尋找，費了好大的周折，總算把它找了回來。」

海菲把這件濺滿血跡的袍子翻轉過來的時候，臉色蒼白，雙手顫抖。伊萊姆被主人的樣子嚇了一跳，忙走到老人身邊。海菲翻來覆去的看著袍子，直到他看見裡面繡著的兩個標誌 —— 托拉工廠的星星和泊沙羅的方框圓圈商標。

保羅和伊萊姆看著老人把長袍貼在臉上，輕輕擦著。他搖搖頭，不可能，當年這種袍子賣出去不止一千件。

海菲仍然緊緊的抱著長袍，用低啞的聲音說：「告訴我這個耶穌出生時的情形。」

保羅說：「他走的時候，一無所有；來的時候，也是寒微。他生在伯利恆的一個山洞裡，那時正碰上人口普查。」

海菲高興得像一個孩子，更令人不明白的是，老人皺紋密布的臉上淌下眼淚。他用手擦拭去眼淚，說道：「這個嬰兒出生時，天上是不是有一顆最明亮的星星？」

保羅張著口卻一言不發，其實也不用再說什麼。海菲伸出雙臂擁抱保羅，兩個人都抱頭痛哭。

過了許久，老人終於站起來了，招呼伊萊姆道：「老夥計，去塔樓上快把箱子抬下來。我們多年要等的人總算等到了。」

最後的總結

結束，也是新開始。

畢業典禮的日子總是充滿歡笑……直到主持人站起來提醒你「畢業是起點，而非終點」，你還有很多從未盡過的義務，從未承擔過的責任，你面前依然有激烈的挑戰和誘人的機會。

　　為了這張文憑，你花了不少時間，吃了不少苦頭，現在你最不願意聽到的話就是：前途未卜。

　　這些日子，你堅持不懈，終於寫完了所有的成功紀錄表，讀完了所有的成功誓言，現在你最不願意聽到的話就是：我為你計劃了更多的工作，更多要讀的書，更多的自我反省。

　　不管怎麼樣，那正是我要對你說的話！

　　既然你已經寫完了成功記錄表，我要你找出在開始這項計畫前，悄悄寫下的備忘錄。那上面記著你渴望在完成計畫後達到的薪水和職位。

　　我敢說，你一定比想像中進步大得多。現在，我要你為明年寫下一張類似的備忘錄。假如你願意，還可以加上其他一些具體目標，作為對你的勇氣和辛苦的物質獎賞。譬如說，一次旅遊，一部新車，一件送給戀人的禮物。

　　但是，與上次不同的是，現在你已經看完了這本書，熟知羊皮卷上所有的內容，什麼力量還能繼續激勵你前進呢？你可知現在我為你準備的計畫嗎？

　　在新一輪的 10 個月中，我希望你能閱讀 12 部最偉大的自我幫助、自我充實、自我激勵的書。對我來說，以「最偉大的」的名義列出任何 12 部書都是很冒昧的舉動，而我的判斷純粹是主觀的。但是，近 10 年來，我一直致力於這方面的研究，幾乎所有稱得上「自我幫助」的著作我都進行了一翻研究。從富蘭克林（Benjamin Franklin）的《自傳》，英國的塞紹爾・斯麥爾斯和他的《自我幫助》，馬爾頓（Maldon）的《奮進》一直到布里斯托，戴爾・卡內基（Dale Carnegie），拿破崙・希爾（Napoleon Hill），皮爾，斯通（Stone），以及以書名怪異著稱的當代作家作品，如《如何激發體內的超自然力量從而有力的掌握他人》。我讀了數百部這樣的書，並認真研究了《無限的成功》雜誌中的節選部分。現在我打算推薦給你一份書單，免得你花費

寶貴的時間去讀一些毫無價值的垃圾文章。記住：那些以「如何……」開頭的書不會讓你成為百萬富翁或者聖人的。

雖然有些書市面上已經無法買到，不過，你可以到附近的圖書館裡找到它們。假如你以前不喜歡去圖書館，那麼現在你應該養成經常去圖書館的好習慣。

下面，是我為你推薦的書單。排列順序不分先後，它們都非常有益，值得一讀。

12 本自我幫助的書：

《班傑明‧富蘭克林自傳》班傑明‧富蘭克林著

《思考致富》拿破崙‧希爾著

《獲取成功的精神因素》N‧克萊門特‧史東著

《信仰的力量》路易士‧賓斯托克著

《最偉大的力量》J‧馬丁‧科爾著

《向你挑戰》廉‧丹佛著

《鑽石寶地》拉塞爾‧H‧康威爾著

《愛的能力》艾倫‧佛洛姆著

《從失敗到成功的銷售經驗》法蘭克‧貝特格著

《神奇的情感力量》羅伊‧加恩著

《思考的人》詹姆斯‧E‧愛倫著

怎麼才 11 本？你問道。第 12 本早已擱在你的書架上，或許已布滿了灰塵，靜靜的在那裡等候著你。它是所有自我幫助書籍的取之不盡的源泉 ——《聖經》。

　　我希望今後你還能抽出一些時間回顧這本書的內容，因為那十張羊皮卷會讓你溫故知新，開卷有益。

　　現在是說再見的時候了，在此我要引用雷因霍爾德・聶郝爾博士的一段話作為本書的結束：

　　「沒有一件值得一做的事情，可以在你的一生中完成；因此你需要希望。沒有一樣美麗的東西，可以在瞬間展現它的華彩；因此你需要信心。沒有一件值得一做的事情，可以一個人完成；因此你需要關愛。」

　　願心獲得平安！

卷二
推銷大王的成功智慧

第一章　喬・吉拉德的成功智慧

喬・吉拉德

　　喬・吉拉德（Joe Girard），1928 年 11 月 1 日出生於美國底特律市的一個貧民家庭。9 歲時，喬・吉拉德開始給人擦鞋、送報，賺錢補貼家用。喬・吉拉德 16 歲就離開了學校，成為了一名鍋爐工，並在那裡染了嚴重的氣喘病。後來他成為一位建築師，到 1963 年 1 月為止，蓋了 13 年房子。35 歲以前，喬・吉拉德是個全盤的失敗者，他患有相當嚴重的口吃，換過四十個工作仍一事無成，甚至曾經當過小偷，開過賭場。35 歲那年，喬・吉拉德破產了，負債高達 6 萬美元。為了生存下去，他走進了一家汽車經銷店，3 年之後，喬・吉拉德以年銷售 1,425 輛汽車的成績，打破了汽車銷售的金氏世界紀錄。這個人在 15 年的汽車推銷生涯中總共賣出了 13,001 輛汽車，平均每天銷售 6 輛，而且全部是一對一銷售給個人的。他也因此創造了金氏汽車銷售的世界紀錄，同時獲得了「世界上最偉大推銷員」的稱號。他曾經說過：「對於那些貧窮的人來說，財富就像是可望而不可即的星星。當我窮困不堪時，我也曾認為自己這輩子也過不了有錢人的生活。如今，我才明白，貧與富的距離只是一個想法的距離。一個畏畏縮縮、不相信自己的人，是不可能得到財富的。就算是掉在地上的錢有幸被他撿到了，他也絕不可能利用這筆錢來發財致富。」

　　記住，只有充滿熱情、虛心、努力而又執著的人，才能最終得到他一直夢想的財富。

喬・吉拉德成功金言

貧窮與富有的差距

許多年之前，就說過「人類生而平等」，以此來激發大家對自己的自信心。同樣，在一些書中也談到「關閉了一扇門，同時也打開了一扇窗。」

多年以後的今天，我才深刻的體會到了這些富有深刻哲理的話語，同時我也更加深刻的認識到另外一個真理，那就是：財富也是生而平等的。

也許有人不同意我的觀點，認為某些生下來就是富翁，而有人卻一貧如洗。可是有意思的是，生而富有的人卻往往不能一直家財萬貫，也許到中老年就窮困潦倒了；而生來一貧如洗的人，卻往往能從苦難中崛起，成為人們眼中的成功人士。

而我，就是生於美國的貧民窟中，卻意想不到的獲得了今天如此的成就。因此，從這一意義上來看，在財富面前也是人人生而平等的，就看你有沒有抓住機遇，並且充滿信心的將機遇把握到底。

貧窮不是藉口，「因為窮，所以我發不了財！」這種錯誤理由，是一切貧窮者必須跨越的一大障礙。

在我小時候，母親就曾告訴過我，當年我們之所以十分貧窮，就是因為父親的懶惰。

她說：「如果你決心不再貧窮，你一定會找到致富辦法的。」於是我從擦皮鞋開始做起，一直到最終找到了不再貧窮的辦法。

在我們這個國家，與我有相似遭遇的人很多，而最終他們也同樣獲得了成功。亨利・威爾遜（Henry Wilson）副總統就曾經是個比我更貧窮的人！

「我出生在貧困的家庭，」他曾這樣說道，「當我還在搖籃裡牙牙學語時，

貧窮就已經露出了它猙獰的臉孔。我深深的體會到，當我伸手向母親要一片麵包而她無法給我時是什麼滋味。」

「我在 10 歲時就離開了家，當了 11 年的學徒工，每年僅可以接受一個月的學校教育。最後，在 11 年的艱辛工作之後，我得到了一頭牛和 6 隻綿羊作為報酬。我把牠們賣了 84 美元。從出生一直到 21 歲那年為止，我從來就沒有在娛樂上花過 1 美元，甚至每個美分都是經過精心算計的。」

「我完全知道拖著疲憊的腳步，在漫無盡頭的盤山路上行走是什麼樣的痛苦感覺，我不得不請求我的同伴們丟下我先走……在我 21 歲生日之後的第一個月，我帶著一對人馬進入了人跡罕至的大森林裡，去採伐那裡的大圓木。」

「每天，我都是在天空的第一道晨光出現之前起床，然後就一直辛勤的工作到天黑後星星探出頭來為止。在一個月夜以繼日的辛勞努力之後，我獲得了 6 美元作為報酬，當時在我看來這可真是一個很大數目啊！每塊美元在我眼裡都和現在每天晚上那又大又圓、銀光四溢的月亮一樣。」

在這樣的窮途困境中，威爾遜先生下定，不讓任何一個發展自我、提升自我的機會溜走。很少有人能像他一樣深刻的理解閒暇時光的價值。他像抓住黃金一樣緊緊的抓住了零星的時間，不讓一分一秒無所作為的從指縫間流走。

在他 21 歲之前，他已經讀了 1,000 本好書 —— 想想看，對一個農場學徒孩子，該人是多麼艱苦的任務啊！

離開農場之後，他徒步到 100 英里之外的麻薩諸塞州的內地克去學習皮匠手藝。他風塵僕僕的走過了波士頓，在那裡他可以看見邦克‧希爾紀念碑和其他歷史名勝。整個漫長的旅行只花費了他 1.6 美元。

一年之後，他已經在內蒂克的一個辯論俱樂部中脫穎而出，成為其中的

佼佼者了。後來，他在麻薩諸塞州的議會發表了著名的反對奴隸制度的演說，此時距他到這裡尚不足 8 年。而 12 年後，他與著名的查爾斯・薩姆耐平起平坐，成為了國會一員。

統計來看，似乎美國所有的偉大人物都誕生在狹小簡陋的木屋中。所以，我們每一個人都不能把暫時的貧窮作為自我消沉的理由。

只要上帝賜予了我們健全的大腦和身體，再加上一個堅定不移的目標，那麼任何人都不必悲觀絕望，不管你是如何的窮困潦倒。

對那些生活在這片土地上，善於抓住和捕獲每一次機會的人來說，財富之門和成功之門是永遠向他們敞開的。

重要的並不在於你是出生在骯髒陰暗的貧民窟，還是出生於金碧輝煌的豪宅中。只要你有向上的願望，有探索的精神和不屈的意志，有不達目的誓不甘休的決心，那麼，任何東西都無法阻擋你奮勇前進的步伐。

財富與智力差異無關

如果你去問普通的美國人，怎樣才能獲得財富，那麼他們也許會說出一系列可以想像得到的因素：財產繼承、運氣、股票和市場投資等等。而在所羅列的一系列因素中，排在最前面的幾個肯定是：高智商、高學歷以及進入名牌高等院校等。

這是很讓人奇怪的結論，大家似乎都把智商與財富畫上了等號。不可否認的是，高智商的人也許會獲得更多的成功機會或是更高的人生起點，但是否能咬牙堅持到終點卻不是智商所能決定的了。

「我腦子很笨，所以沒發財機會了，我這一輩子就這樣了。」這就是許多人之所以仍然窮困的原因之一。

智商的高低並不決定學習能力的高低，從生來都不是天才，但我們都有

75

學習能力。當我剛做推銷時，用人們認為最「笨」的方法挨家挨戶推銷時，所換來的是各種推銷技巧的累積和越來越多的客戶。正是有著這樣的基礎，我才能取得一次比一次大的成功。

記得曾有一位朋友對我說過，在今日社會，沒有高學歷的人，就不會有多大的成功希望。

但是，事實並非如他所說，因為我的經驗告訴我：學歷和所謂的智商只是給別人看的，而真正成功的希望只能靠我自己獲得。

不僅我是這樣想的，我的朋友詹妮弗也是這樣認為。詹妮弗從不相信傳統的成功之路，也就是獲取文憑而後謀求好職業。正因為她也是一個勇於挑戰傳統的人，所以我很欣賞她。

她說：「我不能浪費這些時間。」所以她在紐約州立大學讀了一年就退學了。她認為 4 年大學像是中學和進入現實社會之間的一段間隔，她不願花這麼長的時間「休息」，而決心進入商界，並賺到 100 萬美元。

她進入一家縫紉廠做工人，在廠裡以驚人的速度逐步進步。每當有人離開艱苦的職位時，她便對老闆說：「我能把工作接過來嗎？」後來她開始從事銷售工作，仍是以好學和拼命的精神投入到工作中，於是她在 3 年內薪資由每年年薪 8,000 美元提高到了 6 萬美元。

這時，她意識到在這裡已做得差不多了，於是辭去了工廠的全部工作。

她對從寶石到保險業的銷售進行了調查，最後加入了倍奇房地產公司。開始時她很不順利，她做的幾筆買賣都失敗了，幾乎沒有賺到多少錢。她白天拼命工作，晚上到夜校讀房地產經營的課程。第二年，夜校的課程上完後，她的生意開始興隆起來，那年她拿到了 100 萬美元的年薪。然而，她剛做完一筆最大的交易後，就被嫉妒她的老闆給解僱了。

詹妮弗沒有被這件事所打垮，因為她已累積了足夠的堅強和應對挫折的

能力。她後來又加入了夏比羅房地產公司，僅僅一個星期，該公司的成交額就增加了一倍。她終於實現了她的夢想。

如今，當我們談論起她當初退學的決定時，她說：「我至今都很慶幸我當年所做的這個決定。」

我們都深深感激在年輕時所受的各種挫折，在不斷尋找工作，累積經驗的過程中，我們同時也找到了成功的方向和信心。

用積極健康的心態去面對財富

心態決定事業成敗

面對財富唯一的不平等來自心態上的不平等。舉例來說，不同的人面對被解僱時，有著不同的心態：一個人會認為工作丟了，這下生活肯定沒著落了；而另一個人卻認為，我終於有機會嘗試另一份工作了。這就是為什麼有些人能成為富豪，而有的人卻一輩子活在懊悔中的原因。

在推銷界中，一直流傳著一個這樣的一則故事：

兩個歐洲人到非洲某地去推銷皮鞋。由於炎熱，當地非洲人向來都是打赤腳。第一個推銷員看到非洲人都打赤腳，立刻失望起來：「這些人都打赤腳，怎麼會購買我的鞋？」於是放棄努力，沮喪而回；而另一個推銷員看到非洲人都打赤腳，驚喜萬分：「這些人都沒有皮鞋穿，這裡的皮鞋市場大得很呢！」於是想方設法，引導當地非洲人購買皮鞋，最後發了大財而歸。

雖然這個故事很簡單，也有無數的人讀過它。但真正能從心裡感到震撼的和有所行動的人卻少之又少。這就是一念之差所導致的天壤之別的結果。

我們雖然不能改變事實的發生，但我們可以改變心態，而我們的心態在很大程度上決定了我們人生的成敗。

最低限度的積極的心態是人人都可以學到的，無論其原來的處境、氣質與智力怎樣。

永保對生活的樂觀精神

積極的心態源於對生活的樂觀精神，凡事不要想得過於悲觀和絕望，否則你眼中的世界將是一片灰暗，前途也黯然無光。

只要抱著樂觀主義，就必定是個實事求是的現實主義者。而這兩者正是我們解決問題的重要工具。

最不足以交往的朋友就是那些悲觀主義者和一些只會取笑我們的人。真正的朋友，應該是「沒有什麼大不了，只是有些不方便而已！」這種類型的人。

一個對自己內心有完全支配能力的人，對他自己有權獲得的任何其他東西也會有支配能力。當我們開始運用積極的心態並把自己看成是成功者時，其實我們就成功一半了。

誰想收穫財富，誰就要當個好農民。我們絕不能僅僅播下幾粒積極樂觀的種子，然後指望著不勞而獲。

我們必須不斷給這些種子澆水，給幼苗培土施肥。疏忽了這些，消極心態時野草就會叢生，奪去土壤的養分，直至會讓莊稼枯萎而死。

照看好財富的莊稼，別給野草澆水。

心存感恩

在大多數情況下，你怎樣對待生活，生活也就怎樣對待你。

如果你不停的抱怨命運的不公，你就會越來越多的發現你的命運正每況愈下。如果你一味的抱怨貧窮，你會發現你正漸漸的一無所有。

如果你常流淚，就看不見星光。對人生、對大自然的一切美好的東西，我們要心存感恩，這樣的人生會顯得更加美好。

在我的生命中，我常常為此充滿感激。雖然我總是失去工作，但我也總是能找到工作；雖然我曾有嚴重的口吃，但我還能說話，還有變好的希望；雖然我曾經窮困潦倒，但我的家人卻一直支持我。

每天走出家門時，我都會對生活充滿了感激之情，因為我仍然健康的活在這個世界上，還可以為每天的目標而奮鬥。

世間很多事情，常常是我們不懂得感恩，不懂得珍視身邊所擁有的東西。只有當失去它們時，我們才又悔恨莫及。

忽視零碎小事

要做大事的人不會把時間和精力花在小事情上，尤其是雞毛蒜皮般的事情。這些小事情會使人偏離主要目標和重要事項。

如果我常常對一件無足輕重的小事情做出小題大作的反應，那我今天還可能會在擦皮鞋的地方與人斤斤計較。

然而，世上卻有許多因為小事而做出荒謬反應的事情：

瑞典於 1654 年與波蘭開戰，原因是瑞典國王發現在一份官方檔中他的名字後面只有兩個附加的頭銜，而波蘭國王的名字後面有三個附加頭銜。

有人不小心把一個玻璃杯的水濺到了脫萊侯爵的頭上，就導致了一場英法大戰。

有個小男孩向格魯依斯公爵扔鵝卵石，導致了瓦西大屠殺和 30 年戰爭。

雖然你我都不大可能因為一點小事而發動一場戰爭，但我們肯定能因為小事而使自己周圍的人不愉快。

要記住，一個人為多大的事情而發怒，他的心胸就有多大。

樂於奉獻

曾被派往非洲的醫生及傳教士阿爾伯特‧史懷哲（Albert Schweitzer）說過：「人生的目的是服務別人，是表現出助人的熱情與意願。」

你我也許不會有這麼無私的理想，但我們都要學會樂於奉獻。

任何事情有捨才有得，要得到更好的職位，你就必須放棄現有的職位；要得到別人的幫助，我們必須先學會幫助別人；要想賺更多的錢，我們就不能吝嗇對金錢的投資。

為此，我常常忠告我屬下的推銷員：「忘掉你的推銷任務，一心想著你能帶給別人什麼服務。」

我告訴我的推銷員們，如果他們每天早晨開始工作時這樣想：「我今天要幫助盡可能多的人」，而不是「我今天要推銷更多的貨物」，他們就能找到與客戶打交道的更容易、更開放的方法，推銷的成績就會更好。

當我們拋開那些只顧自己的自私念頭，學會奉獻與服務他人，我們會變得更有力量，也更加執著。

深信奇蹟

什麼是奇蹟

許多人不相信所謂的奇蹟，因為他們從未真正的創造出奇蹟。但我相信奇蹟，因為我創造了眾人眼中的「奇蹟」。

什麼是奇蹟呢？在我為眾多的企業菁英做演講時，他們最想知道的是我怎麼在短短 3 年內就進入了金氏世界紀錄，並且創造了連續十幾年平均每天

銷售 6 輛汽車的這一「奇蹟」。而我告訴他們：「其實你們每個人都可以實現這種所謂的奇蹟。如果你們能堅持每天拜訪至少 50 位客戶並且一直堅持下去。」

奇蹟並不是大眾想像中的那樣神祕莫測，因為各種奇蹟的產生也都是由人來完成的。當人們不再用各種藉口來掩飾自己的懶惰和失敗時，人人都能創造出奇蹟。

一般的奇蹟

在常人眼中，一個送報童是不太可能在任何一個領域內有大的作為的。對於那些習慣於怨天尤人，不敢在生活中跨出最重要的一步的平常人來說，送報童的生活也就在於僅能糊口罷了。

然而，湯瑪斯·愛迪生（Edison）先生，這位對美國及至世界工業革命達到了歷史性推動作用的大發明家，就曾經是幹線鐵路上的一名送報童。

在 15 歲那年，愛迪生先生就開始涉獵化學領域，他還自己設計了一個流動的實驗室。一天，當他正在從事一些祕密實驗時，火車突然轉了一個大彎。結果，裝有硫磺酸的瓶子破裂了，一股怪異的氣味隨即飄散了開來，同時還發生了一系列複雜的化學反應，深受其害並忍無可忍的列車長立即把這位年輕的科學愛好者趕走了。

在他的發明生涯中，這樣的事例不勝枚舉：他經歷了一個又一個的危險場面，嘗盡了人間世態的種種冷暖炎涼，直到他最終成為世界科學園地裡最輝煌璀璨的一顆明珠，成為人們交相稱讚的發明大王。

當被問及成功的祕訣時，愛迪生先生說：「我相信奇蹟是要由自己的雙手去創造的。」

在世俗之輩的眼中，英國的著名人物愛爾登（Elden）勳爵可謂是名副其

實的「沒有機會。」在他還是一個小男孩時，飢寒交迫的現實使得他根本沒有機會去上學，甚至連一本書都買不起。

值得慶幸的是，愛爾登並不認為自己就要這樣貧困的過一輩子。因為他有著堅忍不拔的意志，有著頑強抗爭的勇氣，他注定要高過芸芸眾生，要出人頭地。

每天凌晨四點，他就起床，就著一盞孤燈抄寫他借來的大部頭的法律書。他如飢似渴的追求著知識，很多時候，他堅持不懈，直到把自己搞得筋疲力盡，大腦拒絕運轉為止。即使是在這樣的時候，他還要往頭上戴一個溼帽子，以便自己能夠繼續保持清醒的頭腦來學習。

在他第一年實習中，他只賺到了 9 個先令。然而，他靈魂中的理想之火卻燒得越來越旺了。當愛爾登即將離開法院時，司法官拍著他的肩膀說：「年輕人，你的麵包和奶油從此有著落了。」

這個「沒有機會」的男孩憑藉著自己的頑強意志、淵博的學識、過人的才能與良好的修養，一步一步的走上了成功之路。他的事業開始扶搖直上，最終成為了英國的大法官和他所處時代最傑出的律師之一。

著名的金融家與慈善家斯蒂芬・吉拉德（Stephen Girard）也有著相似的人生經歷。

他在 10 歲那年遠離了自己故鄉法國來到了美國，以在船上當服務生為生。他的遠大抱負就是要為自己開闢一片天地，並不惜一切代價來獲得成功。

任何工作，不管它們是多麼的繁重勞累，或者是骯髒卑微，他都願意去做。就像古希臘神話中點石成金的邁答斯（Midas）一樣，他做一行賺一行，很快就由一個窮小子一躍成為了費城富可敵國的豪商。

類似這些「奇蹟」的例子還有許許多多，也都是實實在在的有人實現了

的。而這些奇蹟的產生也很簡單，是目標、汗水和淚水的結合的產物。

奇蹟的起跑線

對那些認為自己不具備創造奇蹟能力的人，我想要說的是：事實上，我們每個人現在和那些最終會超越芸芸眾生的卓越人物都是站在同一起跑線上的。

如果你們能記住我的話，並在 30 年之後好好的回味咀嚼的話，你們將會發現、到那時，主宰著這個國家的前途和命運的那些才智卓越之士，那些位高權重的人，既包括實力雄厚的工業巨頭，也包括家財萬貫的億萬富翁；既包括口若懸河的雄辯之士，也包括才華橫溢的詩人作家；既包括運籌帷幄、叱吒風雲的政治家，也包括仗義疏財，散金如土的慈善家。

他們現在都與你們站在同一起跑線上，不會比你有絲毫的優越條件，與你一樣的捉襟見肘，甚至一樣的窮困潦倒。

這些財富就在我們的手中，在我們的腳下，在我們的眼睛裡，在我們的耳朵中。

永遠不要再犯這樣的錯誤：說自己沒有創造奇蹟的資本。

摒棄不可能

即便是世界上最貧窮的人，他的身上也具備了意志是奇蹟的催化劑。強烈的意志是奇蹟產生的催化劑。我們或多或少都有所體會，當我們咬牙堅持做一件事時，那件事總會做得不錯的。這就是意志的無窮力量，也是常常令人目瞪口呆的神奇力量。

美國汽車大王亨利・福特（Henry Ford）下定決定，一定要製造出他那著名的 V8 型汽車。當時，他要求工程師們在一個引擎上鑄造八個完整

83

的汽缸。

「但是，」他那些目瞪口呆的工程師們一起說，「這是不可能的事啊！」

「儘管大膽的去做吧。」福特命令說：「不管花多長時間，你們都要把這個任務完成。」

因為不願失去這份工作，所以福特的工程師們別無選擇，只好照著老闆的命令去做。

六個月過去了，計畫一無進展。這些工程師們心中共同的意念都是：「這是不可能的事，如果要做到，除非有奇蹟。」

但福特所要的是結果，當他核查計畫的進展時，工程師們趁機向他抱怨：無法完成任務。

「不管你們用什麼方法，」福特不慍不火的說：「我就是需要這種車子，我一定要得到它。」

這幫無奈的工程師們只好發揮他們所有的潛力，進行更進一步的研究。這樣竭盡全力的付出，使他們最終找到了製造這種 V8 型汽車的關鍵竅門。

這是福特一生許許多多「不可能完成的計畫」中的一項而已。是什麼令「不可能」的計畫「奇蹟」般的成功的？那就是亨利‧福特強烈的意志！

永遠也不要消極的認定什麼事情是不可能的，首先你要認為你能，再去嘗試、再嘗試，最後你就會發現你的確能行。

對於一個想要有所成就、希望致富的人來說，沒有事情是不可能的。

要把「不可能」從你的心中剷除掉。說話中不提它，想法中摒棄它，態度中去掉它，拋棄它，不再為它提供理由，不再為它尋找藉口。把這一觀念永遠的拋棄，而用光輝燦爛的「可能」來替代它。

湯姆‧登普西（Tom Dempsey）就是將不可能變為可能的一個好例子？

　　湯姆‧登普西生下來的時候，很不幸：只有半隻腳和一隻畸形的右手。
然而，他的父母從來不讓他因為自己的殘疾而感到不安。結果是任何男孩能
做的事他也能做。如童子軍隊行軍 10 里，湯姆也會同樣走完了 10 里。

　　後來他要打橄欖球，他發現，他能把球打得比任何在一起玩的男孩子都
遠。他要人給他專門設計了一隻鞋子，參加了打球測驗，並且得到了衝鋒隊
的一份協議。

　　但是教練卻盡量婉轉的告訴他，說他「不具有做職業橄欖球員的條件」，
建議他去試試其他的事業。最後他申請加入了新奧爾良聖徒球隊，並且請求
給他一次機會。雖然心存懷疑，但是教練看到這個男孩這麼自信，對他有了
好感，因此就收了他。

　　兩個星期之後，教練對他的好感更深了，因為他在一次友誼賽中踢出 55
碼遠。這一優異的成績使他具備了資格，加入了聖徒隊。在那一季中，登普
西為他的球隊踢得了 99 分。

　　那是一個最偉大的時刻，球場上坐滿了 6 萬多名球迷。球是在 28 碼線
上，比賽時間只剩下了幾秒鐘，球隊把球推進到 45 碼線上，或者根本就可
以說沒有時間了。「登普西，進場踢球。」教練大聲說。

　　當湯姆進場的時候，他知道他的隊距離得分線有 55 碼遠，由巴底摩爾
雄馬隊畢特‧瑞奇踢出來的。

　　球傳接得很好，登普西一腳全力踢在球身上，球筆直的前進。但是踢得
夠遠嗎？ 6 萬多名球迷全都屏住了呼吸。

　　終於，站在終端得分線上的裁判舉起了雙手，表示得了 3 分。球在球門
橫杆之上幾英寸的地方越過。登普西所在的隊以 19 比 17 獲勝。

　　球迷們狂呼不已，為這踢得最遠的一球而興奮。大家都難以置信，這是
只有半隻腳和一隻畸形的手的球員踢出來的！

「真是難以相信，」有人大叫著，但登普西只是微笑。他想起了他的父母，他們一直告訴他的是他能做什麼，而不是他不能做什麼。而他之所以創造出這麼了不起的記錄，正因為他所說的那樣：「我不知道什麼是我不可能做到的。」

抵抗自身的弱點

我們並非生來就十全十美的人，這是不可否認的事實。

從性格上看，總會有這樣或那樣的缺陷與不足。也許你從未意識到，但它們很可能就是你成功致富道路上的障礙。

懶散使人畏縮

有兩句充滿智慧的俗語說得好：一句是「打鐵趁熱」；另一句是「趁陽光燦爛的時候晒乾草。」

這世上有 98％不能成功的人，其最大的缺點就在於懶散上。懶散會造成畏縮，畏縮會導致進取心及自信心的喪失。一個人缺乏這些基本的優點，終其一生都要在不穩定中生活，就如同一片枯葉隨風飄蕩。

許多人能夠在這個世界上功成名就，主要與他們在生命初期就被迫為生存而奮鬥有關。許多人都貪戀舒適的生活，而恰恰是「舒適」的生活拖住了他們前進的腳步。

在這個世界上，沒有比被迫勞動更悲哀的事了。然而，辛勤的工作，以及強迫自己做最好的表現能使你培養出節儉、自制、堅強的意志力、知足常樂等美德，這些都是懶散的人永遠得不到的。

很少有人注意到自己通常在什麼時候比較懶散倦怠，有的人是在晚餐後，有的人是午餐後。還有的在晚上七點鐘以後就什麼都不想做了。

每個人一天的生活中往往都有一個關鍵時刻，如果這一天不想白活的話，這個時刻就一定不要浪費。

嫉妒是一個可怕的弱點

嫉妒是人們一種很可怕的弱點，因為嫉妒使人心中充滿惡意、傷害。

如果一個人在生活中產生了嫉妒情緒，那麼他就從此生活在陰暗的角落裡，不能在陽光下光明磊落的說話和做事，而是面對別人的成功或優勢咬牙切齒，恨得心痛。

有嫉妒心的人，首先傷害的是他自己，因為他不能發現自己的優勢和能力，而是把時間、精力都用在了嫉妒別人的成功上。

同時，嫉妒也會使人變得消沉，或是充滿仇恨。如果一個人心中變得消沉或是充滿仇恨，那麼他距離成功也就越來越遙遠了。

通常嫉妒別人的人都是喪失自信的人，他們不相信自己能夠取得同樣的成功，或是他們自認為達不到別人成功的程度，為此他們喪失了正確判斷事物本質的能力。如此惡性循環，就算是原本成功的人也有可能走向失敗的。

雖然我不能理解一些人會自卑這一現象，但自卑的人卻很多。他們總認為自己事事不如人，自慚形穢，喪失信心，進而不思進取。

我是獨一無二的！你也是如此，這也是你獨特的標誌，也是你值得驕傲的地方。

不管我們的外表如何，或是從事什麼樣的工作，我們每一個人都和其他任何人具有相同的價值。

假如我們自比為泥土，那我們將真的會成為被人踐踏的泥塊。如果你在言談舉止之間都表現出自己的卑微渺小，而處處顯得不信任自己，不尊重自己，那你就不要抱怨別人。因為他們會同樣的輕視你，不尊重你。

　　為什麼我們敬畏大海的力量與壯闊，敬畏宇宙的廣闊無際、鮮花的美豔、日出日落……而卻輕視我們自己？

　　接受我們目前的這種樣子──我們是有價值的、隨時都在改變的、並不完美的、成長中的個人。同時要知道，雖然我們的生理和心理並不是生而平等的，但我們卻擁有相等的權利。我們可以根據自己的精神標準，去感覺自己是很優秀的。

　　我們都是傑出的，你必須隨時記住這一點。因為我們必須先愛自己，才能把愛帶給別人。

拒絕憤怒

　　憤怒是我們最常見的情緒，而且容易導致爭吵。

　　在許多場合，因為不可抑制的憤怒，使人失去了解決問題和衝突的良好機會。而且，一時衝動的憤怒，可能意味著事過之後付出高昂的彌補代價。

　　在現實生活中，憤怒導致的損失往往是無法彌補的。你可能從此失去一個好朋友，失去一批客戶；也可能從此在老闆眼中的形象受到損害，其他人也從此開始對與你的合作產生疑慮。

　　永遠避免與別人產生衝突，尤其是和你的客戶。無論你們爭辯什麼，你是得不到任何好處的。

　　為什麼？

　　如果你的勝利使對方的論點被攻擊得千瘡百孔，證明他一無是處，那又能如何？你會覺得洋洋自得。但他呢？你使他自慚，你傷了他的自尊，他還會喜歡你嗎？

　　要知道，損害他人的物質利益也許並不是太嚴重的問題；但損害他人的感情和自尊卻無異於自斷後路，自掘墳墓。

如果你心中的夢想是渴求成功，那麼，憤怒是一個不受歡迎的敵人，應該徹底把它從你的生活中趕走。

任何決心有所成就的人，絕不肯在私人爭執上耗費時間。因為爭執的後果很不值得的，這些後果包括發脾氣、失去自制。

力戒自滿

越謙虛的人，越能賺到錢。

擁有客氣的態度，對於生意人來說具有特別的意義，也就是所謂的和氣生財。

當我的推銷事業蒸蒸日上時，在每天晚上睡覺前，我總會拍拍自己的額角說：「如今你的成就還是微乎其微，以後的路途上還有很多險阻，若不小心，就會前功盡棄。所以不要覺得自滿，別讓他弄暈了你的腦袋，小心！小心！」

每次我這樣做後，在第二天推銷時我就會保持謙虛的態度對待客戶，就會讓客戶喜歡上我，進而相信我和我的產品。

我們都會喜歡態度謙遜的人，當我們看到越是謙遜的人，我們會不自覺的找出他的優點來讚賞；而越是自認為了不起，孤傲自大的人，即使他有所成就，我們卻反而喜歡找出他的缺點，加以全力攻擊。

財富像流水一樣，由高處往低處流。越到下游，覆蓋的面積也就越大，土地也越肥沃。而獲取財富的情形也是如此。採取低姿態、謙虛、滿懷感激之心的人，財富也會向他順流而去。

越是有涵養、穩重的人，態度越謙虛；而越是毫無內涵、輕薄的小人，態度越驕傲。

你注意觀察後就會發現，越是成功的人，態度會越謙虛，他們的事業也

就能做得越大。

準時和節儉是成功的兩大關鍵

拖延的危害

有人問我：「你怎麼能在短短 3 年的時間取得這麼大的成就呢？」

「如果我想要做什麼事情，我馬上就去做。」這就是唯一的答案。

如果一個人沒有趁著熱情高昂的時候採取果斷的行動，以後他就再也沒有實現這些願望的可能了。所有的希望都會消磨，都會淹沒在日常生活的瑣碎忙碌中，或者會在懶散消沉中流逝。

與其費盡心思的把今天可以完成的任務千方百計的拖到明天，還不如用這些精力把工作做完。任務拖得越後就越難以完成，做事的態度就越是勉強。

做事情就像春天播種一樣，如果沒有在適當的季節行動，以後就表失去合適的時機了。

無論夏天有多長，也無法使春天被耽擱的事情得以完成。

恪守時間就是工作的靈魂和精髓所在，同時也表現出明智與信用。

在著名商人阿門斯‧勞倫斯從事商業生涯的最初 7 年裡，他從不允許任何一張單據到星期天還沒有處理。

有些人總是手忙腳亂的完成工作，他們總是急急忙忙的樣子，給你的印象就好像他們總是在趕一輛馬上就要開動的火車。他們沒有掌握適當的做事方法，所以很難會有什麼大的成就。

商界的人士都懂得，商業活動中某些重大時刻會決定以後幾年的業務發

展狀況。如果你到銀行晚了幾個小時，票據就可能被拒收，而你借貸的信用就會蕩然無存。

做事一貫準時，從不拖延的好習慣，往往是累積成功資本的第一步。有了這第一步，成功自然就可水到渠成了。

做事情從不拖延也是使人信任的前提，會給人帶來美好的聲譽。它向別人表明，我們的生活和工作是按部就班、有條不紊的，使別人可以相信我們能出色的完成手中的事情。

遵守時間的人一般都不會失信或違約，都是可靠和值得信賴的。

杜絕浪費

「勿以善小而不為」。節儉也是一樣，不論大小。

越是富有的人，越不會鋪張浪費，揮金如土；而沒有錢的人則往往喜歡打腫臉充胖子。

就拿出國旅行為例，真正的大富翁每次全家出國旅行時，穿的都是輕便的牛仔服裝、球鞋。他們並沒有為此感到寒酸或丟人現眼。

事實上，越是有錢的人，往往不在乎使用廉價物品；而沒有錢的人卻怕在生活中使用廉價物品會降低了他們的身分。

一旦事業開始，有節儉習慣的人其成功機會較才華相同者要多得多。因為習慣節儉的人，他知道只有減少開支和成本才有更多的賺錢的機會。

在如今高度競爭的社會，即使在小的方面去節儉，聚少成多，也是很可觀的，甚至會造成賺錢和賠錢的區別。

除此之外，對一個有節儉習慣的人而言，他似乎永遠有一筆積蓄，以防不時之需。必要時可使他渡過難關，或使他有擴張和改進的機會，而不必去借錢。

聰明的人都知道，能做到「準時和節儉」，對自己有很大的幫助。在生活中，如果你能經常準時，節儉，直到成為你的第二天性，你就會在事業上收到由這些習慣為你帶來的利益。

讓心情休個假

雖然成功需要拚搏與努力，但同時也需要有無窮的精力和耐力，如果你長期處於疲勞的狀態，也會影響你成功的步伐。

為什麼要防止疲勞呢？很簡單，因為疲勞容易使人產生憂慮，疲勞同樣會減低你對憂慮和恐懼等感覺的抵抗力，所以防止疲勞也就可以防止憂慮。

約翰‧洛克菲勒（John Davison Rockefeller）創造出了兩項驚人的紀錄：他賺到了當時全世界為數最多的財富，也活到了 98 歲。他如何做到這兩點的呢？就是因為他經常給自己的心放假，每天在辦公室裡睡半小時午覺。當時，他躺在辦公室的大沙發上 —— 在睡午覺的時候，即使是美國總統打來的電話，他都不接。

然而，絕大部分我們所感到的疲勞都是由於心理影響。事實上，純粹的生理引起的疲勞是很少的。

對於一個坐著的工作者，如果健康情形良好的話，他的疲勞百分之百是受心理因素，也就是情感因素的影響。

什麼心理因素會影響到坐著不動的工作者，使他們疲勞呢？是煩悶、懊悔，一種不受欣賞的感覺，一種無用的感覺，太過匆忙、焦急、憂慮 —— 這些都是原因。

在推銷行業中，我們對推銷員指出了這一點：「困難的工作本身很少造成好好休息之後不能消除的疲勞。憂慮、緊張和情緒不安，才是產生疲勞的三大原因。通常我們以為是由勞心勞力所產生的疲勞，實際上都是由這三個原

因引起的。請記住！緊張的肌肉，就是正在工作的肌肉，應該放鬆，把你的體力儲備起來，以應付更繁重的工作。」

碰到這種精神上的疲勞，應該怎麼辦呢？要放鬆！放鬆！再放鬆！要學會隨時放鬆自己，給自己的心放個假。

我就是最大的財富

我們每個人都有極大的價值，但真正認識到這一點的人卻不多。我們認為自己的價值有多大，我們就會得到多少。

我從沒有見過一個認為自己毫無價值，不相信自己的人能夠獲得成功。

我們每一個人都是無價之寶，沒有發現這一寶藏的人都是現在仍在貧困線上掙扎的人。

在我的衣服上通常會佩戴一個金色的「1」，有人曾問過我是不是表示我是世界上最偉大的推銷員，我說：「不是的。因為我是我生命中最偉大的！」

沒有人會和我一樣，我就是我自己最大的財富。就算沒有指紋，也能從人群中識別我。我的聲音與眾不同，我的氣息也有別於他人……

35歲時，我是個徹頭徹尾的窮光蛋，甚至連妻子和孩子的吃喝都成了問題。我去賣汽車，是為了養家糊口。幸運的是，我發掘了自己這個最大的寶庫，從此開始變得順利起來。

我相信：「一切由我決定，一切由我控制，一切奇蹟都要靠自己創造。」

發現自己的價值

我們每個人除了天生的缺陷外，都能夠學會走路、說話和其他一些基本的行為。大部分人對此都視為平常，沒有人會為一個健康的小孩學會了走路

而驚訝萬分。

　　然而，你們有沒有想過，為什麼我們每個人在小時候都能這樣輕而易舉的完成同樣的事情？

　　一般來說，小孩子在學會走路之前，平均要經歷 240 次以上的失敗，但還沒有一個小孩子放棄過學習走路。或許是本能在告訴他：「不要放棄，你一定會學會的。」

　　這裡的情形是跌倒的小孩子自己爬了起來，還用他學到並儲存於大腦之中的不斷反覆的資訊，自動加以調整，以便糾正他腦子裡形成的走路的形態。他學習、吸納並成功的運用與生俱來的能力。不管跌倒多少次，他能學會走路的自我信念堅不可摧。

　　小孩子不會灰心喪氣，遇到挫折時不會認為自己就是一個失敗者，因為站起來行走是他的一種需要。

　　然而，隨著年齡的增長，我們對自身潛力的天生信念都不知不覺的萎縮了。我們總是被告知：「你不能唱歌，你真笨，你是傻瓜，你以為你是誰？你永遠不會成功。」

　　這些話語被儲存於我們的潛意識中，腐蝕著我們天生的自信理念。我們不再強烈的想成為太空人、芭蕾舞者、醫生、富翁等我們曾經夢想的角色。

　　然而，恰恰是我們在外界影響下逐漸喪失的強烈自我信念，是我們能否成功的關鍵因素。

　　所有成功的人都保持或找回了孩童時代那強烈的自我信念，他們之所以能做到，是因為他們相信自己。他們絲毫也不懷疑自己能實現目標，相信世界受他們的支配。

　　雖然這些人曾被責罵為：「自大、狂妄、不可理解」，但他們卻靠著堅定

不移的信念實現了他們的目標。

就像獨木橋的另一邊是美麗豐碩的果園，相信自己的人大膽的走過去採擷到自己的願望，而不相信自己的人卻在原地猶豫：我是否真的能夠過得去？—— 而果實，早已被大膽行動的人採走了。

堅信自己的能力

人們有權利按照自己的眼光來評價我們；我們認為自己有多少價值，就不能期望別人把我們看得比這更重。

我們一旦步入社會，人們就會從我們臉上，從我們的眼神中去判斷，我們到底賦予了自己多高的價值。

如果他們發現我們對自己的評價都不高，他們又有什麼理由要給自己添麻煩，來費心費力的研究我們的自我評價到底是不是偏低呢？

因此，真正相信我們能走向成功的人，只有我們自己。

許多人似乎都認為能力是天生的，自己在某一方面總是有天生的欠缺。然而實際上，大多數人的能力都是被後天所喚醒的，上帝是公平的，他給了我們同樣的能力，只要你相信奇蹟的存在。

我的朋友格蘭‧特納就是一個相信這與生俱來財富的人，他也因此獲得了上帝的獎勵。

三年前，他不但一文不名，還破了產。更不幸的是，他長有兔唇，說話不方便。但他最大的優勢就在於能夠在不斷的嘗試中發現他自己的能力。

他同我借了 5,000 美元後，開了一家化妝品公司。「這是最可能賺大錢的一個行業，」他說。於是他在佛羅里達州的奧蘭多市租了一間小辦公室。取名為「柯西柯星際公司」。

由於特納採取的生意手段非常古板，因此他在成功的路上跌倒了無數

次。但最終他還是建立了一個覆蓋全美的商業王國，這一王國橫跨 4 個州、9 個國家，僱用了 20 萬名員工。

特納一個星期要發表 20 場演說，不是推銷他的產品，就是推銷他的哲學，他不說枯燥無味的道德論，也不說統計數字，而只說些似乎很有道理的話，聽起來有點像福音：「手裡沒有抱著球跑的人，沒有人會去絆倒他的。」、「在成功的梯子上爬的時候，唯一的困難就是從最底下的人群當中擠出來。」、「大多數人情願多花點時間去安排他們的假期，而不願多花點時間去計劃他們的生活。」

特納最高興的是把一個人的潛在能力發揮出來。他認為人活著得經常洗腦，洗過腦以後，你才能想得出你能夠做些什麼。

特納說：「我把錢當做一種工具，大家都崇拜金錢和權力，所以你必須先得到它們。假如你也和身心障礙者或窮人一樣，你又有什麼能力去幫助他們呢？假如一個人願意相信自己，發現他不同的與生俱來的能力，他就可能會奮發起來。他的生活就會隨著改變，他也許會馬上買到一部凱迪拉克，也許會寫出一部了不起的長篇巨著。」

正確的評估自己

現年 63 歲的老約翰，依然顯得很年輕、英俊，他不但是一個經歷過數次探險和遠征的老手，還是電影製片人、作家和演說家。

在談到他的致富經驗時，他說：「因為在 15 歲時我已清楚的認識到自己閱歷的貧乏。我那時的思想尚未成熟，但我具有和別人同樣的潛力。我非常想做出一番事業來，於是進行了人生的規劃。心中有了目標，我就會感到時刻都有事做」。

「我也知道周圍的人常常都墨守成規，他們從不敢冒險，從不敢在任何一個方面向自己挑戰。我決心不走這條老路。」

他的願望對於一些人甚至對他周圍的每一個人似乎都是不可能的事。當然，老約翰沒有完成他所有的願望，但他卻相信他必定能完成其中的大部分。

我們身上的潛力其實是巨大的、無窮的，如果我們高估自己，那麼經過努力，我們可以達到高估的標準；但如果我們低看了自己，那麼我們就永遠在低處徘徊。

我們可以得到我們心中所期盼的一切，我們自信可以掌握自己的命運。

我們每個人都是堅強與軟弱、機會與限制的獨特複合體。即使我們改變人生哲學，這點也不會有什麼變化。拒不承認這一事實，認為自己無所不能，這就如同在薄冰上行走一樣危險。

如果你善待你自己，就不會認為自己是無所不能的了。由於你特有的本質、知識與情感結合，有些致富道路可能對你是暢通的，而有些則注定會讓你失望。然而，這並不意味著只要生於貧民窟就該永遠甘於貧窮，也不是說只要你身為一個女孩就命中注定要從事家庭主婦。

環境及文化條件不過是整幅人生圖畫的一部分，對你起激發作用並決定你個人價值信仰的內部力量是那些更為有力的因素。

如果擁有主動性、創造力、技能、信仰，你就可以克服令人難以置信的巨大障礙，甚至包括擺脫童年被欺侮的經歷所帶來的陰影。

人們工作和事業離不開環境的影響。如果你喜歡獨自工作，不適應在較大的群體中生活，那你熱衷於掌管一個大公司是沒有什麼意義的。如果你擅長於行動，對富於挑戰性的職業興奮不已，那你可能就不會喜歡長時間生活在一座適於冥思苦想的鄉村宅院裡。

如果你迷戀一些不適合你真實個性的職位、想法，即使從表面上看你成功了。但你肯定會感受到自我與外部環境的衝突存在。

認定自己有獨特之處

拿自己與別人相較比是毫無意義的，因為你根本就不知道別人在生活中的目標與動力，你也不具備別人那種獨一無二的能力。

你應該這樣想才對：別人有別人的才智，你也有你的才智。你也許會常常誤以為才智就是音樂、藝術或智力方面的天賦。實際上並非如此。我們每個人都有一些奇妙的，而自己卻一直忽視的才華，諸如熱情、耐力、幽默、善解人意等等，它們是有助於我們取得成功的強有力的工具。

要活出自己的人生，認清自己的價值，就不要老是拿自己與別人相比，因為這只會使你對自我形象、自信以及你取得成功的能力產生負面影響。

有些方面是我們無法改變的，比如身高、眼睛等等，但我們卻可以改變對它們的看法，這是一種優良的品格。

人人都是獨立的。如果你不相信這一點，那麼你也就真的沒有特別之處了。只有認清了自己的獨特之處，你才能造就出你獨一無二的形象。

如果你想成功，那你現在就用一個肯定性的問答來描繪你身上令你自豪的地方。這是標明你自我形象的第一步 —— 不僅是現在的你，而且是想成就的你。

如果你有一個清晰的自我形象，那麼你便不會被你所做的工作、所住的房子、所開的汽車或是所穿的衣服所限定，你並不是這些東西的總和。成功者相信的是他們自己，他們取得成功的潛力不依賴於地位或身分，而是依賴於他們自身對實現目標的信心和決心。

無論你的背景有多麼與眾不同，通向財富的道路只能是你自己前行的道路。

不錯，在你行走的道路上，會有你的朋友、親人或同事，但是你不用指望他們會替你做這做那。沒有任何人能夠代替你前行，只有你自己！

因此，無論你從事的是什麼職業，都必須靠自己的努力才能取得成就，透過發揮自己的才能實現目標。正如沒人能替你減肥，沒有人能給你一副健康的身體一樣，這是你自己需承擔的職責。

當然，認定你的獨特之處並不意味著你的與眾不同，而是要確立你是誰，並選擇你要成為的對象。只有這樣，你才能發掘出你以前從不敢夢想的成功所具有的潛力。

保持自尊的心態

自尊是人際社交中的心理基石和底線。假使你的自尊心過低，你的內心早就被這些幽暗思想所充斥了，就再沒有容納其他想法的餘地了，以致有相當多的時間耗在消極的思想之上。

有些人一直搞不清楚自尊心低落與謙卑的差異。事實上，它們並不相同，甚至沒有什麼親近的關係。

一個人只有在肯定自己的價值之後，才會懂得謙卑。謙卑的人才有失去或貢獻價值的機會；你無法貢獻或失去原本就沒有的東西。

自尊心低落的人是如此的脆弱，以至於任何事情——甚至是最微不足道的錯誤、侮辱、或者麻煩都足以對其構成威脅。所以，你很難去承認你的錯誤，更別說去道歉了。此外，你也很難去服務他人。除非別無選擇，因為服務別人也會對你脆若蛋殼的自尊心造成脅迫。

自尊心低落能使你認為自己一文不值，接著可能會導致你討厭自己或是自我憎恨。然而，你要知道，貶損你自己，也就是在貶損你所愛的人和愛你的人。

要記住，你對自己的厭惡與扭曲，會影響到別人對你的態度。他們對你的好印象都是你自己努力獲得的，當你認為自己毫無價值、有缺陷時。他們也會同樣這樣認為。

如果你是自尊心低落的人，現在該是你選擇把注意力放在哪一面的時候了，是用半空的態度看人生，還是用半滿的態度看人生？

假使你願意用半空的角度來看待你的人生，你也可以義無反顧的去做，因為這是你自己的選擇。但是千萬不要動輒對事物的狀況 —— 也是你的狀況 —— 信心不足滿腹牢騷，因為這是你自願選擇來看待自己的！

不管你對人生的看法如何，你要知道沒有任何事物可以讓你覺得自己不如別人。要是你有這種想法，也是你自己認定的了。只要你看得起自己，就沒有任何人能看低你。

你所要記住的是你所選擇看到的，也就是你會得到的。

學會推銷自己

我們每個人都是如此優秀，為什麼不把自己推銷出去呢？

我就喜歡推銷自己，一方面是職業習慣，另一方面是我認為自己的確很優秀。

我會把握每一個機會向別人散發名片，在各地留下我的形象和痕跡。我一直覺得不可思議的是，有的推銷員回到家裡，甚至連妻子都不知道他是賣什麼的。

　　既然我們都是獨一無二的，那就不用再躲藏了。應該讓人們都知曉你，知道你的目標和努力。

　　在生活中，我們每個人都是推銷員。每天我們都在推銷 —— 不論我們的推銷技術是否在行。

　　不管你是什麼人，從事何種工作，無論你的願望是什麼，若要達到你的目的，就必須具備向別人進行自我推銷的能力。

　　如果我們的工作跟別人有所接觸的話，我們要不斷的想辦法使別人向我們購買和租賃，把理想的任務交給我們及相信我們的說法。

　　私人生活中，也牽涉到推銷，雖然在親密的關係中沒有這種情形存在，但在社交行為中則隨時存在。我們多數人都希望能被別人喜歡。

　　多數人都希望輕易的能找到工作，希望有身分的人找他們說話，希望肉店賣給他的肉不帶太多肥肉的。生活就是一連串的各種各樣的推銷。

　　無論推銷什麼，你第一件要做的，就是對你所推銷的物品要盡可能的去了解。比如說，如果你要推銷手套，你就得研究手套的功能以及由什麼材料做成的，哪種手套適合哪種場合佩戴，每一種款式的手套各有什麼利弊。

　　當我們推銷自己時，我們也必須對自身的情況有所了解:我們是什麼人？我們必須提供的是什麼？我們的優點何在？缺點呢？別人對我們有什麼反應？我們的目的何在？

　　這些探測性的問題，我們要盡量誠實的弄清楚，因為它是設立一個推銷計畫的基礎。你可以問問與你親近的人，讓他們真誠的對你進行評價。

　　要記住，你要推銷的第一個對象，是你自己。你越練習好像對自己越有信心，就越能造成一種你很能幹的氣氛。

　　你的態度全部反應在你的舉手投足之間。一個自信的人，就會坐在整個

椅面上，而不會只坐在邊緣上。如果他是個高大的人，他就不會縮著脖子。

推銷自己遠超過你要推出的任何產品或觀念。在與人面談時，你必須有辦法直直的盯著對方的眼睛，使他深信你是個可靠的人。

在推銷我們自己時，我們的儀表非常重要，而且永遠不可忽視。因為除非是最親近的人能看到你的內在，大多數人都還是以外表來判斷一個人的。

許多調查顯示，體型高大健壯的人，幾乎總是變成國際電信電話公司的總裁。當然，這並不是說如果你是個矮胖的人，就應該被送到一個孤島上去。

大家都喜歡看到漂亮整潔的人，你我都是如此：因此對你的外表，確實要注意，充分利用你的優點。

上高級理髮店做個髮型，減肥 10 磅，把西裝燙一燙，盡一切辦法也要變成一個令別人喜歡的那種人。因為這樣當你和其他人站在一起時，他們會樂於與你說話，從而讓你獲得更多機會。

我們在推銷產品時，總會盡可能多的找出產品的賣點，在生活中推銷自己也應如此。例如：在找工作的時候，要盡可能的把你成功的例子呈現出來。

對一位藝術家或作家來說，這種過程是傳統性的；但對其他人來說，這同時可以被有效的反映出你如何解決一個特殊的問題。如果你曾幫忙創造了一項產品，你應該拿出照片來，加上一行簡短的文字，說明該產品優於其他產品的特點。常常，在一種視覺上的印象會比單是文字的說明更具有深刻而長久的效果。

由此可見，學習推銷你自己的必要課程是，有辦法看出你自己的錯誤和缺點而改正它們。當你推銷自己時，要讓別人能接受你，就要讓別人看到你誠實、真摯的一面。你必須使別人相信，你有一種特殊的東西，是他們所需要的，那就是信心。

要記住，信心是非常重要的因素。當你在推銷自己時，絕不要表現出害怕畏縮的樣子。

就算你沒有被僱用，還有別的工作等著你。但可能的話，要看起來很有信心。你要認為你有資格擔任那項職務，如果你被僱用的話，你認為你會做得很好。

此外，當你在推銷自己時，別擔心做錯事，但總是要從錯誤中得到教訓。

推銷自己，類似參照一本詳細的食譜去準備一道菜。正當你認為每一步都確實照做之後，你發覺必須回到第一頁，做最後的加油添醋，這才是成敗的關鍵。沒有注意每一個細節的話，你可能只有一個中上的產品，但永遠不可能再做改進。

此外，在推銷自己的時候，要經常修改推銷方式。你不再是五年前的你，也不會是五年後的你。因為你所接觸的人也是在不斷改變的。

如果你對自己有信心，事實和信心將是你最大的資產。這是推銷自己時應該記住的最基本的一點，但也許是最難以發覺的一點。

如果你還沒有學會推銷自己，現在就是你開始的時刻了。

燃起財富的信念之火

在我的生活中，從來沒有「不」這個字，你也不應該有。「不」就是「也許」，「也許」就是肯定。我不會把財富白白送給別人的。

我相信我自己，所以我一定能做到。而我能做到的，你們同樣也能做到，因為我並不比你們好多少。

我之所以能做到，是因為我一直有個堅定無比的信念，並且投入了所有

的專注與熱情。

做自己忠實的信徒

經常有推銷員問我：「要怎樣做才能達到你這樣的成就？」我告訴他們：「當你如同最虔誠的信徒信仰上帝那樣信仰你自己時，就可以克服任何橫阻在你面前的障礙了。」

我在 35 歲以前，經歷過無數次的失敗。最慘痛的一次是，我的朋友都棄我而去了。

我對自己說：「沒關係，我還會捲土再來的。就算沒有任何人的支持，還有我自己這個忠實的信徒，我會永遠保持對我自己的信賴。」

就這樣，3 年後，我成功的實現了我曾說過的話。現在，我仍然相信我自己，這也是我這一生中最重要的信念之一。

相信你自己

在這個世界上，總有一些人很自卑，認為自己生來就是不能與其他人相提並論的。他們不相信別人所有的幸福會為自己所有，他們甚至認為自己不配擁有。

為什麼會有這種想法呢？因為他們從不相信自己能夠做到。信心的缺失，使他們永遠不能挺直後背做人。

相信自己很重要，因為它可以創造出被人稱為「奇蹟」的東西。

在推銷界中，對推銷員首要的要求就是有足夠的自信，我們推崇這一點。前幾年，喬治・赫伯特成功的把一把斧頭推銷給了小布希（Bush Junior）總統。為此，布魯金斯學會把一個刻有「最偉大的推銷員」的金靴子獎給了他。

從某種角度來看，這個獎並不表明了喬治的推銷技巧有多麼高明，而是在於獎勵他擁有堅不可摧的信心。

當所有學員都認為是把斧頭推銷給小布希總統時，喬治並沒有退縮。他是這樣說的：「我認為，把一把斧頭推銷給小布希總統是完全可能的，因為他在德克薩斯州有一座農場，那裡長著許多樹。於是我給他寫了一封信，信中說：

「有一次，我有幸參觀您的農場時，發現那裡生長著許多矢菊樹，有些已經死掉了，木質也已變得鬆軟。我想，您一定需要一把小斧頭。但是以您現在的體質來看，這種小斧頭顯然太輕，因此您仍然需要一把不甚鋒利的老斧頭。恰好，現在我這兒正好有一把這樣的斧頭，它是我祖父留給我的，很適合砍伐枯樹。倘若您有興趣的話，請按這封信所留的信箱，給我回覆……」

「就這樣，他就給我匯來了 15 美元。」

這就是喬治成功的祕訣，他並不因為有人說這一目標不能實現而放棄，也沒有因為覺得這件事情的難以辦到而失去自信。

許多時候，不是因為有些事情難以做到，我們才失去自信；而是因為我們失去了自信，有些事情才看似難以做到。

打消懷疑念頭

記住，信心是一種精神狀態，它是靠著調整你的內心去接受無窮智慧的方法而發展成的。

信心是使無窮智慧的力量配合你明確目標的一種適應表現，信心是成功的發電機，也是將你的想法變成實現的原動力。

無論你的內心所懷抱著的意念或信仰是什麼，它都可能成為現實。因

此，不要在通往信念的路上設置障礙。就像當陽光透過三稜鏡時，會變成多道光束一樣，當信念透過你的內心時，也會綻放出不同的光芒。

那些消極念頭，諸如不可能成功、不要去做、成功之路障礙重重和有些事注定無法成功等等，都是思想中的缺陷。這些缺陷足以扭曲、並且分散信念的力量。如果你因此關閉了信念的大門，你將永遠無法享受到它的成功。

你無法驟然告訴自己，你有信心並且希望馬上出現好的結果。信心是一種必須經過培養的精神狀態。

每天騰出一小時的時間，來思考你和信心之間的關係，找出可以在你的生活中通向信心的方向。

先清除在你內心的等缺乏、貧窮、恐懼、疾病和不和諧等，然後建立一個明確目標，並且毫不猶豫的立即開始執行。

如果你以信心為基礎所制定的計畫需要其他人的合作時，那就務必要找到合作的人，這些人不會自己跑來找你的。

如果你的計畫需要資金，你就必須盡全力去找尋投資人，不會有人把錢自動送上門來的。你必須把你的信心運用到實際中去。

當你達到一個目標之後，再設定一個新目標，但切勿因為達到目標就感到自滿。比爾蓋茲創設了供應世界 70% 電腦作業系統軟體的微軟公司。在他 35 歲之後，他的公司就已發展成比麥當勞、迪士尼和 CBS 還要大的企業。但他從此就停止進步的追求了嗎？

不，他仍然不斷的設想為自己和公司扮演什麼樣的新角色。他在 37 歲時，開始提供一種可以使辦公室內的所有機器都能連線作業的系統：電話、傳真機、電腦全都能一起工作。他成功的說服 AT&T 和 IBM 等大型企業加入他的行列，共同開發並且生產這項重要的系統。

　　你將會達成為自己設定的目標。如果你的祈禱詞是感謝你已擁有的幸福，而不是奢望你現在沒有的東西時，你將能夠更快的得到成果。

　　關上通往懷疑的門之後，你會很快的看到通往信心的大門。增強信心是一段費時而且需要奉獻的歷程。你在這方面的努力是無止境的，因為你所能運用的力量是無限的，因努力而獲得的回報也是無限的。

事業上報以熱情

　　有件事很重要，人人都要保持熱情的火焰永不熄火，而不像有些人那樣起起伏伏。

　　在你堅定的邁向信念之路的過程中，你所要隨身攜帶的物品有兩個，一是堅定不移的信心，另一個就是無比的熱情。

　　無論你的目標是什麼，要實現它，首先需要的就是對工作報以熱情。

　　熱情無疑是我們最重要的稟性和財富之一，會使我們獲得想要的成功。不管你是否意識到，我們每個人都具備火熱的熱情，只是這種熱情深埋在我們的心靈之中，等待著我們去開發利用，為我們的人生目標服務。

　　你要找到自己的熱情，正如信心那樣。熱情全靠自己創造，而不要等他人來燃起你的熱情火焰。

　　缺乏自身的努力，任何人都無法使你熱情滿腔；沒有自身的努力，任何人都無法使你的渴望去達到目標。

　　熱情應該是能轉變為行動的思想、一種動能，它像螺旋槳一樣驅使你達到成功的彼岸。

　　熱情意味著你對自己充滿信心，能望見遙遠之巔的勝利景色。你能集中自己的全部精力，勇氣百倍；你也能夠自律和自立；你能運用自己的想像

力，修身養性，日臻完善；在你悔過時，能迅速回到現實中來，那你就能獲得成功。

我們能在熱情中找到迷惑、失望、懼怕、頹廢、擔憂和猜疑嗎？當然不能！這些消極情緒使你未老先衰。而相反，熱情能讓你終生受益。

熱情是一股強大的力量。當這股力量被釋放出來，並不斷用自己的信心補充能量時，它就會形成一股不可抗拒的力量，足以使你戰勝一切困難。

標題三：日必三省自己

對一個有所追求的人來說，應該懂得時時反省自己，看看自己對人生、對事物、對自己是否有足夠的了解和喜愛。

如果你的思想被遲鈍、有害的各種病態心理占據，熱情就缺乏生長和生存的土壤。要改變這種狀態關鍵在於需要你自己做出努力，要不斷鼓勵自己，給自己鼓足勇氣。

常常對自己說：「我有幸福、幸運的每一天，我盡全力去做，去爭取每一次的機會。而且我得到過，今天和明天還將會得到。我的努力可以換得我的快樂與幸福。」嘗試著這樣充滿信心與熱情去投入工作和生活，你就必然會走好運。

每時每刻記住驅除心理上的病態，消除憂鬱與自卑。人的內心經常會發生心理戰，占據優勢的心理往往左右你的言行，也影響著你的一生。因此，你要時刻排除一切雜念，堅定對自己的信仰。

有一個曾經被自卑、焦慮的病態心理折磨得幾乎對自己的事業絕望的人，在經歷了一場心理戰，並嘗試著做出熱心的樣子之後，終於使自己的事業有了起色，並獲得了新的歡樂。

他對自己這一段大起大落的生活感慨萬分，他說：

「我得到了一個深刻的教訓，我體會到我必須去做一件了不起的事情，就是改造我自己，喚起自己對生活，對每一件與自己相關聯的事情的熱情。

「學會對每個人，每件事都做出熱心的樣子，並熱心去做每件事，讓熱情貫穿自己的生活。這樣，才不至於讓沮喪、煩惱占據心胸。終於，我又重新得到了充實的生活，我也將永遠保持這一份熱情。」

標題三：爆發你的力量

要相信你是一位深具才智的人，你能勇敢的面對生命，隨時準備迎頭痛擊那些阻礙你前進的一切困難，世界因此跟著你的腳步向前邁進。

要相信你擁有一種只有極少數人知道如何運用的祕密力量——大無畏和勇於擔當的力量，這就是足以擔當重任的力量。

一旦你發揮了這種力量，你將搖身一變，不再是從前的你了；一旦你發揮出這種力量，你就會不斷的鼓勵別人去尋找這種力量，並且你越想去鼓勵別人，你自己的這種力量也會越加強大。

這種力量似火一般的燃燒著你的心。它鼓勵著你、鞭策著你，永不熄滅。它使你眼界大開，照亮你未曾預見的生命和生存的領域。到時候你會按捺不住自己的心而蠢蠢欲動，因為它每一時刻都要燃燒你。

你應該深知，你的身上充滿了未開發的才智和潛能。而這些才能之所以一直被埋沒，是因為你一直缺乏勇氣把它挖掘出來。

只要你勇於挑戰，就會表現得更加自如。淘金人戰功的事例告訴我們，總有一個地方可以找到金子，也許在河床上，也許在山裡。有勇氣的人也一樣，也許在窮鄉僻壤的小木屋裡，也許在金碧輝煌的城堡中。

不管你是哪裡的人，不管你是窮是富，只要你下定決心，那就等於你已報名參加這個挖掘勇氣與力量的隊伍中，並開始向前邁進了。

　　要相信自己是會變成比現在更能幹的人。你以前沒有，那是因為你「不敢」。一旦你鼓起勇氣，不再隨俗浮沉，開始正視人生，你的生命就會有一種新的意義。

　　有誰願意一生只做一些無足輕重的瑣事？有誰願意永遠做沒有興趣的工作？我們每個人努力去追求的是生命中代表永恆的東西，追求一種可以把你的天賦發揮至頂極的工作——這就是你應面對的挑戰。

　　如果你勇於貢獻出自己的才智，你的身體、人緣、品格都會增強，你的勇氣也會越來越大。付出越多，所得越多，這個原理你可以享用終生。

把握住財富的機會

機會的奧祕

　　在我推銷的生涯中，我絕不放過任何一個推銷的機會，這也是我所堅持的信念之一。

　　一般的推銷員會說，那個人看起來不像是一個買東西的人。但是，有誰能告訴我們，買東西的人長得什麼樣？而每次有人路過我的辦公室，我的內心都在吼叫：進來吧！我一定會讓他買我的車，因為每一分一秒的時間都是我的花費，我不會讓他走的。

　　把握任何一個機會，不要讓它從你的指縫中溜走，這也應是你的堅定信念。

　　無論你聽過的成功故事屬於哪一種，你一定會發現他們有一個共同點，那就是：他們都能把握住機會。這樣，許多人都會羨慕他們的這種機遇，並且認為自己的失敗就在於缺少這種機遇。

　　沒有機遇？沒有機會？在這個世界上，成千上萬的孩子最終發財致富，

賣報紙的少年被選入國會，出身卑微的人士獲得高位。就這個世界上，難道沒有機會嗎？

有一位學法律的學員對丹畢爾・韋伯斯特抱怨說：「年輕人的機遇不復存在了！」「你說錯了，」這位偉大的政治家和法學家答道：「最頂層總是空缺。」

對於善於利用機會的人來說，世界上到處都是財富，到處都有機會。

許多人認為自己貧窮，實際上他們有許多機會，只是需要他們在周圍和種種潛力中，在比鑽石更珍貴的能力中發掘機會。

據統計，在美國東部的大都市中，至少有95%的人第一次賺大錢是在家中，或者是在離家不遠處，而且是為了滿足日常、普通的需求。

這對於那些不知道機會是什麼，一心認為只有遠走他鄉才能發跡的人，無疑是當頭棒喝。

一夥巴西牧羊人前往美國加州淘金，隨身帶了一把半透明的石子用來在路上玩西洋跳棋。到了舊金山，他們才發現這些石子是鑽石。他們急忙趕回巴西，可是出產石子的地方已被其他人占有並出售給了政府。

內華達州最高產的金銀礦曾經被礦主以42美元的價格售出，以便籌錢前往其他礦區去圓自己的發財夢。

由此可見，機會是無處不在的，關鍵在於你是否願意去尋找。如果你不遺餘力的去尋找，就會很容易的找到它們。

機會不是陶土，而是勞動者手中的鐵。我們必須不斷的錘打它，才能為自己打造出一個成功的位置。

機會是人人平等的

在這個世界上，我們應有的東西都是平等的，機會亦然。

對於軟弱和猶豫不決的人來說，他們永遠都不可能得到他們所盼望的機會。因為就算機會女神站在他們面前，他們也會考慮半天：究竟從什麼方向下手抓住她呢？

在我們的生活中，每個人每時每刻都面臨著各種各樣的機會：

你在學校或是大學裡的每一節課是一次機會；

每一次考試是你生命中的一次機會；

每一個病人對於醫生都是一個機會；

每一篇發表在報紙上的報導是一次機會；

每一個客戶是機會；

每一次行善是一次機會；

每一次商業買賣是一次考驗你優良品格的機會；

每一次與人交談都是一次機會；

……

在這個世界上生存，本身就意味著我們擁有奮鬥進取的特權，我們要利用這個最大的機會，充分施展自己的才華，去追求成功。

只有懶惰的人總是抱怨自己沒有機會，抱怨自己沒有時間；而勤勞的人永遠在孜孜不倦的工作著、努力著。

有頭腦的人能夠從瑣碎的小事中尋找出機會，而粗心大意的人卻輕易的讓機會從眼前飛走了。

既然我們每個人都仍然活著，機會對於我們來說也就永遠存在，就看我們是選擇做一個有頭腦的人，還是個粗心大意的人。

挖掘自己的機會

我相信每個人都有屬於自己的機會，只是有些人發現了，有些人還沒有發現而已。

不要把機會想得過於驚心動魄，我們都是平凡的人，沒有多少人會成為英雄或偉人，因此，我們所關心的應是自己的生活，把握最普通的機會。當你掌握每一個機會時，那些關鍵的被稱為轉捩點的機會也會屬於你。

華倫‧畢爾克先生也是這樣認為的。為此，他在民尼阿泊利斯的中學母校設立了一項 100 萬美元的獎學金。每年獎勵 10 位普通等級但出勤率高、態度積極的學生，使他們可以獲得上國立大學的約一半的費用。

為什麼畢爾克先生會這樣做呢？「對於那些非常聰明的學生來說，獲得獎學金往往不是件難事。」他說，「但是，他們往往會失去機會，因為他們不必專心讀書，不必努力工作。而普通的學生則必須專心讀書，因而能遇到更多的機會。」

畢爾克先生非常強調「機會」這個詞。他希望大學的教育能讓這些普通的學生有更多的機會，並認為他們是那種知道如何把握機會的人。

畢爾克先生是民尼蘇達州明尼托恩卡高級生物表面投資集團的副總裁，他自己就是一個善於發現自身機會的人。

當他進入羅斯福中學時，他家並不富裕。他是由母親撫養長大的，為此，他母親每天要在一家乾洗店工作 12 個小時。母親的行為使他明白，應當吃苦耐勞，努力工作。

這個基礎使得他能夠堅持讀完中學，儘管在學業上並不是最好的。「如果你想成功，你就必須讀完中學。」他說，「我不是一個優秀的學生，我學到的知識也不多，但我每天都堅持去上學。」

指引他去尋求機會的第一個人是一位中學的教導員。這位教導員讓他去參加最後一次的學習能力測試。結果呢？成績不太好，但足以進入一所四年制的國立大學。

「我當時不想上大學。」他說，「畢爾克家也從未有人上過大學。」但那位教導員改變了這一切，改變了畢爾克先生的人生方向。他還幫助畢爾克在摩爾黑國立大學找到了一份工作，以幫助他支付讀完大學所需的費用。

「我不是一個優秀學生。」他說，「我畢業時的成績平均是 C+ 或 B。但是，如果沒有這位教導員指引我上了大學，我就會在一個煤氣站裡做到現在了。」

大學畢業後，他在醫療設備工廠當推銷員。他按照自己的方式逐步發展起來，建立起自己的公司，並專注於對新建立的醫療公司的投資。

這個例子說明，對於我們每一個出身普通的人來說，我們只要抓住了出現在我們生活中的不同機會，就足以取得不菲的成績了。

在機會到來前準備好

要想拿到紅利，就必須先拿錢投資。同樣的道理，要想獲得機會，你也必須有所犧牲 —— 犧牲你的時間、享受等等，隨時全神貫注的做好準備。這樣，當有機會出現時，你就能跳起來把它抓住。

機會女神的頭髮長在前面，後面卻是光禿禿的。如果抓前面的頭髮，你就可以抓住她；但如果讓她逃脫，那麼即使是神也無法抓到她。

如果我們有雄心壯志，但不去努力實現，它就不會保持勃勃的生機。這如同身體的器官如果長期不使用，它就會變得遲鈍，直至喪失功能一樣。

我們怎麼能指望自己的雄心壯志經過幾年閒散、懶惰、冷漠的生活仍保

持生機勃勃呢？如果我們總是讓機會擦身而過，而不去努力抓住它們，那麼我們的性情只會變得更遲鈍、更懶惰。

我們現在要做的是做我們能做的事情。不是拿破崙或林肯能做的事，而是我們能做的事。

我們是否能利用自己能力的 10％、15％、25％ 或 90％，其結果對我們自己來說是截然不同的。

到處都可以見到許多人年屆中年，卻沒有抓到過一次機會。他們只開發了成功潛能極小的一部分，仍處於休眠狀態，他們身上最好的一面仍潛伏得很深，從沒有被喚醒。

絕對不要讓自己滑入這種可悲的狀態中。

我們的缺點是缺乏尋找那些能使我們獲得財富和聲望的絕佳機會，我們指望著不經實踐就居為大師；不經學習就獲得知識；不經努力就發財致富。

生在一個知識和機會都前所未有的時代，你怎麼能無所事事，浪費向上帝索取那些已經給予你的所有必要的才能與力量呢？

世界上充滿了需要做的工作，按照人性的特點，一句美言或一點微不足道的幫助足可以使一位同胞免遭劫難，或為他掃清通往成功路上的障礙。

按照我們的能力，只要透過堅持不懈的努力，我們就能找到各種機會，我們每一分鐘都處在新機會的門檻上。然而，機會是需要累積和準備的。如果你沒有平日的累積，沒有良好的準備，沒有優良的素養，機會即使來了，也不會落在你的頭上，只能眼睜睜的看著別人搶去。

從現在開始，你要從外表上、舉止談吐上，把渾渾噩噩的生活痕跡清除乾淨；你要向世人展示你真實的氣概，你再也不想被人鄙視失敗者。

你已堅定的面向美好的東西 —— 能力、自信，世界上沒有什麼能使你

改變決心，那麼你就會驚喜的發現，有一種向上的力量支撐著你，自尊、自強、自信也隨之增強。

標題三：在需求中發現機會

許多人從別人視而不見的零碎物品或小事件中發了大財。正如從同一朵花中，蜜蜂得到蜂蜜，蜘蛛得到毒汁一樣。

從一些最不起眼的東西中，有人創造財富，有人卻收穫貧窮。

之所以出現如此大的差異，全都來自於人類的需求和欲望中。

華盛頓的專利局裡擺滿了各種構思精巧的裝置，但幾百個裡面也不見得有一個對發明者本人或世人有什麼用處。儘管如此，仍有許多人醉心於這類無益的發明，弄得家徒四壁，一家人在貧困中苦苦掙扎。

一個善於觀察的男人發現自己的鞋壞了，因為買不起一雙新鞋，便由此想到：我要做個可以鑲到皮革裡的帶鉤的金屬圈。當時他貧困潦倒，連割房前的草都要向別人借鐮刀，可就靠這項小發明他最終成了一位富翁。

紐澤西的紐華克有一位善於觀察的理髮師，他覺得理髮的剪刀有待改進，便發明了理髮用的工具，從此也發了大財。

像這樣從生活小事中發現的機會數不勝數。有人虛度一生，從來看不到足可以成就一番大事業的機會；而有人卻站在旁邊，在同樣的條件下發掘機會，取得輝煌的成就。

我們不可能人人都像牛頓（Sir Isaac Newton）或愛迪生那樣有偉大的發明，也不大可能像米開朗基羅（Michelangelo）或拉裴爾（Raffaello Santi）那樣創作傳世之作。但我們可以抓住平凡的機會並使之不平凡，進而使我們的人生變得更絢麗多彩。

如果你想很快獲得財富，就必須研究你自己和周圍人的需要，你會發現

千百萬的人也有同樣的需要。

無論是誰，只要他能滿足人類的一項需要，改善我們目前所採用的方法，他就可以很輕而易舉的獲得機會，從而提供他所需要的東西，使自己取得成功。

積極主動創造機會

莎士比亞（William Shakespeare）曾經說過：「聰明的人會抓住每一次機會，更聰明的人會不斷創造新的機會。」

在商場上，你是聰明的人，其他的人也不是傻瓜。你做好了充分的準備，張開雙臂等待機會的來臨，而你的競爭者同樣也會做出相同甚至更好的姿態。這時，等待無疑就是失敗，只有主動創造和把握機會，你才能從中取勝。

任何機會都要靠你自己去把握。

美國南北戰爭時期的英雄格蘭特將軍在新奧爾良不幸從馬上跌了下來，受了重傷。就在這時他接到命令，要求他去指揮查塔努加的戰役。

當時，南方軍已經將聯邦軍圍得嚴嚴實實，投降看來成了定局，彷彿只是一個時間早晚的問題。而對格蘭特將軍來說，所有的補給與供應線都已經被完全切斷了。

格蘭特將軍就此放棄了嗎？當然沒有，他決定自己創造出機會。忍著巨大的疼痛，格蘭特斷然下令，揮師前往新的作戰場地。

他的到來使整個戰局立刻大為改觀，整個軍隊都被他的堅韌和毅力所鼓舞，整個軍隊頓時士氣大振。敵人仍然在一步步的逼近，但是在格蘭特還沒有來得及跨上馬鞍、下令前進的時候，北方軍隊已經以迅雷不及掩耳之勢奪

回了周圍所有的山頭。

　　類似格蘭特將軍這樣非比尋常的創造機會的例子還有很多。他們在別人畏首畏尾、面對艱難的處境時能當機立斷，用意志、勇氣與決心將情況徹底改變過來。

　　要想主動的創造機會，你需要採取主動，走在別人的前頭；把事情做在前面，而不是等待事情發生；嘗試一切方法，去把工作做到最妥善才有機會取得成功。

不要放過任何一個資訊

　　在競爭激烈的資訊社會中，對時機的把握完全可以決定你是否有所建樹。為此，你應該抓住每一個可能會帶來財富的資訊，哪怕是那種只有萬分之一的機會。

　　詹森是一家公司的會計，在參加一個經營房地產的朋友所舉辦的房地產俱樂部主辦的午餐會中，他就「遇到」了這樣的致富資訊。

　　當場的演說者是本地一位德高望重的老先生。他談到 20 年後的一些問題，預料本市繁華區還會繼續繁榮，並逐漸向四周的農業區發展。

　　他同時又預測「精緻農場」的需求會快速成長。這些農場有 2 畝～ 5 畝的面積，足夠擁有一個游泳池、騎馬場的範圍，以及滿足其他業餘愛好者所需要的一切空間。

　　這位老先生的話使詹森一驚，因為老先生所說的正是他想要的資訊。

　　於是，詹森開始研究如何根據這個想法賺錢。有一天開車上班時，他突然想到為什麼不買大賣小呢？隨後，他自己經過精密的計算後，算出零賣的價格比整塊土地的價格高出許多倍。

　　詹森在距離市中心 22 英里的地方找到一塊荒地，面積是 50 畝，只賣 800 美元而已，他立刻買了下來。

　　然後，詹森在地裡種了好多松樹，因為有一個房地產的朋友告訴他，現在人們都喜歡樹木，而且越多越好。詹森要顧客知道這塊土地幾年以後就會長滿漂亮的松樹。後來，他又請了一個測量員把 50 畝土地分成 10 塊。

　　這時詹森認為自己可以出售了。他搜集到幾份本市經理人員的名單，開始一對一的直接銷售。他在發給經理人的信中指出，只要 3,000 美元就可以買到這塊地，並且同時指出，它對娛樂和健康方面的種種好處。

　　雖然只在晚上和週末時間推銷，但不到 6 個星期，這些土地就統統賣出去了，他共收到了 3 萬美元。

　　除去用於土地廣告、測量費以及別的開支費 1.4 萬美元，這個交易詹森自己淨賺了 1.6 萬美元。而且自此以後，他開始從事地產經營，現在已成為了屈指可數的大富豪。

　　所以，你若想盡快賺取你人生中的第一個 100 萬，就不要坐等機會，而是去把握可以使你致富的任何資訊，把得到的資訊進行梳理，選擇那些對你最有價值的資訊為你的決策提供依據。

堅持到機會到來之前

努力拚搏才會創造機會

　　一個學生要想獲得上大學的機會，他必須刻苦努力的學習；一個推銷員要想獲得機會，他必須勤奮的走街串巷，去尋找需要商品的客戶……機會要靠我們自己爭取而來。

　　芬妮‧郝斯特曾帶著成為一位名作家的夢想來到了紐約，可惜紐約給她

的第一份禮物是失敗。她寄出去的文章全被退稿了。

可是，她並沒有就此放棄，仍舊懷著夢想不停的寫作。她走遍了紐約的大街小巷，奔波於各個雜誌社、出版社之間。

4 年之後，她終於有一篇文章刊登在週六的晚報上，而這家報社曾經退了她 36 次稿。

因為她的努力，機遇之神開始眷顧她了。出版商開始絡繹不絕的出入她家的大門；電影人也發現了她，她的小說被改編搬上了螢幕。她開始一步步的向她的夢想靠近了。

努力拚搏是機遇降臨的因素之一，如果一個人缺乏拚搏的恆心和毅力，在任何一個領域中都不會有突出的成就。所以在各種困難面前，我們要無畏的奮鬥，才能獲得機會的垂青。

任何光明都會有黑暗的時候，只是不被黑暗所湮滅；任何英雄不是沒有卑弱的時刻，而只是不被卑弱所征服。而是否能擺脫貧窮的困境，抓到致富的良機，也就看你是否勇於拚搏了。

對機會充滿耐心

雖然你是一個自信、自制並且有無限勇氣的人，但你卻無法耐心的坐上兩個小時，機遇會垂青於你嗎？或許，在你失去耐心的同時，你也失去了成功的機會。

耐心不是讓你毫無意義的消磨時光，而是讓你在做事情時能夠堅持並且一絲不苟的做下去。

我們每天在都市裡行色匆匆的走著，睜大雙眼尋找成功的機會。然而機會並不是馬上出現在你的面前，它們需要耐心的挖掘。

我所認識的喬伊就是這樣一個有韌性並且充滿了耐心的人。

　　3 年前，40 多歲的喬伊遭遇公司的裁員，失去了工作。從此一家 6 口人的生活全靠他一人外出打零工賺錢維持，全家經常是飢餓難耐，日常生活都舉步維艱。

　　為了有更好的發展，喬伊一邊外出打工，一邊到處求職，但卻是四處碰壁。後來，他看中了離家不遠的一家建築公司，於是便向公司老闆寄去了一封求職信，上面寫道：「請給我一份工作。」

　　這位底特律建築公司的老闆收到求職信後，讓下屬回信告訴喬伊「公司人員沒有空缺」。但喬伊仍不死心，又給老闆寫了第二份求職信，內容不變，只是多加了一個「請」字。

　　此後，喬伊一天給公司寫兩封求職信，每封信都比前一封多加了一個「請」字。

　　3 年間，喬伊一共寫了 2,500 封信，即在 2,500 個「請」字後是「給我一份工作」。最後，公司老闆再也沉不住氣了，親筆給他回信：「請立即來公司面試。」面試時，老闆告訴喬伊，公司裡最適合他的工作是處理郵件，因為他「最有寫信的耐心」。

　　耐心並不是我們每個人都可以做到的，儘管這看起來很容易。

　　人生其實像是一個沙漏，裡面裝滿了成千上萬的沙粒。有的沙粒代表成功，有的沙粒代表機會，而有的則是不幸或苦難。可是它們只能一粒一粒緩慢的透過細細的瓶頸，任何人都沒有辦法讓沙子同時透過瓶頸。

　　所以，當我們想要抓住機會時，必須處在一種自信、自控、耐心的狀態中。無論生活如何轉變，機會總會獎賞那些生活的強者。

熱愛工作並投入熱情

對工作充滿狂熱

有句名言：「沒有得到你的同意，任何人也無法讓你感到自慚形穢。」

當有人問起我的職業，聽到答案後對此不屑一顧：你是賣汽車的。我卻對他說：「我就是一個推銷員，我熱愛我做的工作。」

如果我們把自己看得低人一等，那麼我們在別人眼裡也就真的低人一等。所以，無論我們從事怎樣的工作，我們都要熱愛它。

喜歡你的工作

有一次，我請教大衛‧古里西，成功的第一要素是什麼？他回答說：「喜歡你的工作。如果你喜歡你所從事的工作，工作就反倒像是遊戲了。」

愛迪生就是一個好例子，這位未曾進過學校的送報童，後來卻推動了美國工業的發展。

愛迪生幾乎每天在他的實驗室裡辛苦工作 18 小時，在那裡吃飯、睡覺，但他絲毫不以為苦。「我一生中從未做過一天工作，」他宣稱，「我每天都樂趣無窮。」

用嚴肅而誠實的態度自問：工作中有什麼成分是我們無論如何不可少的？不是我們認為「應該」具備，或別人告訴我們的，而是我們內心深處真正需要，可以使我們快樂而有效率的工作的因素。

想想看，如果我們真正「享受」工作的樂趣，享受得就像玩樂一樣——會是怎樣的情景。

在考慮可能的出路時，我們常常會忽略一些方面，就是樂趣、嗜好、消

遣等。我們總是告訴自己：工作是嚴肅的，和玩樂是兩回事。

然而，當你從內心中真正熱愛你的工作時，原本是枯燥無味、毫無樂趣的職業，就會出現新的意義。

工作中充滿樂趣

許多人都認為工作就是工作，毫無樂趣可言，所以他們不喜愛自己的工作。

這種觀念需要改變，工作中也應該擁有創造的樂趣。如果我們覺得自己在嗜好或玩樂中最有創造造力，那麼為什麼不看看這方面能否提供工作的靈感呢？

有一位大公司的主管年近 60 歲時被解僱，他發現自己實際上再也無法在傳統的大公司圈子裡找到工作了。

當我問到他有什麼嗜好時，他不以為然的回答打高爾夫球和園藝是他酷愛的嗜好，但是他想不出這與他找工作的難題有什麼關係。

我說服他去上了幾節園藝方面的課程，如今這位前大公司主管開設了高爾夫球訓練場。他和過去在大公司上班時常去打球的兩家高爾夫球俱樂部簽訂了合約。他承認這個工作「感覺上不像工作」。

溫奈斯基的父親是雕塑家，母親是室內設計師。這個年輕的兒子在大學二年級時輟學，感覺自己一敗塗地。在他的想像世界中，成績優異是一個人最高的榮耀。然而，由於溫奈斯基深深憎惡學校，所以已經從歡樂的旋轉木馬上下來，被摒棄於成功之外。

溫奈斯基雖然有藝術家的稟賦，卻並沒有追隨雙親的道路。他對在大公司上班也沒有興趣，因為他的自由精神太不適合那個環境了，當然再回學校

接受任何訓練也是不可思議的。

在溫奈斯基的想法中，他既無一技之長，也沒有選擇的機會。

然而，溫奈斯基從小就喜愛烹飪。其他小孩聚在一起都點義大利餅吃，但是溫奈斯基為他十幾歲朋友準備的晚餐第一道菜卻是芥末芹菜。除了口味精緻外，他還有藝術家的眼光，總是小題大作的捧出他鍾愛的盤碟。

有一天，溫奈斯基家的一個朋友建議他去做廚師。剛開始他嗤之以鼻—— 他自然而然就會做的事情，值得當作事業嗎？

但是後來他開始認真考慮這個主意。他能想像自己戴著白帽的廚師模樣嗎？不行，他告訴自己，從來沒有一個從知識分子家庭出身的人會去做廚師的。

溫奈斯基家的這位朋友明白溫奈斯基需要一個榜樣，正好他認識一位年輕的餐廳老闆，開了一家全城生意最興隆的新餐廳。

這個年輕人和溫奈斯基一樣，出身於世家卻在學校表現平平，他換過許多職業，最後在法國一家餐廳做醃漬廚師，才發現了自己的專長。

溫奈斯基花了一個下午的時間和餐廳老闆在一起，並且參觀了他閃亮的廚房，終於找到了自己的榜樣。

同樣，師班利在拿到哈佛商學院企業管理學位後，卻辭去大公司的職務，開始了在唱片公司歌唱的生涯。這是他素來喜愛、卻一直不敢認真去考慮的工作。

換句話說，把你的樂趣融入到工作中，在玩樂方面也可以提供工作的構想。

對那些缺乏高度分析能力的人來說，憑自己的愛好精心選擇職業，並投入巨大的熱情，足以彌補他們的不足。

激發你對工作的熱情

一個熱忱的人，無論是在挖土或者經營大企業，都會認為自己的工作是一項神聖的天職，並懷著高度的興趣。

對自己的工作熱忱的人，不論工作有多少困難，或需要多少的努力，始終會用不急不躁的態度去進行。只要抱著這種態度，任何人一定會成功，一定會達到目標。

把熱情和你的工作混合在一起，那麼，你的工作將不會顯得很辛苦或單調。

熱情會使你的整個身體充滿活力，使人只需在睡眠時間不到一半的情況下，工作量達到平時的 2 倍或 3 倍，而且不會覺得疲倦。

熱情並不是一個空洞的名詞，它是一種重要的力量。你可以予以利用，使自己獲得好處。沒有了它，你就像一個已經耗完電量的廢舊電池。

熱情是股偉大的力量，你可以利用它來補充你身體的精力，並培養出一種堅強的個性。有些人很幸運的天生就擁有熱情，其他人卻必須努力才能獲得。發揮出熱忱的過程十分簡單。首先，從事你最喜歡的工作，或提供你最喜歡的服務。

如果你目前無法從事你最喜歡的工作，那麼，你也可以選擇另一種十分有效的方法。那就是把將來從事你最喜歡的這項工作，當作是你的明確的目標。

缺乏資金以及其他許多種原因使你無法當即予以克服的環境因素，可能迫使你從事你所不喜歡的工作。但沒有人能夠阻止你在自己的腦海中決定你一生中明確的目標，也沒有任何人能夠阻止你將這個目標變成現實，更沒有任何人能夠阻止你把熱情注入到你的計畫之中。

深信熱愛就會有回報

你可知道，只要你從現在開始熱愛你的工作，就會得到讓你驚奇的效果。不相信嗎？那麼讓我們來看看熱愛所帶來的作用。

假設你現在失業了，需要一份收入來養家糊口。於是你決定擺個攤子賣熱狗。很顯然，你希望能從中獲利。

從一開始，你就應該避免這種失敗者的態度：認為自己失去工作，也找不到另一家願意僱用你的公司，才淪落到此。反之，你該找一個積極的理由，來鼓舞自己和家人。把你的企圖告訴家人和朋友，並解釋你這樣全力投入的原因。

不要恥於說出自己的夢想。大膽一點吧！有遠大的夢想並不是罪惡。但是，你也該為與你共事的人想想，考慮到他們的利益。

當你開始想像並讓夢想飛馳時，以事實為著眼點是很重要的。你必須立下特定的目標，想像達到目標的種種過程。例如：你可能想到買一部二手貨車，並動手改裝成活動的熱狗攤；想到用瓦斯來烹調熱狗，並裝個飲料機。

然後，你就開張了，前往幾個最適於營業的地點。是大學宿舍旁？建築工地？還是很多人用餐的地方？你必須親自去看一看，並注意附近的交通情況。

也要考慮到所有潛在的不利因素和困難。萬一下雨了、車子拋錨了、熱狗不受人歡迎、貨源不足等怎麼辦？要是供應商無法把貨送來呢？如果出現了競爭者要如何應對？

針對以上種種情況思考，想出個解決的辦法來。這樣一來，你就能更堅強，以後遭遇到問題時才有勇氣有能力去面對。

想出創新的方法來避免不足和弊端，並拉攏客人來買你的熱狗。這是你

日夜都可以做的事。

　　每天，甚至一兩個月不斷的計劃……然後，你就能「預見」自己每天能賣出多少熱狗，收入和支出多少。把雨天和假日的營業收入打個折扣，來計算收益，好像你在經營企業一般。

　　你的企業發展像一部電影在你的眼前顯現。於是，你感覺到由內在升起一股信心，使得計畫成功。你也開始對未來樂觀起來。這時，就是你要成功的時候了。

　　一旦開始了，就要有決心和毅力堅持下去。不到成功，誓不甘休。

熱忱減少碰壁的次數

　　熱忱是最有效的工作方式。如果你能夠讓人們相信你所說的確實是你自己真實感覺到的，那麼即使你有很多缺點別人也會原諒的。

　　「十分錢連鎖商店」的創辦人查爾斯·華爾伍斯也說過：「只有對工作毫無熱忱的人才會到處碰壁。」因為對任何事都充滿熱忱的人，做任何事都會成功。

　　當然，這是不能一概而論的，例如一個對音樂毫無才氣的人，不論如何熱忱和努力，都不可能變成一位音樂界的名家。

　　但凡是具有必須的才氣，有著可能實現的目標，並且具有極大熱忱的人，做任何事都會有所收穫，無論物質上或精神上都是一樣。我從事推銷工作已經二十幾年了，我見到許多人，由於對工作抱著熱忱的態度，使他們的收入成倍數的增加起來。我也見到另一些人，由於缺乏熱忱而走投無路。

　　我深信熱忱的態度是做任何事必須的條件，它能幫助我們克服各種困難。

我們都應該深信這一點。任何人，只要具備這個條件，都能獲得成功，他的事業，也必會飛黃騰達。

我們大部分人都是半夢半醒的生活著。為什麼你不在每天早上對自己說：「我愛我的工作，我將要把我的能力完全發揮出來。我很高興這樣活著 —— 我今天將要百分之百的熱忱活著。」

我們雖然沒有辦法控制自己的工作環境，但是我們可以嘗試改變對工作的態度，以刺激自己更有創造力的思考和生活。

如果你希望自己散發出熱忱，就讓自己多處於對生活充滿活力的朋友們的影響之中去。

把挫折當作新的挑戰

生活的道路並不全是康莊大道，在工作中尤其是如此。

挫折和失敗是大自然的計畫，它讓這些挫折來考驗我們，使我們能夠獲得充分的準備，以便進行我們的工作。

挫折是對我們的嚴格考驗，它藉此燒掉了我們心中的殘渣，使我們心中的「金屬」因此而變得純淨，使它可以經得起嚴格的考驗。

我們需要記住的是：命運之輪在不斷的旋轉。如果它今天帶給我們的是悲哀，明天它就會為我們帶來的交是更多的喜悅。

你遇到失敗的煩惱了嗎

你是否有過這樣的經歷和體會：

「過去我一直充滿自信，精力充沛，富有理想。但是自從工作上出現挫折時，所有這些全變了。「我感到疲憊不堪，心情沮喪，只能做一些日常瑣事。

對過去的工作失去了興趣，一切事情都令我不快。

「更讓人煩惱的是回到家裡時還擔心自己的工作和外在的行為表現。所有這些無法從我的腦海裡驅趕走，這讓我如此的心煩意亂以致不想見任何一個人。」

「有時我懷疑自己是不是得了嚴重的疾病，並且幾個月來夜夜失眠。我真是無法理解自己怎麼會變成這個樣子，也不知如何是好。」

當你有類似的煩惱時，說明你面對工作上的挫折已產生了絕望和憂慮。

如果你的注意力一直集中在工作危機的負面影響上，你會長期處於煩躁不安和緊張的狀態下，這種狀態會不斷的消耗你的精力，使你疲憊不堪，從而無法處理好各種問題。

在這種時候，你一定要放鬆。認真想一想：事情真的有那麼糟糕透頂到無法補救了嗎？我是不是把挫折擴大化了？

現在制定一個計畫，以應付最糟糕的情況。如果你能應付，就會有信心處理你現在的憂慮了。

請思考一下，自己所擁有的資本和應對問題的技巧，以及過去成功應對挫折的經驗，考慮到自己會如何改變這個困難的情境，或改變對這個困難情況的看法。

還要考慮，你可以從他人那裡得到什麼樣的幫助；可以從家庭、朋友或專家那裡獲得什麼建議？獲得什麼支持？同樣，你可能會發現得到他人的建議和支援是非常有價值的。

挫折是另一類機會

一朝成功是不可能的。每一個奮發向上的人在成功之前都曾經歷過無數次的失敗和挫折，我們需要耐心和堅持。

不管你是從事操作機器、推銷貨品、談交易或是其他類型的工作，都要經歷這段過程。

對成功的人來說，挫折正是考驗他們的意志，激發他們潛力的好機會。

當你似乎已經走到山窮水盡的時候，離成功也許僅僅只有一步之遙。

美國百貨大王木希於 1882 年出生於波士頓，年輕時出過海，以後開了一家小雜貨鋪，賣些針線。然而，鋪子很快就倒閉了。一年後他另外開了一家小雜貨鋪，沒想到仍以失敗而告終。

當淘金熱席捲美國西部時，木希在加利福尼亞開了個小餐館，本以為供應淘金客膳食是穩賺不賠的買賣，然而沒想到多數淘金者一無所獲，什麼也買不起。這樣一來，小鋪又倒閉了。

回到麻薩諸塞州之後，木希滿懷信心的做起了布匹服裝生意。可是這一回他不只是倒閉，簡直是徹底破產，賠了個精光。不死心的木希又跑到新英格蘭做布匹服裝生意。這一回他終於找對了時機，買賣做得很好，甚至把生意做到了街上的商店。

木希在頭一天開張時，才收入 11.08 美元，而現在位於曼哈頓中心地區的木希公司已經成為世界上最大的百貨商店之一。

任何人永不會處於完全的絕境中，即使你徹底失敗了，也不會被拋棄，因為「在關上門的同時，也打開了另一扇窗」。

社會給我們另一個機會，告訴我們如何渡過難關。我們可以從挫折中學到許多寶貴的經驗，只要我們不會被它擊倒，而變得憤世嫉俗。

只要我們一息尚存，就有希望。不論遭遇到什麼樣的不幸，只要能繼續生存下去，就證明自己不是失敗者。

攀登者的啟示

生活就如同一座巨大巍峨的山峰，其中的各種險峻就如同生活中的各種挫折。要成為生活的強者，就要做一個不斷向上攀登的人，絕不能半途而廢。

攀登者明白，登山過程中會有許多不同的獎賞和收穫，但他們注重的是長時效的收益，而不是短期收益。他們知道現在每向前跨一小步，向上攀登哪怕一點距離，在日後都會給他們帶來很大的收穫。

這與半途而廢者是完全不同的。攀登者是把滿足放在了將來，而不像半途而廢者僅僅對現有滿足，並不敢去面對未來的可能性。攀登者從來都是勇敢的面對挑戰。

像威拉斯在珠穆朗瑪峰上一樣，攀登者們都是堅持不懈的、固執的並且也具有極強的體力和恢復能力，他們在進取中不斷排除障礙，找尋向上攀登的道路。

如果他們到了一個絕對無法把握的地方或者走到一條死路上，他們的方法很簡單，就是原路回來。當他們累了，無法再向前跨上一步，他們仍然給自己施加前進的動力。

「放棄」不屬於攀登者的詞語，他們遠離放棄的人。他們具有成熟性以及理解偶爾的後退不過是為了更好的前進這一哲理。

他們擁有深刻的智慧，當然明白失敗是進取的一部分。攀登者並不是蠻幹的，他們那種勇敢的生活無不充滿著真正的勇氣和科學性。

當然，攀登者也是平凡的人。有些時候，他們也會感到厭倦或擔心，他們可能會懷疑或者感到孤獨，受到傷害。他們也會對自己的行為提出了疑問，懷疑自己的挑戰的正確性。

有時，你會看到他們與半途而廢者混在一起。然而他們之間不同的是攀登者正在積蓄力量，等待重新恢復活力，並將開始新的攀登；而半途而廢者是不會再去攀登的，他們希望自己就待在這兒，待在原地，享受眼前的安謐。

你能聽到攀登者說「立即做」、「做得最好」、「盡你全力」、「總有辦法」、「沒有做並不意味著不能做」、「現在就行動」。這些都是攀登者熱愛的語言。

他們是真正的行動者，他們總是要求行動，追求行動的結果，他們的語言恰恰反映了他們追求的方向。

顯然，只有攀登者才有可能是日後的成功者。

沒有人能保證生命是公平的，我們無法預知我們的生命的長短。但我們在有限的生命中，只有能夠面對和克服無窮無盡的困難和挫折，才可能創造出生命的輝煌的奇蹟。

面對挫折時科學決策

既然我們把挫折視為一種挑戰，另一次的機會，那麼，在挫折面前，我們要採取科學決策，才可以更好的解決它。

以下是一些建議，可以幫助你更好的面對挫折。

絕不等待

在挫折面前，耐心等待並不是一種美德。因為在當今社會，假如你被解僱了，公司不會主動找到你、雇用你。

如果你不採取行動，只是靜候佳音，那將是你所能做的所有事情中最糟糕的選擇。

等待只會浪費時間、錯失良機。等待的結果，最後會使你受制於不可抗拒的力量，而使情況更加棘手。

拒絕消極的心態

你一旦讓自己受到消極思想的影響，就會不知不覺的總往消極的方向思考，這時，想要再建立起積極的態度幾乎是很難的。在你耳邊，經常會浮現一些消極詞彙：「小心」、「慢慢來」、「不可能」、「事情結束了」等等。

你應當學會分辨消極與積極的名詞，避免接觸和使用消極的名詞，因為解決的方法總存在於積極正面的一方。

掌握關鍵點

遇到問題時，你應冷靜下來‧想想是不是曾經有其他人遭遇過類似的問題，卻很好的克服了？

問題的關鍵在哪裡？只有找到問題的關鍵，才能解決好問題。

尋求幫助

排除挫折時，援助常常來自外界。不要羞於開口而錯失可能的幫助。

拒絕或忽視可能的協助，只會導致失敗。

你應積極的思考，誠實的提出你的問題，傾聽別人的回答，廣求建議。這時，你將會發現別人是多麼樂意幫助你。你的問題也就可以順利解決了。

全力以赴，堅持到底

大多數人嘗試走出挫折卻失敗了，並不是因為他們缺乏智慧、能力或機會，主要原因就是在於不能全力以赴。

即使處於極惡劣的條件中，只要全力以赴，都可以走出逆境。

不妨把問題冷處理

當我們處於困境時，往往會鑽進牛角尖而不能自拔，因而看不出新的解決方法。

這時，我們需要做的不是加倍思考，而是停止。停止再想這個問題，然後再重新開始。美國艾森豪總統有一次在記者招待會上被人問到：「為什麼你的週末假期那麼長呢？」總統的回答對於每一個身處困境中的人來說都有參考意義。

總統說：「我不相信，一個人無論是經營通用汽車公司或管理美國政府，每時每刻都是認真負責的。任何人都應在困擾時避免瑣事的干擾，好好放鬆一下，這樣才會在工作時做出更好的決策。」

當你在工作中遇到困難時，不要馬上放棄，也不要總咬住一個方法不放。先放下手邊的工作換換氣氛，這樣，當你回頭重新面對原來的困難時，答案或許便不請自來了。要多看到好的一面。有個年輕人曾告訴我，當他失業而走投無路時，要把注意力放在好的一面上。

他說：「我當時在一家資訊傳遞公司工作，待遇雖然不是最好，但以我的資歷來說還比較可以。那時經濟不景氣，公司不得不裁員。因此，對公司來說可有可無的員工就成了遣散的對象。

「一天，我忽然接到解僱通知，接下來的幾個小時我真是萬念俱灰。後來，我決定把它看成是外表不幸、其實是萬幸的事。我一直不太喜歡這個工作，要是一直留在那裡，我就不可能有所發展了。

「所以，我就把解僱看成是找一個我真正喜歡的工作的好機會。果然，不久後我便找到了一個更稱心的工作，而且待遇也比以前好。我因此發現有時看起來很糟糕的事，其實是件好事。」

的確如此，有時把失敗轉化為成功，往往只需要一個想法，然後再緊跟一個行動。

因此，當你自己無法解決困難時，不妨先停下來，冷靜思考一下，然後再回來，用積極的心態去尋找尚未顯露出真相的好機會，洞察並尋求解決。

大膽說出你的不幸

當你遭遇困難和挫折時，不要選擇逃避，不要認為把你的不幸說出來會讓你丟臉。

當你獨行在寒冷冬夜，一座溫暖的房子將給你提供生存的庇護，恢復你的生機和力量。所以，丟棄那無用的虛榮心和面子吧，千萬別放過任何一個叩開溫暖大門的機會。

我要強調的是，把你的狀況告訴欣賞你的人，請他們助你一臂之力。

榮登 NBA 名人堂、率領紐約可斯隊拿下兩屆 NBA 總冠軍的教練瑞德‧霍爾茲曼（William Red Holzman）在他需要幫助的時候，就毫不猶豫的找到了他的老友法西。

霍爾茲曼談起他當年的情況說：

「當我在聖路易老鷹隊做教練時，賽季大約過了 1／3。球隊負責人決定要更換訓練方式。換句話說，就是要教練滾蛋。

「他這樣做也許很對，因為球隊表現不佳，但這是我第一次被開除，覺得很丟臉。我想這也許是我籃球生涯的終點，以後我再也不碰籃球了。

「我回到紐約，不知道接下來要做什麼，於是就和朋友法西去聯絡，看他能否幫我。他當時正好要離開尼克斯隊總教練這一職位。

「我請他幫我，他就僱用我去接替他的老位置 —— 我後來成了尼克斯隊

的球控。如果我沒有因被解僱而離開聖路易的話，他可能就要僱用別人了。

「但當時我人在紐約，並接下了那份工作，以為那只是暫時性的工作而已。我沒想到以後我還能再當教練，當時的情況是我也不想當了。」

「做球控後不久，我意外的被指派為臨時教練，後來成為教練，然後是總經理。我在尼克斯隊一共待了 14 年。我們的球隊很棒，獲得了幾次冠軍，我被選入了 NBA 名人堂，這是每個人夢寐以求的事。」

「在尼克斯隊擔任多年教練，和許多第一流的人才合作，這是法西給我的機會，這也成了我人生中最重要的突破。這項事業很了不起，也很有趣，特別是尼克斯隊的家鄉 —— 紐約也成了我的家鄉。」

把你的不幸說出來，沒有人會嘲笑你。如果他真的嘲笑你，也就不是你真正的朋友了，你也會因此有所收穫！

積極去嘗試

當事情陷入僵局，甚至一切看起來是已經身處絕望時，你一定仍要保持開放的心態，接受任何新的事物。

積極努力的去嘗試，這樣你才可以追尋到新的希望。

廣告公司總裁曼克爾·布蘭德發現，只要擺脫自我意識的束縛，不停追尋，就能發現新的機會。

在談話中，他向我講述了他的親身經歷：

「當我丟掉工作的時候，世界似乎整個翻轉了過來。1960 年代我還在念大學的時候，暑假就到奧格爾廣告公司去打工，後來就一直待在那裡，逐步往上攀升。直到 1989 年公司被賣掉，新公司內進行了一次全面調整。公司在突然間下了一道訊息給我：你去年表現很好，但是時代變了，這裡恐怕沒

有你的未來了。

「不用多說，形勢的詭變令我非常驚訝。但對於這個產業以及市場，我相信很快就會有其他的機會。

「但有許多原因使機會沒有立即出現。廣告業在那時並不景氣，經濟也開始走下坡。我接下一份在芝加哥的工作，希望那裡是我與家人的一扇新門。但是，經濟持續惡化，我們無法把紐澤西的房子賣掉，所以不能實現在芝加哥落腳的夢想。我又回到了紐約，更加專心致志，打算在都市裡闖出一片屬於自己的天地。」

「然後，透過與朋友聯絡，以及寄出大堆資料後，在亞特蘭大的一家仲介公司問我是否有興趣和維吉尼亞州里士曼的馬丁代理公司談談。」

「老實說，我並不想。但我卻說：『好啊，我願意跟任何人談』。」

「結果，我發現了一個全新的世界，我喜歡在代理公司遇見的人，發覺他們有遠見也有計畫。我立刻就察覺到，在比較小型的市場工作是很好的機會。我可以把我遍及各階層客戶的 20 年工作經驗，貢獻給一家 200 名員工的公司。而不是一家 500 名～ 1,000 名員工的公司。」

「我同時也發現，我可以輕鬆的調整到一種全新的生活方式。因為花費較低，我們可以把在紐澤西的房子降價出售，買一棟我們更喜歡的新房子。而我們現在的新家只要 20 分鐘就能到達辦公地點，我們全家對搬家都很高興。」

是的，當一切都看起來是那麼令人失望時，你所要做的，就是不斷的嘗試。嘗試不會讓你損失什麼，卻可能為你帶來另一種新的生活。

不怕從底層做起

生活就是一個永不停止的大輪盤，這一盤你贏了，下一盤你就可能輸得很慘。這是常有的事，所以在成功時，我們不能因此而驕傲；在人生的最低谷時，也不要完全絕望。

從高峰跌到低谷的滋味不好受，但只要你不懼怕從頭再來，你就會有機會再次站起來。

博納德原本是個成功的商人，但卻因為一次失誤的決策變得一貧如洗。他從美國底特律搬到了新奧爾良，打算從頭開始。

他談到當時的經歷時說：

「我剛搬到新奧爾良時，我帶著老婆、三個孩子和 120 美元，那就是我全部的家當。第一天我就找了 8 家公司，可是沒有人願意僱用我，他們告訴我人手已經夠了。」

「結果第二天我走上一輛公共汽車，走過一條長長的、繁華的大街。那條街上有幾家速食店，我記下了門口張貼徵人啟事的店名。走到路盡頭時，我走上另一輛返回的車，一路去了 4 家速食店，可是都沒有成功。」

「最後，總算第五家的經理對我有點興趣。我向他保證，我工作勤奮，而且做人誠實。他告訴我，報酬相當低。我知道，要從頭做起，我不能有太高的要求，於是我向經理承諾待遇不成問題，我會做好應做的工作。」

「我工作很努力，結果在 6 個星期之內我成為那家連鎖店的夜間部經理。我結識了許多顧客，改善了服務，提高了效率。9 個月後，連鎖店的老闆要我到他的辦公室去，給了我一個更高的職位。」

「我接受了那個職位，薪資是我在速食店時的 3 倍，還有一間漂亮的公寓。」

「那是一年前的事了。現在我已經升為了高級經理，很快我就有足夠的資金重新開創自己的事業了。」

有一位在政府失業經理部門工作的官員說：「每個星期我要處理數百件申請失業救濟的案件。當他們進來時，我總是問他們工作找得如何，絕大多數人的回答是否定的，那些人的態度就好像世界欠他們一份工作一樣。」

「他們總認為，政府或公司必須為他們的困苦負責任，他們從不想自己奮鬥一番。事實上，絕大多數人只要肯做，都一定能找到工作的。」

這位官員說得很對。有許多突然受挫失業的人總認為自己是有一定資本的，因此他們總是想找到和以前相同或者更好的工作，從而放棄了更多的工作機會。

其實，從哪裡開始是無所謂的，關鍵在於我們願不願繼續奮鬥，能不能從最底層做起。

把自己推介給更多的人

當你走進一個典型的商業活動時，你基本上每次都會見到同一個畫面。大多數參加者都坐在吧臺旁或在冷盤桌前來回穿逡，他們喝一點酒，吃上點東西，彼此說著話。他們都相信他們正在做生意，因為他們處身於這一商業活動中，然而他們所做的最有價值的事，就是每隔一會兒結識一些他們不認識的人並且交換名片。

有時，出於純粹的運氣，會找到一些生意：一個人的東西可能恰巧需要另一個人銷售。不過發生這種情況的機會實在太少，而且做成的機率也很小。另外，在那兒尋找生意的人基本上把其他每個人都視為一個新準客戶。不同之處在於你把每一個人看作 250 個新準客戶。所以，你要在這些普通的

社交活動中把自己介紹給更多的人，並讓他們為你服務？

你必須認識到，你在這些特定場合出現的唯一原因是為了推動你的事業發展。為了做到這一點，你必須做一名「真誠的政客。」以既真誠又有信心的風采出現；保持開朗，不過別顯得異常活躍及伶牙俐齒；做個好人，在臉上帶著微笑。

多去結識有影響力的人

在商業活動中，非常重要的一點就是把自己介紹給那些有影響力的中心類型的人物。這些人有非常龐大而且頗具威望的影響範圍。一般情況下，這種影響力中心類型的人在這一地區待了很長一段時間。人們認識他們，熟悉他們，喜歡他們，而且相信他們。這些影響力中心人物自己不一定在生意上很成功，不過關鍵在於，他們認識其他許多你想認識的人。

據專家研究，人們通常分為 4 個、5 個或 6 個人一組，而每一組一般會有一個主導型的人物，這個人似乎控制著談話。下一次注意觀察，你就會發現在每一組中找出這樣的人很容易。當這個組的某個人提出一個觀點時，每個腦袋都轉向那個人等待著他的反應；當這名主導者開始說話時，每個人都注意他所說的每一個詞；當那個人笑時，這個組中的人也會笑起來。他們通常會附和這個主導者說的每一句話。

儘管那個人並不一定在經濟上非常成功，但他可能認識很多人。因此，你得設法一對一的認識這個人，把你自己介紹給他。如果這個人總是被那些追隨他的人團團包圍著，那麼，你又怎樣做到這一點呢？基本辦法是當你在房間其他地方時，把你的目光始終放在那幾個有影響力的中心人物身上。最後，他們中的一位會準備離開他現在的小組，也許是去洗手間，去拿一杯酒，去冷盤桌，或者去認識一個新人。

等待你的機會，然後走上前向那個人介紹你自己。鑒於下面兩條理由，這種行為是完全可以接受的：這是每一個人去那兒的目的；而且你並不是揮舞著名片直奔那人。你只不過是非常自然的迎上前，然後介紹自己。

給人留下良好印象

在與人相識之初的介紹說詞完畢後，把你談話時間的 99.9％用在詢問這個有影響力的中心人物的事情上。不要談你自己的事情。這是為什麼？因為在這個時候，影響力中心人物毫不關心你或你的生意。事情就是這樣，如果他對你有興趣，就不需要你去做自我介紹了。

你所需要的就是在與有影響力中心人物第一次交談時，給他留下一種好印象。這種印象可以激發出他去認識你，喜歡你和相信你的感覺，而這種感覺在培育一種互惠、雙贏的關係中不可缺失。

你可以透過問問題做到這一點，問正確的問題。有時也會出現尷尬，你需要十分當心。你需要問的問題類型應該是開放式結尾，讓答者感覺良好的問題。你可能非常熟悉開放式結尾的問題：即它不是簡單的回答「是」或「不是」的問題，而是需要較長的答案的問題。

你可以把下面的 10 個有開放式結尾，讓人感覺良好的問題儲存在你的頭腦中。人們設計它們的目的不是用來試探或推銷什麼。你會發現它們非常友善，回答起來很有趣，而且會透露出這個人的思維方式。總的來說，你的新準客戶會因為有機會回答這些問題而感覺良好。

可以放心的是你從來不需要 —— 而且也沒有時間 —— 在任何一次談話中提出這所有的 10 個問題。不過你仍然需要把它們全部變成自己內心的一部分，對這些問題了解得足夠透徹，你就能針對具體的談話和時機而提出合適的問題，而且不用在準客戶說話的時候拼命的思考這些問題。如果你過於

關心你想說的話，那麼，這個人就會感覺到你並沒有全神貫注的聽他的話。

你是如何發展你的生意的

每個人都喜歡講自己的故事，他們喜歡在某人的心裡成為主角。就讓他們與你一起分享他們的故事吧！你可要主動去傾聽。

你最喜歡你事業中的哪一點

顯然，這是個會激發出良好的、正面感覺的問題，而且它也會讓你得到你正在尋找的正確性回應。這個無疑會大大好過下面這個負面性的問題：「那麼告訴我，你最討厭你事業中的哪一點……既然我們談到了這一點，你值得把你一生的時間花在這個可惡的事情上嗎？」

是什麼把你和你的公司與競爭對手區分開來的

你可以把這個問題叫做「自我標榜」的問題。在我們的一生中，我們都被教導不要吹噓自己和自己的成就，而如今你給了這個人忘掉這一切的自由行動權。

你會給予行業中剛剛起步的人什麼樣的建議？

這是個被稱為「老師」的問題。我們每個人幾乎都有好為人師的一面，而且很在乎別人對我們回答的態度。提出這個問題，就給了這個人一個機會：感覺做老師的滋味。

如果你知道自己絕不會失敗，你會怎樣開展你自己的事業？

這個問題源自於羅博特・舒拉博士，他問：「如果你知道自己絕不會失敗，你會怎樣過你的一生？」每個人都有一個夢想，無論這個人的夢想是什麼，他都會欣賞你向他問這個問題，因為這顯示出你對他的足夠關心。他在

回答之前總是會用一些時間來認真的思考。

你都看到你的行業這些年來中發生了哪些重大的變革？

向一些擁有眾多經歷的較成熟的人問這個問題會很合適，因為他們喜歡回答它。他們已經經歷了電腦時代、傳真機的全面使用、服務業的變遷，或更多更多。

你認為你的行業中，會有什麼樣的變化趨勢

這是個可以叫做「深思者」的問題。人們不是經常在電視上要求被訪者思索一些通常很重要的觀點問題嗎？現在你給了他們一個成為明星的機會。深思者願意和你一起分享他們的知識，因為你會讓他們對自己感覺良好。

講一下你在生意中遇到過的最奇怪或最有趣的事

讓人們有機會說出他們的奮鬥故事。實際上，這是每一個人都喜歡做的事情。難道你不希望把一些在你生意開始階段發生的事說給別人聽嗎？

發生的一些很糟糕的事，當時絕對沒有趣味，但現在你可能會覺得它很有趣。問題是，大部分人不給這個人說出來的機會。然而，你主動要求做這個人的聽眾。夠厲害！

你認為哪些方法最能有效的推廣你的生意

很明顯，你在強調這個人頭腦裡積極的一面。

你希望別人用一句什麼樣的話來描述你做生意的方式

在回答這個問題前，人們幾乎總是會停下來，真正努力思考這個問題。你給了他們多麼大的一個恭維。你剛才提出的這個問題可能連他們自己的愛

人都從來沒想到問過。

你可能會猜測：第一次見面你就問出這些問題，會不會讓人覺得你太愛打聽。答案是：不會。首先，在你最初的交談中，你只需問上述問題中的有限幾個。更重要的是，這是些人們喜歡回答的問題。記住，你提問的方式很關鍵，你並不能像一個評論家在質問被訪者那樣進行談話。這些問題旨在讓人感覺良好，增加你的親和力進而建立一種最初的融洽感。

不過，下一個問題才是最重要的。這個問題將會把你和其他人區分開來。讓人覺得他們是在認識你，喜歡你和相信你的過程中。這是轉折性的一步。你必須問得平靜而且真誠，而且只有在最初的融洽感已經創造出來之後才可以問這個問題。這個問題是：你怎麼判斷正與你談話的人是不是你的一個好的準客戶？

為什麼這個問題如此厲害？首先，只需透過問這個問題，你就已經把自己和參加聚會的其他人區分開來。你是第一個向那個人表明你是一個與眾不同的人；你恐怕是他遇到過的在第一次談話中就提出這個問題的人；或者在任何一次他們曾經遇到過的談話中只有你是提出這種問題的人。

曾經有人向你提出過這個問題或者類似的問題嗎？也許沒有，只有很少的人會說自己碰到過。你剛向那個人表示你關心他的福祉，而且希望為他的成功出一點力。許多人已經在那時開始試著推銷他們自己的產品或服務了，但你沒有。你把自己的想法說出了聲：「我該如何幫你呢？」不用說，這個人一定會對你印象深刻並喜歡你的。

讓朋友彼此相識

你在各種聚會中應該多認識幾個有價值的人，所以不妨讓他們彼此認識。這樣，你會把自己定位成一個有影響力的中心人物，一個認識各行

業中領導人物的人。人們會對這種情形有所觸動，你也因而會很快成就你的想法。

給予每個人一個很好的介紹並且解釋他們的生意。建議並介紹他們彼此為對方尋找線索的方法。告訴有影響力的中心人物對於另一個人什麼會是好的線索，再反向做一遍。他一定會被震撼的！這個中心人物會覺得你對他確實很關心，你確實在傾聽他的談話而且記住了它們。這會顯示出你身上的真誠關心，因而他們也更願意幫助你。這個時候，關於你是某個行業裡的能手── 可以與你做生意或向你引薦生意 ── 的事實，你才可以開始向他們暗示一點點。

一個好的小手段就是找出一個理由禮貌的半途從交談中離開，留下他們倆個人交談。猜猜他們一開始會談什麼和哪一個人？一定是你，因為他們對你是如此印象深刻。

當然，另一個保證你結識的人確實和你能互惠互利的辦法，就是把自己介紹給那些與你目標市場有關的人。比如：你正準備在不動產市場裡進行推銷，顯然你希望結識不動產經紀人，特別是有強大影響力範圍的經紀人。你如何在你自我介紹之前知道這個人是一名不動產經紀人呢？拿出你的創意來吧。如果可能的話，你可以查看一下來客名單，查出誰做什麼，或是向其他可能知道誰是不動產經紀領域有影響力的中心人物的人詢問。

另一個辦法是看姓名標籤。當你經過某人時，你可能會在他們姓名標籤上瞥見一個不動產公司的名字。或者你可能無意中聽到他和別人的談話，從而知道這個人是名不動產經紀人。你會找出一個有效可行的辦法去獲得這方面的資訊的。

現在，一次商業活動下來，你已經認識了 5 個或 6 個知名人物，即使是一個或兩個也不壞。這是你所需要的全部。得到一個或兩個好的關係要比遞

出一大把名片給那些從頭到尾也不會與你做生意的人要好得多。

讓客戶注意到你

　　或許，你在接觸潛在客戶時有時會感到恐懼，這是正常的。因為通常情況下，不論我們所接觸客戶的方式是電話或面對面的接觸，每當我們剛開始接觸潛在客戶的時候，大部分的結果都是以客戶的拒絕而收場。

　　接觸潛在客戶是必須要有完整計畫的。當你接觸客戶時，你所講的每一句話，都必須經過事先充分的準備。因為每當你想要初次接觸一位新的潛在客戶時，他們總是會有許多的排斥或藉口。他們可能會說：「我現在沒有時間，我不需要……」等等的藉口，客戶會想盡辦法來告訴你他們不願認識你。所以接觸潛在客戶的第一步，就是必須突破客戶的這些藉口。因為，如果無法有效的突破這些藉口，你永遠也沒有辦法開始你對產品的銷售。

　　每當你接觸客戶的時候，時常會發現客戶仍在忙著其他的事情。而在這個時候，如果你不能在最短的時間內，用最有效的方法來突破客戶的這些抗拒，讓他們將所有的注意力轉移到你身上來，那麼你所做的任何事情都是無效的。唯有當客戶將所有的注意力都放在你身上時，你才能夠真正有效的開始你的銷售過程。

　　有一個銷售安全玻璃的推銷員，他的業績一直都維持北美整個區域的第一名，在一次頂尖推銷員的頒獎大會上，主持人說：「你有什麼獨特的方法來讓你的業績維持頂尖呢？」他說，「每當我去拜訪一個客戶的時候，我的皮箱裡面總是放了許多截成長寬都 15 公分的安全玻璃，我隨身也帶著一個鐵鎚。當我到客戶那裡後，我會問他，『你相不相信安全玻璃？』當客戶說『不相信』的時候，我就把玻璃放在他們面前，拿鎚子往桌上一敲。而每當這時候，許多客戶都會因此而嚇一跳，同時他們會發現玻璃真的沒有碎裂開來。然後客

戶就會說：『天哪，真不敢相信。』這時候我就問他們：『你想買多少？』直接進入締結成交的步驟，而整個過程花費的時間還不到 1 分鐘。」

當他講完這個故事不久，幾乎所有銷售安全玻璃的推銷員出去拜訪客戶的時候，都會隨身攜帶安全玻璃樣品以及一把小鎚子。

但經過一段時間後，他們發現這個推銷員的業績仍然維持第一名，他們覺得很奇怪。而在另一個頒獎大會上，主持人又問他：「我們現在也已經做了和你一樣的事情了，那麼為什麼你的業績仍然能維持第一呢？」他笑一笑說：「我的祕訣很簡單，我早就知道，當我上次說完這個點子之後，你們會很快的模仿，所以自那時以後我到客戶那裡，唯一所做的事情是我把玻璃放在他們的桌上，問他們：『你相信安全玻璃嗎？』當他們說不相信的時候，我把玻璃放到他們的面前，把槌子交給他們，讓他們自己來砸這塊玻璃。」

方法總是為目的服務的，一個成功的推銷員總會想辦法讓客戶注意到自己和商品，最終達成交易。

講好 30 秒開場白

開場白的好壞，幾乎可以決定一次推銷訪問的成敗。為了讓客戶注意你，在面對面的推銷訪問中，說好第一句話是非常重要的。換言之，好的開場白就是推銷成功的一半。大部分客戶在聽你第一句話的時候要比聽後面的話認真得多，聽完第一句問話，很多客戶就自覺或不自覺的決定了盡快打發你上路還是準備繼續談下去。

因此，你應該設計一個獨特且吸引人的開場白，藉此在短短的幾秒鐘之內吸引客戶的注意力，讓他停下手邊的事，專心的開始聽你介紹產品。

專家們在研究推銷心理時發現，洽談中的客戶在剛開始的 30 秒鐘所獲

得的刺激訊號，一般比以後 10 分鐘裡所獲得的要深刻得多。因此，最佳的吸引客戶注意力的時間就是在你開始接觸他的前 30 秒。只要你能夠在前 30 秒內完全吸引住他的注意力，那麼在後續的銷售過程中就會變得更加輕鬆。

在不少情況下，推銷員對自己的第一句話處理得往往不夠理想，有時候廢話很多，根本沒有什麼作用。比如人們習慣用的一些與推銷無關的開場白：「很抱歉，打擾你了，我……」「喲，幾天不見，你又發福啦！」「你早呀，大清早到哪裡去呀？」「你不想買些什麼回去嗎？」……在聆聽第一句話時，客戶集中注意力而獲得的卻只是一些雜亂瑣碎的資訊刺激，這對於往下展開推銷活動極為不利。

開始就抓住客戶注意力的一個簡單辦法，就是去掉空泛的言辭和一些多餘的寒暄。用問題吸引對方的注意力，永遠是比較好的做法。

當你接觸客戶的時候，客戶總是會有很多的和推辭，他們會說沒有預算、沒有時間、你的銷售額不好、最近很忙……在那個時候，你的銷售過程總是比較艱辛的，所以你必須了解潛在客戶或者是那些在企業內能夠有決定權來決定是否購買你產品的人，他們背後真正的需求是什麼。這樣一來，你才能問出吸引人的問題。

開場白還可以透過自問自答的方式來設計。你應該想想，客戶如果問你：「為什麼我要放下手邊的事情，百分之百的專心聽你來介紹你的產品呢？」這時候你的答案應該在 30 秒之內說完，而且能夠讓客戶滿意並且吸引他的注意力。

所以設身處地的站在客戶的立場來問問你自己，為什麼他們應該聽你的，為什麼他們應該將注意力放在你的身上，記住開場白只有 30 秒。

好的開場白應該能引發客戶講出他的第二個問題，當你花了 30 秒的時間說完你的開場白以後，最佳的結果是讓客戶問你，你的東西是什麼？每當

客戶問你是做什麼的時候，就表示客戶已經對你的產品產生了興趣。如果你花了 30 秒鐘的時間說完開場白，並沒有讓客戶對你的產品或服務產生好奇或是興趣，而他們仍然告訴你沒有時間，或是沒有興趣，那就表示你這 30 秒的開場白是無效的，你應該趕快設計另外一個更好的開場白來替代。

標題三：告訴客戶你僅占用他很少時間

在你和客戶談話時，要清楚的告知客戶，你不會占用他太多的時間。現在的人都很忙碌，都很怕浪費時間，最怕一個推銷員來告訴他一些不需要或不感興趣的事而占去了他寶貴的時間。所以，如果客戶覺得你會占用他太多的時間，從一開始他就會產生排斥感。

現在的客戶也都不喜歡強迫式的推銷，這裡有一個非常有效的方法能讓你的客戶解除這種抗拒，你可以問客戶一些問題而能夠得到正面的回答，同時也會吸引他們的注意力。

舉例來說，當你問一個從事行銷工作的人：「你有興趣知道，能夠有效的讓你提高 30%到 50%的營業額的方法嗎？」對於這種問題，大部分的人都會回答有興趣。所以當你問完類似的問題後，接下來就必須馬上說：「我只占用你大概 10 分鐘的時間來向你介紹這種方法，當你聽完後，你完全可以自行的來判斷這種方法是不是適合你。」在這種情況下，你一方面提前告訴客戶你不會占用他太多的時間，而同時你也讓客戶能夠比較清楚的知道，你在銷售的過程中不會對他們進行強迫式的銷售。

在這個過程中非常重要的一件事情，是你必須重複 2 ～ 3 次不斷的告訴客戶他可以自己做決定，可以自己判斷產品是不是適合自己。透過這種方法，你會讓客戶的抗拒心理減少，讓他們的緊張程度下降。如果你能夠這樣做，那麼你的開場白和銷售方式，應該是正確的。

你不應該要求客戶給你 30 分鐘的時間，因為 30 分鐘對許多人來說可能太長。大部分的人，都願意花 10 分鐘的時間來了解某些對他們有好處的資訊。

當進行完這個過程後，你應該和客戶約定見面拜訪的時間。提出兩個見面的時間來讓客戶選擇，不問客戶有沒有空，而應該問他們哪個時間有空。當你問完這個問題後，如果客戶說這些時間都沒有空，你必須一直持續的問下去，直到他們告訴你什麼時候你可以去拜訪他們為止。

在這個過程中，也許會有客戶這樣說：「你明天再打電話與我約時間。」當客戶提出這樣的要求時，你絕對不可以答應客戶到第二天再打電話約時間，因為第二天打電話約時間就等於約不到時間了。所以你應該婉言拒絕，並設法在當天就與客戶約好時間。

幸運源於實力

你或許不認為推銷只是單純的幸與不幸的問題，然而，很多初踏入這一行業的新手或業績陷於瓶頸的推銷員，口中經常說出「今天真倒楣」或者「運氣真差」之類的抱怨。

如此說來，推銷週期或許可以說是運氣的一種。只是這種運氣並非單純的幸運、不幸運，而是自己創造出來的。

說起機運，就像是遇到不可思議的事總要請求吉凶之兆一般。例如：有的人就忌諱自己要走的路，若有貓、狗從路上穿過，必定會繞道而行；也有人深信中午之前不能付錢，否則必會破財。這種人在現實生活中不勝枚舉。

有位推銷員每次都數樓梯的數目，若為奇數就進去拜訪客戶，如果是偶數就選擇另一條路。因為他認為選擇奇數路線後，即使被十幾家拒絕，那只

是幸運之神尚未降臨，若是不灰心繼續努力，好運總會到來。其實，這可以說是一種「自我暗示」，因為他執意將奇數視為呼喚幸運的徵兆，因為人生有著太多變化，令人難以捉摸。所以，很多人才會將一些原本尋常之事用來預測自己的運氣。然而，身為推銷員，你應該認識到，推銷工作本就是充滿坎坷艱辛的，有什麼困難只能靠自己去克服，求神拜佛是沒有用的。而所謂的運氣。是隱藏在實力之中的，有了實力，就有好運氣降臨。

成功在於「勤」字

「一分耕耘一分收穫」，只有勤學、勤練，推銷工作才能順利進行，你要記住，天下是沒有不勞而獲的事的，好運氣也要靠勤學苦練才會降臨在你面前。

推銷是條漫長而又艱辛的人生路，不但得時時保持十足的衝勁創造業績，更得秉持著一貫的信念，自我激勵，自我啟發，才能堅強的面對重重難關。尤其是在陷入低潮時期，若無法適時做好自我調節，也許你會終止自己的事業。有很多前景頗為看好的推銷員，就是因為衝勁十足但卻無法保持下去，而悄然從這一璀璨的行業中退出的。

有一位推銷員，蟬聯縫紉機 10 年度銷售冠軍。高中畢業後，他原本繼承父業從事鑄工工作，不料數年後經濟不景氣，訂單銳減，一個星期中實際工作沒幾天。此時的他已經結婚生子了，因而經濟越來越拮据。

有一天，他偶然看到一張「徵募推銷員，專職、兼職均可」的傳單。當時他心想既然可以兼職，便可以利用週六、週日去跑客戶了。於是他也不考慮自己從來沒有銷售的經驗，對縫紉機更是一無所知，毅然的加入了推銷隊伍。

雖然他根本不懂得怎麼操作縫紉機，也不懂得什麼是推銷技巧，但是他

勤於學習，勤於與客戶打交道。正是憑著一腔熱誠，他逢人便訴說擁有一部縫紉機可以自己做衣服，享有數不盡的樂趣。很快1個月兼職的時間就過去了，他以一個毫無經驗的新人身分，實際工作才8天，創下了銷售37臺的佳績，勇奪整個分店之冠，還超過了所有專職的老推銷員。

問起成功要訣，只有一個字：勤。他每天早上6點鐘出門（而一般推銷員這個時刻都還在被窩裡睡覺），一直工作到晚上10點、11點，不達到自己滿意的成績絕不停止拜訪。在這一過程中，他的推銷能力和推銷技巧都得到了很大的提高，經驗與膽量也在不斷的獲得提升。

所以說，天道酬勤，成功唯勤，別無他法。不切實際的人往往是說得多做得少，而光說不練是絕對無法達到目標的。

要做好推銷前的準備

你在推銷之前，必須做好各種準備。即使是一次陌生拜訪，你也不能為了敲門而敲門。你要做一些功課，以保證敲對門。

根據你所提供的產品或服務的不同來準備，這種準備或基礎工作雖然很浪費時間，但你必須要做。你要善於從潛在客戶身上發現盡可能多的資訊，例如他的生活習慣，他的家庭，他的關切點，他的興趣，他的愛好，他的要求，他的需要，他喜歡什麼，不喜歡什麼，以及一切有關的資訊。有了這些，你就能夠摸準客戶的情況，對症下藥。

當你做了認真的準備後，客戶就很容易接受你提出的解決方案，不需要你做很多工作，他也會毫不遲疑的買你的東西。這是一種最好的推銷方式，它會使客戶順從你的意願，使你獲益。

俗話說有備無患，這句話對於你的外出訪問活動來說，更是意義深重。

當你出去拜訪時，務必隨身攜帶下列物品：

· 手帕

· 手錶

· 皮包（錢夾）

· 打火機（火柴）

· 名片（或身分證）

· 小梳子

· 記事本

· 出入許可證

這些對象對於你來說，都是極其重要的輔助工具。但有些大而化之的推銷員，認為這些小事微不足道，好像可有可無。許多推銷員經常忘記帶打火機，因此總是用客戶會客室中的打火機。顯得過於小氣。而有的推銷員在大熱天訪問客戶時忘了帶手帕，弄得自己臉上滿頭大汗也無法擦拭，而給客戶留下了狼狽的印象。

甚至於有一些的推銷員，連最重要的東西都忘了，譬如價格表、契約書、訂貨單、公司的貨品說明書等等。

有些為商討圖樣而來的推銷員，甚至把圖樣都忘在公司裡；某些推銷員在成交階段粗心大意的忘了帶訂貨單；又有的推銷員在前去說明並示範機器時，忘記攜帶樣本或說明書。這樣的推銷員無異是不持武器而去跟一個裝備齊全的老兵交手，必敗無疑。

有了周詳仔細的準備，才有可能贏得勝利。

推銷時請帶微笑

微笑的魔力

你有沒有注意過自己推銷時的臉部表情？是微笑的，還是面無表情的？如果是前者，那我應該恭喜你，因為你已快成為優秀推銷員了；而如果是後者，你恐怕從現在起要學會如何微笑。

為什麼微笑會有如此大的魔力呢？因為微笑所表示的是「我喜歡你，你使我快樂，我很高興見到你」。

樂觀是恐懼的殺手，而一個微笑能穿透最厚的皮膚。每一個準客戶的心中都有一個微笑，你發自內心的微笑能把它引出來。每一次你微笑，你都讓自己的生活和別人的生活明亮了一點。一個好的微笑要在眼睛裡有閃光，而不是你有時看見的像旋塞一樣隨意鬆開和關緊的臉部扭曲。

人們都喜歡歡樂、積極的態度。沒有人願意身邊充滿了負面的、悲傷的事物。在一次經濟大蕭條時，一位專業的推銷員在被問到生意時回答說：「不錯，我忙得腳不沾地！」雖然這不完全是事實，但卻使別人感到心情清爽。

會面時保持愉快心情

你見到別人的時候，一定要保持愉快，如果你也期望他們很愉快的見到你的話。不管什麼時候，永遠不要皺著眉頭！你皺眉，對方會以為你討厭他。試想，你會和一個討厭你的人來往嗎？答案是很明顯的。你不但要讓客戶知道你不討厭他，還要表示你是喜歡他，訣竅一點都不複雜，你只需要笑一笑就行了。

不喜歡微笑？那怎麼辦呢？那就需要強迫你自己微笑。如果你是單獨一個人，強迫你自己吹口哨，或唱唱歌，表現出你似乎已經很快樂的樣子，你

就容易快樂了。「行動似乎是跟隨在感覺後面，但實際上行動和感覺是並肩而行的。

「因此，如果我們不愉快的話，要變得愉快起來的主動方式是，愉快的坐起來，而且言行都好像是已經愉快起來……」

我們生活在世界上的每一個人，都在追求幸福。有一個可以得到幸福的可靠方法，就是可以控制你的思想來得到，幸福並不是依靠外在因素，而是依靠你的內心。所以要變得愉快起來，還得靠你自己。

保持笑容

富蘭克林‧士特格，當年聖路易紅雀棒球隊的三壘手，目前是全美國最成功的保險推銷人士之一。他說，他好多年前就發覺，一個面帶微笑的人永遠受歡迎。因此，在進入別人的辦公室之前，他總是停下來片刻，想想他必須感激的許多事情，展開一個大大的、寬闊的、真誠的微笑，然後當微笑正從他臉上消失的剎那，走進去。

他相信，這種簡單的技巧，與他推銷保險如此成功有很大的關係。

細讀愛勃‧哈巴德這段賢明的忠告 —— 但記住，細讀對你無濟於事，除非你把它應用起來：

「每次你出門的時候，把下巴縮進來，頭抬得高高的，讓肺部充滿空氣；沐浴在陽光中；以微笑來招呼你的朋友們，每一次握手都使出力量。不要擔心被誤解，不要浪費一分鐘去想你的敵人。試著在心裡肯定你所喜歡做的是什麼；然後，在清楚的方向之下，你會徑直的到達目標。

「心裡想著你所喜歡做的偉大而美好的事情，然後，當歲月消逝的時候，你會發現自己掌握了實現你的希望所需要的機會。正如珊瑚蟲從潮水中汲取所需要的物質一樣。在心中想像著那個你希望成為的有辦法的、誠懇的、有

用的人，而你心中的思想，每一個小時都會把你轉化為那個特殊的人，思想是至高無上的。保持一種正確的人生觀；一種勇敢的、坦白的和愉快的態度。思想正確，就等於是創造。一切的事物，都來自於希望。而每一個誠懇的祈禱，都會由此實現。我們心裡想什麼就會擁有什麼。」

你的笑容就是你善意的信差。你的笑容能照亮所有看到它的人。對那些整天都看到皺眉頭、愁容滿面、視若無睹的人來說，你的笑容就像穿過烏雲的太陽。尤其對那些受到上司、客戶、老師、父母或子女的壓力的人，一個笑容能幫助他們了解這一切都是有希望的，而他們所要向你購買的正是這種希望。

當你放下書後，去照一照鏡子，笑一笑，問自己：「如果我是客戶，我會向鏡子裡的這個人買東西嗎？」如果答案是「不」，那你還應該繼續練習你的笑容，讓它看上去更真誠。如果在絲毫不摻雜私心的情況下，答案是「是」，那麼你的笑臉就是無價之寶！你要做的，就是出門去多見客戶，讓你的笑臉好好的為你賺取價值。

真誠對待每一位客戶

推銷離不開真誠的心

你在做推銷時，一定要給人真誠的印象，要不然就會困難重重。

真誠是推銷的第一步。簡單的說，真誠意味著你必須重視客戶，相信自己產品的品質。如果你做不到，建議你最好改行做別的，或者去推銷你信得過的產品。

真誠、老實是絕對必要的。千萬別說謊，即使只說了一次，也有可能使你信譽掃地。

　　還有一點很關鍵——不要輕易許諾。如果你的電腦系統需要 3 個月才能安裝完畢，那你就不要僅僅為了拿到訂單而謊稱 4 個星期就夠了。這種無法兌現的承諾常常會弄得你坐立不安，所以最好對你的客戶實話實說。

　　有的時候，即使是最專業的推銷員也不可能回答客戶所有的問題。遇到這種情況，你可以直率的說：「對不起，我現在還無法回答你，但我回去後會馬上確認清楚，很快就給你回電話。」記住，要是你總是這樣解釋，那就說明你並沒有準備充分。不過，這種坦率的回答倒是展現了你的誠懇，這總比說假話、敷衍你的客戶要好多了。

　　要是時間允許的話，你最好立刻就著手確認清楚。比如：當客戶問起你不熟悉的汽車檔速時，你可以說：「我們現在就去請教專家。」然後，你把他帶到一位汽車技師那兒去，讓他當面提出問題並得到解答。

給客戶以真誠的印象

　　與客戶見面時的第一印象很重要，要讓客戶覺得你很真誠，你必須給他留下真誠的第一印象。

　　怎樣讓客戶在見你第一面時就覺得你很真誠呢？這裡提供兩條建議：

　　其一，絕不要戴太陽鏡。老實說，就算你是站在沙漠中央向人推銷土地，你也必須用眼睛和客戶交流，而太陽眼鏡顯然做不到這一點。俗話說：眼睛是心靈之窗。要讓客戶看到你真誠的心，首先就要從你眼中看到真誠。

　　其二，當你和客戶說話的時候，你一定要正視對方的眼睛，而當你聆聽的時候，你得看著對方的嘴唇。否則，客戶會把你的心不在焉理解為你不誠實，心中有鬼。

　　有的推銷員因為羞怯而不敢直視別人的眼睛，但是客戶們絕不會相信一個推銷員會害羞。因此，鼓勵你努力學會眼神交流法，不管它有多麼困難。

在整個推銷過程中，你還應當自始至終集中注意力。沒有什麼比一方在侃侃而談，而另一方卻東張西望更唐突無禮和令人討厭的要是你精力不集中，你的客戶就會想：「這小子以為自己有多了不起呢，他要是不把我放在眼裡，我才不在乎他賣的是什麼，即使白送給我也不要。」記住，你不僅僅是透過語言來交談，還有你的眼神、表情和體態語言。你必須徹頭徹尾的真誠，要不然，在客戶的眼裡，你只是一個不可靠的人。

同樣重要的是，你得注意態度真誠而不貪婪。要是賺得太狠，客戶就不會願意與你再度合作。貪婪很可能毀掉你的信譽，使你失去更多的生意。你需要的是長期的、多次的合作，而合作只有在雙方都感到滿意的時候才稱得上是好的合作。

真誠到永遠

要得到客戶的信任，經常注意真誠的推銷是非常必要的。

有一家公司要添置 300 萬元的辦公家具，公司總經理決定向一家頗具規模的家具店購買。

一天，家具店的銷售負責人打來電話，要來拜訪這位總經理。總經理心想，當對方來時就可以在訂單上蓋章了。

不料對方提前來訪，原來是因為對方打聽到該公司職工的宿舍樓即將落成，希望職工宿舍需要的設備也能向他們公司購買，所以對方帶著一大堆資料，擺滿了桌子。當時總經理正好有事，便讓祕書請對方等一下。對方等了一會兒，不耐煩的收起資料說改天再來打擾。」

突然，總經理發現對方在收拾資料準備離去時，不小心把總經理的名片掉在地上，並在走時又不小心踩了一腳。就因為這一個看似小小的失誤，使他永遠失去了與這家公司做生意的機會，使得煮熟的鴨子飛了。

　　這個失誤看似微不足道，其實，它是不可原諒的，因為名片是一種「自我的延伸」。具有「自我延伸」屬性的事物很多，你的一切用具都可以說是你的自我延伸。你的衣著、你的書本、你的相片等等，可以說，都在某種意義上代表著你。他人對這些東西的不敬就等於是對你的不敬，對此恐怕沒有人會持反對意見。

　　名片更是一個人的化身，把他人的名片弄丟了已是對他人的不尊重，況且在名片上再踩上一腳，這簡直就是對他人的蔑視！如果你的名片遭此噩運，你也斷然不會和對方做生意的。因為我們每個人都不希望被別人輕視，都希望別人認為我們很重要。

　　要記住，對別人真誠，也就是意味著對自己負責任。身為一名推銷員你應該懂得遵守這個簡單的道理：你可以圓滑一點，但當遇到原則性問題的時候，切記要保持誠實。

人人皆是推銷員

　　我們每個人實際上都在進行自我推銷，不管你是什麼人，只有透過自我推銷，你才能取得成功，才能實現你的美好理想，達到你的目的。實際上，每個人都是「推銷員」。

　　現代社會是一個推銷的社會，我們每一個人都需要推銷，我們每一個人都在從事推銷。我們無時無刻不在推銷自己的思想、觀點、產品、成就、服務、主張、感情等等。

　　人人都是推銷員，什麼事情和工作都與推銷有關，自從你出生以來，你就一直在推銷。嬰兒又哭又鬧，於是媽媽把他抱在懷裡，將奶瓶塞到他嘴裡。

小時候，你用哭鬧向媽媽推銷，接到訂單就是牛奶和媽媽溫暖的懷抱；

當你稍大一點的時候，你就向媽媽推銷你的天真、活潑和可愛的天性；

當你知道錢可以買東西的時候，你又採取「撒嬌式推銷法」，一直哭到父親給零用錢為止；

後來，你又向你的父親推銷你的看法，以此來達到你的目的；

你向老師推銷，要求他給你高一點的分數；

你向戀人推銷感情，你的第一次約會是推銷，說服對方相信你能給他帶來「安全、幸福和快樂的一生」；

你向朋友推銷「忠誠、關心、體貼和永不磨滅的友誼」；

你向上司推銷你的建議；

你向兒女們推銷為人處世的道理；

你向部下推銷你的決策；

你向社會推銷你的理念；

演員向觀眾推銷表演藝術；

發明家推銷自己的發明；

律師向法官推銷辯護詞；

老師向學生推銷知識；

男人推銷自己的風度和才華；

女人推銷自己的溫柔和美麗；

服裝模特兒推銷一定的線條和流行色調；

……

可見，作為一門說服的科學和藝術，推銷現象無時不在、無處不在。上

至國家元首，下至平民百姓，無一不需要推銷。

「盛田昭夫」這個名字對普通人來說，也許還很陌生，但提起「索尼」電器恐怕就很少有人不知曉了。1986 年，盛田昭夫著的《日本‧索尼‧AKM》一書出版，書中有這樣一段話：

「僅有獨特的技術，生產出獨特的產品，事業是不能成功的，更重要的是商品的銷售。」

確實，商品的銷售對任何一個企業來說，都猶如命脈。大凡效益好的企業，都把產品的銷售擺在顯著的位置上。只有重視銷售，從而重視推銷員的企業家，才稱得上是真正的優秀企業家。

所以，如果有誰說瞧不起推銷這門職業或者瞧不起推銷員，那你就可以理直氣壯的盯著那個人的眼睛，然後一字一句的說：「正是由於我和像我一樣的人在從事銷售工作，你才能拿你賺的全部收入買東西，這些東西是從誰那裡買的？」

這種事情對於任何人來說都是確鑿的事實，對方是外送員也好、是政府官員也好，或者是商人也好，進而是教師也好，是校長也好，都無法否認這個事實。

第二章 「推銷之神」原一平

他的一生充滿傳奇，從被鄉里公認為無可救藥的小混混，最後成為日本保險業連續 15 年全國業績第一的「推銷之神」。最窮的時候，他連坐公車的錢都沒有，可是最後，他終於憑藉自己的毅力，成就了偉大的事業。

原一平成功之前

也許很多人不知道原一平是誰，但在日本壽險業，他卻是一個聲名顯赫的人物。日本有近百萬的壽險從業人員，其中很多人不知道全日本 20 家壽險公司總經理的姓名，卻沒有一個人不知道原一平。他的一生充滿傳奇，從被鄉里公認為無可救藥的小混混，最後成為日本保險業連續 15 年全國業績第一的「推銷之神」。最窮的時候，他連坐公車的錢都沒有，可是最後，他終於憑藉自己的毅力，成就了偉大的事業。

1904 年，原一平出生於日本長野縣。他的家境富裕，父親德高望重又熱心公務，因此在村裡擔任若干要職，為村民排憂解難，也深受敬重。

原一平是家中的幼子，從小長得矮矮胖胖的，很受父母親的寵愛。也許是被寵壞的緣故，原一平從小就很頑皮，不愛讀書，喜愛調皮搗蛋，捉弄別人，甚至常常與村裡的小孩吵架、鬥毆。甚至於老師教育他，他竟然拿小刀刺傷了老師，父母對他的頑劣實在無可奈何了。

23 歲那年，原一平離開家鄉，到東京闖天下。他所做的第一份工作就是做推銷，但是碰上了一個騙子，捲走保證金和會費就跑了，因此，原一平陷入了困境。

1930 年 3 月 27 日，對仍舊一事無成的原一平是個不平凡的日子。27 歲的原一平帶著自己的履歷，走入了明治保險公司的招聘現場。一位剛從美國研習推銷術歸來的資深專家擔任主考官。他瞄了一眼面前這個身高只有 145 公分，體重 50 公斤的「傢伙」，拋出一句冷冰冰的話：「你不能勝任。」

原一平一下就驚呆了，好半天回過神來，結結巴巴的問：「何……以見得？」

主考官輕蔑的說：「老實對你說吧，推銷保險非常困難，你根本不是做這

行的料。」

原一平被如此的小看激怒了，他頭一抬：「請問進入貴公司，究竟要達到什麼樣的標準？」

「每人每月 10,000 元。」

「每個人都能完成這個數字？」

「當然。」

原一平不服輸的勁兒上來了，他一賭氣：「既然這樣，我也能做到 10,000 元。」

主考官輕蔑的瞪了原一平一眼，發出一陣冷笑。

原一平「斗膽」許下了每月推銷 10,000 元的諾言，但並未得到主考官的青睞，最後勉強當了一名「見習推銷員」。這個職務沒有辦公桌，沒有薪水，還常被老推銷員當「聽差」使喚。在成為推銷員的最初七個月裡，他連一分錢的保險也沒拉到，當然也就拿不到分文的薪水。為了省錢，他只好上班不坐電車，中午不吃飯，晚上睡在公園的長椅上。

然而，這一切都沒能讓原一平退卻。他把應聘那天的屈辱，看作一條鞭子，不斷「抽打」自己，整日奔波，拼命工作。為了不使自己有絲毫的鬆懈，他經常對著鏡子，大聲對自己喊：「全世界獨一無二的原一平，有超人的毅力和旺盛的鬥志，所有的落魄都是暫時的，我一定要成功，我一定會成功。」他明白，此時的他已不再是單純的推銷保險，而是在推銷自己。他要向世人證明：「我是做推銷的料。」

七個月過去了他依舊精神抖擻，每天清晨 5 點起床從「家」徒步上班。一路上，他不斷微笑著和擦肩而過的行人打招呼。有一位紳士經常看到他這副快樂的樣子，很受感染，便邀請他共進早餐。儘管當時他餓得要死，但還

是委婉的拒絕了。當得知他是保險公司的推銷員時，紳士便說：「既然你不賞臉和我吃頓飯，我就投你的保好啦！」他終於簽下了生命中的第一張保單。更令他驚喜的是，那位紳士是一家大酒店的老闆，幫他介紹了不少業務。

從這一天開始，否極泰來，原一平的工作業績開始直線上升。到年底統計，他在 9 個月內共實現了 16.8 萬日元的銷售業績，遠遠超過了當時的許諾。公司同仁頓時對他刮目相看，這時的成功讓原一平淚流滿面，他對自己說：「原一平，你做得好，你這個不吃中午餐、不坐公車，住公園的窮小子，做得好！」

在進取中不斷成長

1936 年，原一平的推銷業績已經名列公司第一，但他仍然狂熱的工作，並不因此滿足，他構想了一個大膽而又破格的推銷計畫，找保險公司的董事長串田萬藏，要一份介紹日本大企業高層次人員的「推薦函」，大幅度、高層次的推銷保險業務。因為串田先生不僅是明治保險公司的董事長，還是三菱銀行的總裁、三菱總公司的理事長，是整個三菱財團名副其實的最高首腦。透過他，原一平經手的保險業務不僅可以打入三菱的所有組織，而且還能打入與三菱相關的最具代表性的所有大企業。

但原一平不知道保險公司早有被嚴格遵守的約定：凡從三菱來明治工作的高級人員，絕對不介紹保險客戶，這理所當然的包括董事長串田先生。

原一平為這一突破性的構想而坐立不安，他咬緊牙關，發誓要實現自己的推銷計畫。他信心十足的推開了公司主管推銷業務的常務董事阿部先生的門，請求他代向串田董事長要一份「推薦函」。阿部聽完了原一平的計畫，默默的瞪著原一平不說話，過了很久，阿部才緩緩的說出了公司的約定，回絕了原一平的請求。原一平卻不肯打退堂鼓，問道：「常務董事，能不能自己

去找董事長，當面提出請求？」阿部的眼睛瞪得更大了，更長時間的沉默之後，說了 5 個字：「那就一試吧。」說完，用擠出的難以言狀的笑容，打發了原一平出門。

等過了幾天，終於接到了約見通知，原一平興奮不已的來到三菱財團總部，層層關卡，漫長的等待，把原一平的興奮熱忱已耗去大半。他疲憊的倒在沙發裡，迷迷糊糊的睡著了。不知過了多長時間，原一平的肩頭被戳了幾下，他愕然醒來，狼狽不堪的面對著董事長。串田大喝一聲：「找我什麼事？」還未十分清醒的原一平當即被嚇得差點說不出話來，想了一會兒才結結巴巴的講了自己的推銷計畫，剛說：「我想請您介紹……」話沒說完就被串田截斷：「什麼？你以為我會介紹保險這玩意？」

原一平來前曾想到過自己的請求會被拒絕，還準備了一套辯駁的話，但萬萬沒有料到串田會輕蔑的把保險業務說成「這玩意」。他被激怒了，大聲吼道：「你這混帳的傢伙。」接著又向前跨了一步到串田身前，串田連忙後退一步。「你剛才說保險這玩意，對不對？公司不是一向教育我們說：『保險是正當事』嗎？你還是公司的董事長嗎？我這就回公司去，告訴全體同事你說的話。」原一平說完轉身就走。

一個無名的小職員竟敢頂撞、痛斥高高在上的董事長，使串田非常氣憤，但對小職員話中「等著瞧」的潛臺詞又不能不認真思索。

走出三菱大廈，原一平心裡很不平靜，他為自己的計畫被拒絕又是氣惱又是失望，當他無可奈何的回到保險公司，向阿部說了事情的經過，剛要提出辭職，電話鈴響了，是串田打來的，他告訴阿部剛才原一平對自己惡語相加，他非常生氣，但原一平走後他再三深思。串田接著說：「保險公司以前的約定確實有偏差，原一平的計畫是對的，我們也是保險公司的高級職員，理應為公司貢獻一份力量幫助擴展業務。我們還是參加保險吧。」

　　放下電話，串田立即召開臨時董事會。會上決定，凡三菱的有關企業必須把全部退休金投入明治公司，作為保險金。原一平的頂撞痛斥，不僅贏得了董事長的敬服，還獲得了董事長日後充滿善意的全面支援，他逐步實現了自己的宏偉計畫：3 年內創下了全日本第一的推銷紀錄，到 43 歲後連續保持 15 年全國推銷冠軍，連續 17 年推銷額高達百萬美元。

　　1962 年，他被日本政府特別授予「四等旭日小綬勳章」。獲得這種榮譽的人在日本是少有的，連當時的日本總理大臣福田赳夫也十分羨慕，當眾慨嘆道：「身為總理大臣的我，只得過五等旭日小綬勳章。」1964 年，世界權威機構美國國際協會為表彰他在推銷業做出的成就，頒發了全球推銷員最高榮譽 —— 學院獎等等，他是明治保險的終身理事，業內的最高顧問。此刻的他真正是功成名就了！

　　儘管原一平功成名就，但原一平根本不願意停下來，還要繼續工作，他的太太埋怨說：「以我們現在的儲蓄已夠終生享用，不愁吃穿，何必每日再這樣勞累的工作呢？」

　　原一平卻不以為然的回答：「這不是有沒有飯吃的問題，而是我心中有一團火在燃燒著，這一團永不服輸的火在身體內作怪的緣故。」

　　原一平用自己一生的實踐書寫了作為一個偉大的推銷員、一個優秀的推銷員應該具有的精神和技巧。他要把這些技巧告訴每一個普通人、每一個即將走向成功的人。為此，他在全世界各地開展了連續不斷的演講，把自己的思想推廣開來。他定期舉行「原一平批評會」，堅持 6 年，同時也聽取大家的意見，來檢討自我，改進自我。他堅持每星期去日本著名的寺廟聽吉田勝逞、伊藤道海法師講禪，來提高自己的修養。

　　他對每一個客戶都有一個詳細清晰的調查表，建立了分類檔案。

　　他把微笑分為 39 種，對著鏡子苦練，曾經在對付一個極其頑固的客人

時，用了 30 種微笑，他的微笑被人們譽為「價值百萬美元的笑」。

他有堅強的毅力和信念，為了贏得一個大客戶，他曾經在 3 年 8 個月的時間裡，登門拜訪 70 次都撲空的情況下，最終鍥而不捨獲得成功。

在原一平奮鬥史中，最受壽險推銷人員推崇的是三恩主義：社恩、佛恩、客恩。

原一平是明治保險公司推銷員，今日能成為保險巨人，並被尊稱為「推銷之神」，他並沒有傲慢自大，反而謙恭為懷，口口聲聲感謝公司的栽培，沒有公司就沒有今日的他，原一平十分尊敬公司，晚上睡覺腳不敢朝向公司的方向。這就是「社恩」。

原一平一生成長的歷程，除了自己刻苦奮鬥外，還有貴人串田董事長、阿部常董對他的幫助。不過，他內心裡最感謝的是啟蒙恩師吉田勝逞法師、伊藤道海法師，因沒有他們的一語道破及指點迷津，或許原一平還只是一名推銷的小卒呢！這就是「佛恩」。

談到「客恩」，就是對參加的客戶心懷感謝之心。對每位客戶有感謝的胸懷，才能對客戶做無微不至的服務。據原一平介紹：他的所得除 10% 留為己用外，其餘皆回饋給公司及客戶。

就是在這三恩主義的指導之下，原一平才取得了那麼多的成就。推銷是一條孤寂而寂寞的路，遭到的白眼和冷落都遠遠超過其他行業，然而，獨一無二的原一平用自己的汗水和勤奮、韌性和耐性走過了這條荊棘之路，創造了世界奇蹟，成為所有人為之敬佩的「推銷之神」。這種精神，值得所有的推銷人員學習和敬仰！

做個有心的推銷員

身為推銷員，客戶要我們自己去開發，而找到自己的客戶則是做好開發的第一步，只要稍微留心，客戶便無處不在。

有一次，原一平下班後到一家百貨公司買東西，他看中了一件商品，但覺得太貴，拿不定主意買還是不買。正在這時，身旁有人問售貨員：

「這個多少錢？」問話的人要買的東西跟原一平想買的東西一樣。

「這個要 3 萬元。」女售貨員說。

「好的，我要了，麻煩你幫我包起來。」那人爽快的說。原一平立即覺得這人一定是位有錢人，出手竟然如此闊綽。

於是他心生一計，何不跟著這位顧客，尋找機會為他服務呢。

他跟在那位顧客的背後，他發現那個人走進了一幢辦公大樓，大樓警衛對他表現出相當的恭敬。原一平更堅定了信心，這個人一定是位有身分地位的人。

於是，他去向警衛打聽。

「你好，請問剛剛進去的那位先生是……」

「你是什麼人？」警衛問。

「是這樣的，剛才在百貨公司時我掉了東西，他好心的幫忙撿起來給我，卻不肯告訴我大名，我想寫封信感謝他。所以，請你告訴我他的姓名和辦公室詳細的址。」

「哦，原來如此。他是 XX 公司的總經理……」

原一平就這樣又得到一位重要顧客。

生活中，顧客無處不在。如果你覺得客戶少，那是因為你缺少一雙發現

客戶的眼睛而已。隨時留意、關心你身邊的人，或許他們就是你要尋找的
準客戶。

標題三：生活中處處有機會

有一天，原一平的工作極不順利，直到黃昏時刻他依然一無所獲。原一
平像一隻鬥敗的公雞。在回家途中，要經過一個墳場。墳場的入口處，原一
平看到幾位穿著喪服的人走出來。他突然心血來潮，想到墳場裡去走走，看
看能有什麼收穫。

此刻，正是夕陽西下。原一平走到一座新墳前，墓碑上還燃燒著幾支
香，插著幾束鮮花。顯然，就是剛才在門口遇到的那些人祭拜時用的。

原一平朝墓碑行禮致敬。然後很自然的望著墓碑上的字 —— XX 之墓。

一瞬間，他像發現新大陸似的，所有沮喪一掃而光，取而代之的是躍躍
欲試的工作熱忱。

他趕在天黑之前，朝管理這片墓地的寺廟走去。

「請問有人在嗎？」

「有啊，來啦！有何貴幹？」

「有一座 ×× 的墳墓，你知道嗎？」

「當然知道，他生前可是一位名人呀！」

「你說得對極了，在他生前，我們有些來往，只是不知道他的家眷目前住
在哪裡呢？」

「你稍等一下，我幫你查查。」

「謝謝你，麻煩你了。」

「有了，有了，就在這裡。」

原一平記下了那一家人的地址。

走出寺廟，原一平又恢復了旺盛的鬥志。第二天，他就踏上了開發新客戶的征程。

原一平能及時把握生活中的細節，絕不會讓客戶溜走。這也是他成為「推銷之神」的原因之一。

如何發掘潛在客戶

在尋找推銷對象的過程中，推銷員必須具備敏銳的觀察力和正確的判斷力。細緻入微的觀察是挖掘潛在客戶的基礎。學會敏銳的觀察別人，就要求推銷員多看多聽，多用腦袋和眼睛，多請教別人，然後利用有的人喜歡自我表現的特點，正確分析對方的內心活動，吸引對方的注意力，以便激發對方的購買需求與購買動機。一般來看，推銷人員尋找的潛在客戶可分為甲、乙、丙三個等級，甲級潛在客戶是最有希望的購買者；乙級潛在客戶是有可能的購買者；丙級潛在客戶則是希望不大的購買者。面對錯綜複雜的市場客戶群，推銷員應當培養自己敏銳的洞察力和正確的判斷力，及時發現和挖掘潛在的客戶並加以分級歸類，區別情況、不同對待，針對不同的潛在客戶施以不同的推銷策略。

推銷員應當做到手勤腿快，隨身準備一本記事筆記本，只要聽到、看到或經人介紹一個可能的潛在客戶時，就應當及時記錄下來，從單位名稱、產品供應、聯絡地址、信譽、財務收入狀況，然後加以整理分析，建立「客戶檔案庫」，做到心中有數、有的放矢。只要推銷員都能使自己成為一名「有心人」，多跑、多問、多想、多記，那麼客戶是隨時可以開發的。

推銷員應當養成隨時發現潛在客戶的習慣，因為在市場經濟社會裡，任何一個企業，一家公司、一個單位和一個人，都有可能是某種商品的購買者

或某項勞務的享受者。對於每一個推銷員來說，他所推銷的商品及其消費散布於千家萬戶，走向各行各業，這些個人、企業、組織或公司不僅出現在推銷員的市場調查、推銷宣傳、上門走訪等工作時間內，更多的機會則是出現在推銷員的八小時工作時間之外，如上街購物、週末郊遊、出門做客等。因此，一名優秀的推銷員應當隨時隨地優化自身的形象，注意自己的言行舉止，牢記自身的工作職責，客戶無時不在、無處不有，只要自己努力不懈的與各界朋友溝通合作，習慣成自然，那麼你的客戶不僅不會減少，而且會越來越多。

掌握好推銷的時機和地點

在一次講座時，原一平講了下面一則案例：

一個推銷搜魚器的銷售經理威廉在一家加油站停下車，他想給車加點油然後爭取在天黑之前趕往紐約。

就在加完油等待繳費的時候，威廉看見自己剛加過油的地方停著四輛拖著捕魚船的車。他馬上返回到自己的車上，取出幾份「搜魚器」的廣告宣傳單，走到每一艘船的船主面前，遞給他們每人一份，並說：「我今天不是要向各位推銷東西，我認為各位可能會覺得這份傳單很有意思。你們上路後，有空時不妨看一看，我想你們或許會喜歡這種『底線搜魚器』。」

繳完費後，威廉一邊開車離開，一邊向這些人揮手道別：「別忘了，有空一定要看一看啊！」

兩個小時後，在一個休息站，威廉停下車買了一瓶可樂，就在這時，他看到那四個船主開車而來，下車後向他疾步走過來，他們說他們一直在追趕威廉，但拖著漁船，車速無論如何趕不上威廉，他們告訴威廉他們想要多了解一些搜魚器的事情。

　　威廉立刻拿出展示品，向他們做完簡單介紹後，說還可以具體示範給他們看，於是威廉與他們一同走進休息室，他想找個插座，為搜魚器接上電源，但休息室裡沒有，最後，威廉在男廁所裡找到了插座。

　　威廉一邊操作一邊解釋：「比如在 72 公尺深的地方有一條魚，在船的右舷邊 35 公尺處也有一條魚……」

　　威廉講得認真而投入，男廁所的其他人感到很好奇，不知道發生了什麼事情，也紛紛圍上來。15 分鐘後，威廉結束了自己的示範，這四個人此時已由聽眾變成了顧客，恨不得把這件展示樣品馬上買回去。威廉告訴他們只要去任何一家大型零售店都能買得到這種產品，隨即又提供給他們一份當地的經銷商名單。

　　推銷時一定要抓住推銷的時機，上面故事中的推銷員就是抓住了這一時機向船主們散發廣告宣傳單，並且在恰當的時機進行示範。由於他抓住時機進行推銷，從而贏得了四名顧客。

　　原一平認為，除了要掌握好推銷時機外，推銷地點也要選擇好。

　　在國際政治中，為了選定一個會談場所，不知要討論多少次。不管誰當東道主，談判各方總是希望他們做出有利於自己的安排。因此，最終往往選擇一個中立地點談判。對一位推銷員而言，商務談判或推銷活動的重要性，並不亞於一場政治談判對一個國家、一個政治集團的重要性。可是，有的推銷員卻經常忽略地點的重要性。

　　美國有一位人壽保險推銷巨星，名叫約翰·沙維奇。他從來不做敲陌生人的門的事，而是全力開發客戶和朋友介紹的客戶，並極力主張邀請客戶到自己辦公室來談推銷的事情。他在《最高行銷機密》中寫道：

　　原一平說：「他們不可能要客戶到自己的辦公室去。可是牙醫就可以。那些經紀人就是喜歡跑出去受點傷害，才覺得自己是在做行銷的那種人。我們

找客戶來辦公室，並不是要傷害他們，所以拜託大家，做事要專業一點，想想你的客戶，希望從你身上得到的是什麼？他們要的，只是你的『服務』和『誠實』。」

許多推銷員認為不能讓客戶上門，這是因為推銷員對自己的專業能力、形象、身分信心不足，尤其是低估了自己對客戶的影響力。其實，如果推銷員不開口說話，怎麼知道客戶願不願意？讓我們想一下，在自己地盤上推銷，有哪些好處吧：

你可以充分利用各種有利條件，盡情的布置自己的辦公室，使環境有利於推銷；如果對方未接受我方提議就想離開時，可以很方便的予以阻止；以逸待勞，在心理上占有優勢，節省時間和路費；如發生意外事件，可以直接找上司解決;可以充分準備各種資料和展示工具，迅速回答對方提出的問題，並充分展示己方的優點。

《哈佛沒教的商場智慧》的作者、國際管理集團的創始人麥考梅克（Mark H. McCormac）說得好：

在你的地盤上談判，會給人一種「入侵」的感覺，對方的潛意識中極有可能存在或多或少的緊張情緒。如果此時，你彬彬有禮，讓對方舒服放鬆的話，那他的緊張情緒就會大大減緩，而你也就贏得了他的信任 —— 即使真正的談判還未開始！

如果有哪位客戶非要在自己的地盤上商談，那麼請做好準備，時刻準備反客為主。

「星期四下午兩點半，請到我的辦公室來！」別瞻前顧後，先大膽的說出這樣的話。畢竟，即使客戶拒絕，自己也不會有什麼大的損失。

尋找共同話題，掌握主動權

　　原一平非常擅長找共同話題，他認為推銷通常是以雙方的商談的方式進行，對話之中如果沒有趣味性、共通性是無法繼續下去的，而且通常都是由推銷員引出話題。倘若客戶對推銷員的話題沒有一點興趣，彼此的對話就會變得索然無味。

　　推銷員為了和客戶培養良好的人際關係，最好能盡早到出彼此間共同的話題。所以，推銷員在拜訪客戶之前，要先收集客戶有關的愛好、家庭、學校等情報，尤其是在第一次拜訪時，事前的準備工作一定要充分。

　　開口詢問是絕對少不了的，推銷員在不斷的發問當中，很快就可以發現客戶的興趣。例如：看到陽臺上有很多盆景，推銷員可以問：「你對盆栽很感興趣吧？今日花市正在開君子蘭花展，不知道你去看過了沒有？」

　　看到的高爾夫球具、溜冰鞋、釣竿，圍棋或象棋，都可以拿來當成話題。對異性、流行時尚等話題也要多多少少知道一些，總之最好是無所不通，當然也更適可而止，別離題萬里。

　　打過招呼之後，談談客戶深感興趣的話題，可以使氣氛緩和一些，接著再進入主題，效果往往會比一開始就立刻進入主題好得多。

　　原一平為了應付不同的準客戶，每星期六下午都到圖書館苦讀，以豐富自己的知識。他研修的範圍極廣，上至時事、文學、經濟，下至家庭電器、菸斗製造、木屐修理，幾乎無所不含。

　　由於原一平涉獵的範圍廣泛，所以不論如何努力，總是博而不精，永遠趕不上任何一方面的專家。

　　既然永遠趕不上專家，因此他談話總能適可而止。就像要給病人動手術的外科醫師一樣，手術之前先為病人打麻醉針，而談話只要能達到「麻醉」

一下客戶就行了。

在與準客戶談話時，原一平的話題就像旋轉的轉盤一般，轉個不停，直到準客戶對該話題發生興趣為止。

原一平曾與一位對股票很有興趣的準客戶談到股市的近況。話一出口，沒想到他反應冷淡，莫非他又把股票賣掉了嗎？原一平接著談到未來的熱門股，他眼睛發亮了。原來客戶已經賣掉股票，添購了新屋。結果客戶對房地產的近況談得起勁，後來原一平知道：客戶正待機而動，準備在恰當的時機，賣掉房子，買進未來的熱門股。

這一場交談，前後才 9 分鐘。如果把他們的談話錄下來重播的話，交談一定都是片片斷斷、有頭無尾。原一平就是用這種不斷更換話題的「輪盤話術」，尋找出準客戶的興趣所在。

等到原一平發現準客戶趣味盎然，雙眼發亮時，他就藉故告辭了。

「哎呀！我忘了一件事，真抱歉，我改天再來。」

原一平在話題興起時突然離去，準客戶通常會以一臉的詫異表示出他的意猶未盡。

而他呢？既然已搔到準客戶的癢處，也就為下次的訪問鋪好了路。

要想使客戶購買你推銷的商品，首先要了解其興趣和關心的問題，並將這些作為雙方的共同話題。

除了深入到客戶的內心中，找到共同話題外，推銷員還要善於觀察，找到客戶的心結，打開了客戶的心結，你的推銷事業就離成功很近了。

連續幾個月，原一平一直想向某位著名教授的兒子賣教育保險。根據以往的經驗，這種保單應該是很好做的，教授和教授夫人應該都是極重視教育的人。可這回不管原一平如何說服，他們仍對保險興致不高。

某天又去時，只有教授夫人一個人在家，原一平就又跟她說起教育保險，她仍然沒什麼興趣。

原一平放眼在屋子裡尋找，一眼看見了立櫃上的私人照片，就挺有興趣的走了過去，一張一張看起來。

「噢，這位是……」

「是我父親，他可是位了不起的醫生。」

「醫生這一行可真了不起，救死扶傷。」

「是啊。我一直很崇拜的，可惜我丈夫是個文學教授……」

說到這，原一平已經知道如何說服這位夫人了。就又把話題扯開，聊起了教育保險。當雙方的談話無法進行之時，原一平就不無遺憾的對她說：「太太，我今天來這裡以為會碰上一位真正關心子女的家長，看來我是錯了，真遺憾！」

好強的教授夫人，對這一「誘餌」迅速的做出反應，說：「天下父母哪有不希望兒女成材的。哎，我那個兒子，一點也不像他父親，頭腦不靈活。他父親也說，這孩子不聰明，無法成為學者。」

原一平甚表驚訝的說：「父母是父母，孩子是孩子，你們隨隨便便的認定孩子的將來是不對的，父母不能只憑自己的感覺就為孩子的將來定位。」然後誠懇的說：「您和您丈夫是想讓孩子讀文科吧！」

「他父親一直想讓孩子在文學上有所成就，可是這孩子對文學沒什麼興趣，反而是對理工科挺感興趣。這孩子挺喜歡待在外公的診所裡，而且他的理工科成績還不錯。」

「如此的話，你們應該讓孩子來自己選擇自己的專業。」原一平由衷的說，教授夫人也接受了原一平的觀點。並開始計算起孩子的成績，為其作歸

納分析，一時顯得挺高興的。」

之後，原一平就不斷提供意見給教授夫人：如果上醫學院，要很多學費……

其實，教授夫人內心中一直期盼兒子能青出於藍而勝於藍，希望孩子能夠上醫學院，以證明他的能力不輸給外公。原一平看出了這一點，一下子按動了她的心理的按鈕，不斷擴大一個母親的夢想。於是她當場買下原一平推薦的「5 年期教育保險」。

抓住潛在客戶

了解客戶特點，區別對待

盛名遠播的美國寶鹼公司，以生產日常洗滌與清潔用品為主業，成為了一個跨大洲世界性商業帝國。不過由於該公司在世界各地的分支機構的發展進程各不相同，也由於世界各國之間巨大的文化差異，因而使得它在全球許多地區開展業務時經歷了一些意想不到的失敗和成功。

在日本市場，起初寶鹼公司將其在美國暢銷的紙尿褲投放到日本，在各大醫院的產房留下了免費試用的樣品，還派人到一些居民區巡視，一看到哪家居民陽臺上晾晒著嬰兒尿布，便免費送上紙尿褲樣品。一開始此舉還真靈驗：其紙尿褲的市場占有率一下子從 2% 上升到 10%，但其中的隱患卻沒有被察覺，那就是日本人如果購買紙尿褲，每個嬰兒每月需多花費 50 美元。

為什麼呢？因為在養育嬰兒的習慣方法上，美日國存在著較大的差異：美國的母親平均每天只給嬰兒換 6 次尿布，而日本的母親則平均每天要給嬰兒換 14 次尿布，難怪日本人要花這麼多錢。這時一家日本本地的公司乘虛而入，生產出一種輕薄型的紙尿褲，不僅價格便宜，而且其使用和儲存都更

加方便。由於母親們更願意購買這種紙尿褲，因而很快便把美國寶鹼公司的此類產品擠出了日本市場。

然而，寶鹼公司在波蘭卻因為深諳當地居民的心理而取得了意想不到的成功。

波蘭的洗滌產品當時的市場情況有些混亂，不僅是品質低劣，並有許多假冒的外國品牌，居民想買外國公司的產品，但又怕買到「假洋鬼子」。寶鹼公司聰明的決策者便給自己產品的包裝貼上一些錯誤百出的波蘭文寫成的標籤，這些波蘭文不是拼寫有錯誤，便是語法亂七八糟。波蘭人看到這些洋相百出的商品標籤，馬上意識到這是真正的外國公司的產品，它們只是還沒來得及學會用正確的波蘭文字來說明而已。一時間，這些貼有錯誤百出的標籤的商品賣得十分興隆。

了解所在市場的風俗並尊重當地風俗才能有效的抓住主動權。

學會說「不」和「是」

雖然你希望掌握推銷主動權，但是絕不能表現得太急躁，讓人有不舒服的感覺，甚至讓客戶產生反感、厭惡。懂得了這一點，你時不時說聲「不」也就不是什麼壞事。事實上，當你說：「對不起，我沒有那種款式。」同樣也能贏得幾分，因為客戶會認為你坦誠。要是客戶提出一種你沒有想到的選擇，絕不要責怪和貶低他的意見，如果你這樣做了，客戶就會以為你在侮辱他、責罵他的判斷力和品味。

只要「不」說得恰當，客戶常常會寬容的說：「沒關係，沒有也無所謂。」但是要是你和他們發生爭執的話，他們也會情緒失控，本來小事一樁，卻可能弄得彼此很不愉快。

高明的談判人員都深知這條教訓，他們常常會假裝被對方「俘虜」，然後

做出一副吃虧讓步的樣子。在推銷中同樣適用這一技巧。你要讓客戶感到他們好像贏了幾分，這樣他們都能狀態良好，感覺放鬆。相反，要是你老想壓著對方每次都只說「是」的話，他們就會想方設法贏過你。讓他們說幾句得意的話不僅無礙大局，而且能夠使你取得更多的信任感。所以，只要你在恰當的時候說「不」，你就更有可能在成交之際讓客戶說「是」。

在未能吸引準客戶的注意之前，推銷員都是被動的。這時候，說破了嘴是對牛彈琴。所以，應該設法刺激一下準客戶，以吸引對方的注意，取得的主動權之後，再進行下一個步驟。

使用「鞭子」固然可使對方較易產生反應，然而對推銷員而言，這是個相當高的推銷方法，除非你有十成的把握，最好不要輕易使用它，因為「鞭子」，稍有一點閃失就會弄巧成拙，傷害到對方的自尊心，導致全盤皆輸。

「笑到極處」

推銷業中的菁英人士知道，推銷事業一定要與「笑」密切配合，否則就收不了尾。當對方越冷淡時，你就越以明朗、動人的笑聲對待他，這樣一來，你在氣勢上就會居於優勢，容易擊倒對方。此外，「笑」是具有傳染性的，你的笑聲往往會感染到對方跟著笑，最後兩個人笑成了一團。只要兩個人能笑成一團，隔閡自然會消除，那麼，什麼事情都好談了。

有一天，原一平拜訪一位準客戶。

「你好，我是明治保險公司的原一平。」

對方端詳著名片，過了一會兒，才慢條斯理抬頭說：

「幾天前曾來過某保險公司的業務員，他還沒講完，我就打發他走了。我是不會投保的，為了不浪費你的時間，我看你還是另找其他人吧。」

「真謝謝你的關心，你聽完我的介紹後，如果不滿意的話，我會當場切

腹。無論如何請你撥點時間給我吧！」

原一平一臉正氣的話，對方聽了忍不住哈哈大笑起來，說：「你真的要切腹嗎？」

「不錯，就這樣一刀刺下去……」

原一平一邊回答，一邊用手比畫著。

「你等著瞧，我非要你切腹不可。」

「是啊，我也害怕切腹，看來我非要用心介紹不可啦。」

講到這裡，原一平的表情突然由「正經」變為「鬼臉」，於是，準客戶和原一平一起大笑起來。

最後，原一平的目的達成了，雙方順理成章的達成了交易。

人脈是賺取財富的基礎

大家都知道，有人脈就有錢賺。對一個推銷員來說：客戶就是他的搖錢樹。要想時時有錢賺，必須廣開人脈。

和許多專業推銷員一樣，相對於你現在的生產力水準而言，你其實已經具備更多的技巧、教育和培訓知識，在開始一次推銷時，調查出一種需要時，設計一個方案時，或成交一個銷售時，你可能會感覺良好。如果你做了一次通盤考慮，就會發現在生意中你很可能最不喜歡的，就是自己在探尋新生意時不得不面臨的拒絕。

戰勝拒絕的一個辦法就是開發出一套完美行銷計畫，這套計畫透過有影響力的中心人物來定位你的產品或服務，你可以運用這套系統達到自己的目標，而且把「痛苦的拒絕」降低到最少的發生概率。

一套以能產生被薦人為基礎的行銷系統對你會有說明，因為你的確可以

學會它，但更主要的是因為它的建立基礎扎根於人性本質：人們願意幫助那些他們喜歡和關心的人，想一想最近一次你向別人引薦生意，你之所以這麼做，難道不是因為你知道介紹這兩個人互相認識會對他們有所說明，或許可以讓他們兩個建立起一種雙贏的關係？

一位百萬圓桌協會的專業推銷員數年前曾經向他的一位客戶引薦一個財務規劃員，他回憶說：「我認識這位規劃員已經有一段時間了，而且我相信她的能力、做事手法和動機。我知道她有能力讓我的客戶高興，讓他們兩個接觸，長期來說，對他們、對我都會有好處。」

從中心人物的角度來看，他們也確實有客戶需要你的產品和服務。不過為了讓他們更自如的為你提供被薦人，你必須成為這些中心人物可以依賴的供應者，當他們的朋友或熟人需要你的產品或服務時，你既具備充分的技能，又肯定會誠實正直的幫助他們。一旦建立了依賴和信心，被薦人就會紛至沓來。

吉田登美子 1976 年進入三井人壽保險公司京都分公司。曾任三井人壽保隡公司京都分公司直屬企業 FD 的保險理財顧問。1977 年，她成為百萬圓桌協會會員。1985 年至今，她成為了三井人壽冠軍推銷員、頂尖會員、百萬圓桌協會三井分會會長，全日本壽險推銷人員協會京都府協會會長。1995 年簽約總值約為 65 億日元，所得全部獎金為 8,000 萬日元。

進入三井人壽之初，吉田登美子所做的一件事情，就是挨家挨戶拜訪客戶。每天一早，她會抱著一大摞宣傳單，固定在一個鄰里社區中拜訪發送，這段時間吉田登美子不是被關在門外，就是被當面拒絕。

後來，經過市場調查吉田登美子選擇醫師和醫院作為她的推銷市場。

吉田登美子依照地圖上的標示，決定走完京都大大小小所有的醫院、診所。一天，她正要去車站搭車，可是她一到月臺，電車正好開走，而下一班

車還得再等二十多分鐘。吉田登美子突然看到月臺對面有一塊醫院招牌，於是吉田登美子大步來到這家醫院，才到門口，便湊巧撞上穿著白衣的醫生。吉田登美子一時頭腦反應不過來，便劈頭直說：「我是三井人壽的吉田登美子，請你投保！」

這位醫生對吉由登美子的單刀直入的談話產生了興趣，很友善的看著她。

「這麼簡單就要人投保呀？有意思，進來聊聊吧。」

進了醫院，吉田登美子將平時學會的保險知識全盤托出，最後還加了一句「我正要從上賀茂開始，一直拜訪到伏見。」

其實醫生早已買了好幾份保險，也知道吉田登美子還是保險推銷的新員工。可是看在吉田登美子態度認真的份上，說出了心裡話：「保險實在高深莫測，說實話，我已經保了五六張，可是每次都被保險推銷員說得天花亂墜，事後根本一問三不知，這裡有我兩張保單，就當是學習，給你拿回去評估評估好了。」

拿了保單後，吉田登美子扮演醫生的家人角色，分別拜訪了醫生投保的公司，一一確認保單的內容，然後製作了一本圖文並茂的解說筆記。

當醫生把解說筆記交給他的會計師看時，會計師極力稱讚這份評估報告，而且還建議醫生買保險就最好向吉田登美子買。結果，醫生就正式要求吉田登美子為他重新組合設計他現有的那六張保單。

吉陽登美子根據醫師的需求，將原本著重身後保障的死亡保險，轉換為適合中老年人的養老保險與年壽保險。對吉田登美子來說，這位醫生客戶不但為吉田登美子帶來一份高達 8,000 萬日元的定期給付養老保險契約的業績，同時也給了她一次難得的比較各家保險公司保險產品的機會。

後來，這位醫生又將吉田登美子介紹給幾位要好的醫界朋友。這幾位醫

生，也都請求吉田登美子為他們評估現有的保單。而吉田登美子也不厭其煩的為他們製作解說筆記，詳細記錄何時解約會得到多少解約金、不準時繳費的結果、傷殘後的稅賦問題等等。

透過朋友間的層層介紹，吉田登美子由一個醫師團體介紹到另一個團體，就這麼輾轉引介，吉田登美子終於擁有最高醫師客戶占有率的保險推銷員頭銜。這個成績在當時是十分難得的，因為京都地區的醫師團體向來十分封閉，一般推銷員如果不是套關係，根本無法切入這塊人人覬覦的市場。

於是，在進入三井人壽的第二年，也就是 1977 年，吉田登美子順利登上京都地區的業績冠軍寶座。

學會運用 250 法則

喬‧吉拉德是美國歷史上最偉大的汽車推銷員。在他剛剛任職不久，有一天他去殯儀館，哀悼他的一位朋友去世的母親。他拿著殯儀分發的彌撒卡，突然想到了一個問題：他們怎麼知道要印多少張卡片呢？於是，吉拉德便向做彌撒的主持人打聽。主持人告訴他，他們根據每次簽名簿上簽字的人數得知，平均來這裡祭奠一位死者的人數大約是 250 人。

不久之後，有一位殯儀業主向吉拉德購買了一輛汽車。成交後，吉拉德問他每次來參加葬禮的平均人數是多少，業主回答說：「差不多是 250 人。」又有一天，吉拉德和太太去參加一位朋友家人的婚禮，婚禮是在一個禮堂舉行的。當碰到禮堂的主人時，吉拉德又向他打聽每次婚禮約有多少客人，那人告訴他：「新娘方面大概有 250 人，新郎方面大概也有 250 人。」這一連串的 250 人，使吉拉德悟出了這樣一個道理：每一個人都有許許多多的熟人、朋友，甚至遠遠超過了 250 人這一數字。事實上，250 只不過是一個平均數。

因此，對於推銷人員來說，如果你得罪了一位顧客，也就得罪了另外

250 位顧客，如果你趕走一位買主，就會失去另外 250 位買主；只要你讓一位消費者難堪，就會有 250 位消費者在背後讓你為難；只要你不喜歡一個人，就會有 250 人討厭你。

這就是吉拉德的 250 法則。由此，吉拉德得出結論：在任何情況下，都不要得罪任何一位顧客。

吉拉德說得好：「你只要趕走一位顧客，就等於趕走了潛在的 250 位顧客。」在吉拉德的推銷生涯中，他每天都將 250 法則牢記在心，抱定生意至上的態度，時刻控制著自己的情緒，不因顧客的刁難，或是不喜歡對方，或是自己情緒不佳等原因而怠慢了顧客。

世界一流推銷大師金克拉在推銷時，總是會隨身攜帶兩張白紙。一張紙滿滿的寫著許多人的名字和別的東西；另一張紙是一張完全的白紙。他攜帶這兩張紙有什麼用呢？原來那張有字的紙是顧客的推薦詞或推薦信，當他的銷售遭到顧客的拒絕時，他會說：

「XX 先生／女士，您認識傑克先生吧？您認識傑克先生的字跡吧？他是我的顧客，他用了我們的產品很滿意，他希望他的朋友也享有到這份滿意。您不會認為這些人購買我們的產品是件錯誤的事情，是吧？」您不會介意也把您的名字加入他們的行列中去吧？」

有了這個推薦詞，金克拉一般會取得另其滿意的效果。

那麼，另一張白紙是做什麼用的呢？

當成功的銷售完一套產品之後，金克拉會拿出一張白紙，說：「XX 先生／女士，您覺得在您的朋友當中，還有哪幾位可能需要我的產品？請您介紹幾個您的朋友讓我認識，以便使他們也享受到與您一樣的優質服務。」然後把紙條遞過去。

85% 的情況下，顧客會為金克拉推薦 2 ～ 3 名新顧客的。

金克拉就是這樣運用顧客推薦系統建立自己的儲備顧客群。

利用滿意客戶群，實施自己的計畫

原一平說推銷員獲得新客戶的辦法有很多，其中最有效的，在原一平看來可能就是利用滿意的客戶的推薦來爭取新客戶了。從企劃之精心，對個人之尊重來看，加拿大「日產」的努力可稱得上達到了這一方法的「藝術境界」，但是，這些還不是他們最成功的推銷手法。

有一個做法使日產公司在個別顧客身上得到了更多的生意，那就是請最滿意的顧客群來進行推薦。

假設你一年內剛買了一輛德系新車，而汽車公司告訴你誠實的將意見提供給想買車的消費者作參考，就可以獲贈雨傘或旅行袋之類的小禮物，另加一張值 200 美金的購車折價券，你覺得如何？參加方式是將你的日夜聯絡電話留給 15 至 20 位附近地區有意購買德系汽車的人，而且不一定要這些人打電話來找你，你才能獲得優惠。

德系汽車（以及其他寄發問卷給新車主的汽車公司）已經有足夠的資料找出最滿意的顧客，反正滿意的顧客終究會向朋友推薦產品，那麼何不運用這些資料，使推薦活動更積極呢？

這個技巧也可以用於其他選購性的商品和服務，例如個人電腦或軟體，還有家電用品、腳踏車、化妝品、幼兒園、房地產、圖書公司和承包商等。重點是要像德系汽車一樣清楚；誰才是忠實顧客。小企業一樣可以利用口碑相傳的力量，比如說，對於正考慮是否送小孩去參加「夏令營」的家長，主辦單位可列出附近地區去年參加過該「夏令營」的學生家長的姓名和電話給他們。

使用這種方法時有兩個要訣必須牢記：

首先，要創造利潤，除了找出忠實顧客，還得知道誰可能會買。由於進行推薦，必須徵求推薦人的意見，並給予獎勵，每位推薦人直接影響的範圍有限，最後很可能導致費力不討好，所以一定要看準最有可能購買的顧客，才不會白白浪費請推薦人的錢。

其次，不要按推薦人所促成的實際銷售額來獎勵推薦人，這樣容易給人「買通」推薦人的印象，反而可能會破壞整個計畫，因為推薦人制度主要憑藉的是消費者與消費者之間客觀的口碑和建議。只要促進了這種口耳相傳的溝通，任務目標也就達成了。

必須讓推薦人根據實際使用經驗，表達客觀、誠實的意見，同時告訴潛在顧客，推薦人並不從銷售額當中抽取一分佣金。只要試驗一兩次之後，就可以從記錄中看出誰是最佳推薦人了。

優秀的推銷員懂得讓每位客戶認為他有責任幫你再介紹客戶。一旦介紹的程序開始運作，你就不需要面對陌生的準客戶了，即使被介紹的準客戶，很少會回過頭去向原先的介紹人查證什麼，這種方法會大幅改善銷售成功的概率，在一定的約訪數量下，敲門的次數可以減少，會談的次數可以降低，成交比例可以增加，成交金額可以擴大；還有更多的新名字被介紹，重新開始另一個銷售程序。

會談時，要想好如何講話，你可以這樣說：「先生，你曾說過，你把工程的大部分都包出去了，其中哪家公司轉包的特別多呢？從你這裡分得最多工作的那個人是誰，他可能正是我要找的那一類人，你不會介意用你的名字，來讓我獲得推薦，是不是？」

有時取得介紹和完成交易一樣困難。它的重要性不亞於促成交易。

準客戶有時會說：「我必須先和他談談詳細情形。」

「許先生，這是對的，我很願意你先跟他談談，不過別跟他談得太詳細，他的狀況和你的狀況可能不大相同。你只要告訴他，只需花一些時間，就可以獲得和你一樣的好處；我僅占用他半個小時而已。」

現在你獲得了一張名單——也就是整個推銷週期的第一步，下一步就要約訪。此時應該盡早與被介紹人聯絡，被介紹人可不是好酒，不會越陳越香，你需要及時出手。

關於給生意介紹人付費的事，有一個重要原則：立即兌現，絕不能遲遲不付，更不會試圖以某種原因賴掉這筆錢。假設一個人介紹某人拿著你的名片來買車，但忘了在名片後面簽名，而且該顧客也沒說是誰叫他來的。介紹人事後可能會打電話給你：「『你賣了一輛伊姆帕拉牌汽車給斯塔林‧瓊思之後怎麼沒寄錢給我呀？』你應當說：『對不起，你沒有在名片後面簽上名字，而瓊思也沒說是你介紹的。那麼今天下午來拿錢吧。但下次要記著在名片上簽名，這樣我就能早點付錢給你。」

隨時隨地發展你的客戶

一次，原一平搭計程車時，在一個十字路口，由於出現紅燈停下了，緊跟在他後面的一輛黑色轎車也被紅燈攔下，與他的車並列一線。

原一平從窗口望去，那輛豪華轎車的後座上坐著的是一位頭髮已斑白，但頗有氣派的一位紳士，他正閉目養神。原一平動了讓他投保的念頭，他記下了那輛車的號碼，就在當天，他打電話到監理所查詢那輛車的主人，監理所告訴他那是 F 公司的自用車，他又打電話給 F 公司，電話小姐告訴他那輛車是 M 董事長的車子。此後，原一平對 M 先生進行了全面調查，包括學歷、出生地、興趣、嗜好、F 公司的規模、營業專案、經營狀況，以及他住宅附近的地圖。

調查至此，他把所得的資料與那天閉目養神的 M 先生回想綜合起來，稍加修正，就得到 M 董事長的雛形 —— 一位全身散發柔和氣質，頗受女士歡迎的理智型的企業家。

從資料上，他已經知道 M 是某縣人，所以，他的進一步準備工作是打電話到其同鄉處查詢資料。透過同鄉人之口，原一平知道 M 先生為人幽默、風趣、熱心，並且好出風頭，待所有資料記錄到備忘錄上之後，原一平這才正式接觸其本人。

萬事俱備，只欠東風，接下來的事就水到渠成，M 先生愉快的在原一平的一份保單上簽上了名字。

推銷界裡神話和傳說頗多，有些推銷員愛講原一平和齊藤竹之助等人堅持拜訪一家客戶數年之久，終於成交的故事，以此來為自己無數次重複拜訪一個客戶辯解。這種執著是非常感人的，確實也有人就這樣做出了成績。「半年不開張，開張吃半年」倒也可取，關鍵是「半年不開張」時怎麼生存？

在每一個人的生活領域中，總會有屬於自己的小天地，屬於自己的人脈系統，250 法則運用到現在的推銷系統十分合適。

例如：在求學時期，一般人最起碼都會經過小學、國中到高中三個階段，在這個過程中，不管是名列前茅的資優班學生或是流落在放牛班的學生，都應該有同班同學或認識較深的「死黨」，如果以每個求學階段可以認識 40 個同學來計算，三個階段就已經有 120 條屬於同學的人脈關係了，接著再加上自己的親戚 30 人、朋友 30 人、師長 30 人、前後期學長與學弟 30 人、鄰居 20 人、職場中的同事 30 人，或住家附近提供生活所需的店家……統計起來，早就超過 250 條人脈。另外有人還會加入民間社團、宗教團體、學會、工會、商會等等組織，都會增加自己的人脈關係。由此看來，我們可以說，每一個人都應該有超過 250 個人脈關係，而且這些資料還會隨著年紀的增

長，與人接觸機會的增多，而累積出更加豐富的人脈關係。

所以，每一個人絕對不可以忽視自己曾經擁有，以及目前已經擁有的這250條以上的人脈，而必須要好好的整理培養和運用，開拓自己的人際網路。雖然在這些人脈關係裡面，有許多人可能已經失散多年了，但是我們千萬不要忽略這份情感，只要重新加以整理，你將會發現原來自己所認識的人還真不少呢！建議你現在就提起筆來找出所有的資料，將曾經認識的人進行整理，編輯成冊！

有時，出於純粹的運氣，不用你怎麼推銷也會有一些生意發生。一個人可能碰巧需要另一個人銷售的東西，而且做成的機率也並非理想。所以，你如何把這些普通的社交活動變成網路構建活動並為你的工作服務呢？再一次，請記住，你感興趣的不只是和這些人做生意，而且還要對他們中的每一個人的250個的影響範圍感興趣。

每一個人都可能成為你的客戶，所以，要用心來往。

利用好你的人脈關係

我們在研究潛在客戶的時候，總是習慣性的先把朋友列出來，是朋友和潛在客戶有必然的關聯嗎？不是這樣的。對於一個從事推銷工作的人來說，什麼是朋友呢？可以這樣說：你以前的同事、同學，在聚會或者俱樂部認識的人都是你的朋友。換句話說，凡是你認識的人，不管他們是否認識你，這些人都是你的朋友。

如果你確信你所推銷的產品是他們需要的，為什麼不去和他們聯繫呢？而且他們和你交往大多數都沒有時間限制，非工作時間都可以進行洽談。向朋友或親戚銷售，多半不會被拒絕，而被拒絕正是新手的恐懼。他們喜歡你、相信你，希望你成功，他們總是很願意幫你。嘗試向他們推薦你所確信

的優秀產品，他們將積極的做出回應，並成為你最好的客戶。

與他們聯繫，告訴他們，你已經開始了一項新職業或開創了新企業，你希望他們共用你的喜悅。如果你在 6 個月的每一天都這麼做，他們會為你高興，並希望知道更詳細的資訊。

即使你的親戚朋友不會成為你的客戶，也要與他們聯繫。因為尋找潛在客戶的第一條規律是：不要假設某人不能幫助你建立商業關係。他們自己也許不是潛在客戶，但是他們也許認識將成為你客戶的人，不要害怕要求別人推薦。取得他們的同意，以及與你分享你的新產品、新服務和新構思時的關鍵語句是：「因為我欣賞你的判斷力，我希望聽聽你的觀點。」這句話一定會使對方覺得自己重要，並願意幫助你。

與最親密的朋友聯繫之後，由他們再聯繫到他們的朋友。如果方法正確，多數人將不僅會給你提出恰當的問題，他們或許還有可能談到一個大客戶呢。

此外，你也可以借助專業人士的幫助。

剛剛邁入一個新的行業，很多事情你根本無法下手，你需要能夠給予你經驗的人，並且從他們那兒獲得有價值的建議，這對你的幫助會非常大，我們不妨叫他為老師吧。老師就是這樣一種人，他比你有經驗，對你所做的感興趣，並願意指導你的行動。老師願意幫助面臨困難的人，幫助別人從自己的經驗中獲得知識。

多數企業將新手與富有經驗的老手組成一組，共同工作，讓老手培訓新手一段時期。這種企業導師制度在全球企業中運作良好。透過這種制度，企業老手的知識和經驗獲得承認，同時有助於培訓新手。

當然你還可以委託廣告代理企業或者其他企業為你尋找客戶。代理商多種多樣，他們可以提供很多種服務，你要根據你的實力和需要尋求合適的

代理商。

總之，充分發揮你的人脈關係，你的推銷事業會更輝煌的。

與家人分享你的成功

原一平說，人的成長離不開家人的支援。只有取得家人的支援，你的工作才能更上一層樓。

原一平常把他的成功歸根於他的太太久惠。

他認為，推銷工作是夫妻共同的事業。所以每當有了一點成績，他總會打電話給久惠，向她道喜。

「是久惠嗎？我是一平啊！向你報告一個好消息，剛才某先生投保了1,000 萬元，已經簽約了。」

「哦，太好了。」

「是啊，這都是你的功勞，應該好好謝謝你啊。」

「你真會開玩笑，哪有人向自己的太太道謝的？」

「哎喲，得了，得了。」

「我還得去訪問另外一位先生，有關今天投保的詳細情形，晚上再談，再見。」

學會分享成功的果實，是取得家人支持的一個妙方。

只是花了打一通電話的錢，就能把夫妻的兩顆心緊緊的連繫在一起，這是任何人都容易做得到的事，只是看你有沒有去做罷了。

在日本，目前從事壽險行銷的女性，雖然業績不錯，但難以取得先生的諒解與合作的原因在於未能與先生共享快樂。

有人問原一平：

「像你這樣拼命的工作，人生還有樂趣嗎？」

其實原一平是全天下最快樂的人，他不但在工作之中找到人生的樂趣，而且真正贏得了家庭的幸福。

無論從事何種行業，必須重視家庭，必須以家庭的和諧和夫妻間的理解與支援為事業發展的起點。

取得家人的支持，還有一點就是要記住努力改善家人的生活品質。

經過你的努力付出，取得豐碩的成果後要與家人一同分享，並與他們一起成長。

有了家人的全力支持，還有什麼難事呢？

沉默時也要冷靜應對

如果在你請求客戶簽訂單之後，現場出現了一會兒沉默的話，你不要以為自己有義務說點什麼。相反，你要給客戶足夠的時間去思考和作決定，絕不要貿然打斷他們的思路。

有的推銷員腦子裡存在一種錯誤的想法，他們以為沉默意味著拒絕。然而，恰當的長時間沉默不僅是允許的，而且也是受客戶歡迎的，因為他們會感到放鬆，不至於因為有人催促而草率做出決定。

推銷過程中的沉默使人們想起打電話時被告之「請稍候」時的感覺。時間彷彿已經停滯，度日如年。在面對面的推銷中，沉默通常令人感到壓抑，很自然的會產生打破沉默的念頭。

如果你身為推銷員先開口的話，那你就有失去交易的危險。所以，在客戶開口之前一定要保持沉默。雖然沉默有時幾乎會使人發瘋，但無論如何，

你必須嚴格約束自己，保持沉默。

有些推銷員都不能忍受沉默的壓力，把短短的 30 秒鐘視為很長的時間。他們因不能等待而犯下了愚蠢的錯誤，致使準客戶改變其可能購買的決定。

如果客戶想考慮一下，那麼現在就給他時間去思考，這總比他告訴你「你稍候再來，我想考慮一下」要好得多。別忘了，當他保持沉默時，就是他在為你思考了。對於客戶而言，他承受沉默的壓力比你所承受的還大得多，所以極少客戶會含蓄的躊躇超過兩分鐘時間。

原一平講過一則趣事：「我曾訪問一個戰爭國家的出租司機，這位司機堅決認為我絕對沒機會去向他推銷人壽保險。當時，他肯會見我只是因為我有部放映機可放彩色有聲影片，而這正是他從沒見過的。」

這卷影片是介紹人壽保險的，並在結尾時提了一個結束性的問題：「它將為你及你的家人做些什麼？」放完影片，大家都靜悄悄的坐著不語。3 分鐘後，這位計程車司機心中經過一番交戰，轉向原一平，並說：「現在還能參加這種保險嗎？」結果，他簽了 1 萬元的人壽保險契約。

原一平的智慧絮語

原一平成功的事例有很多，我們要從他的言行中，發掘出他成功的智慧源泉，然後把它移植到自己的大腦中。

下面，這些是筆者對原一平推銷智慧的總結。

- 　對於積極奮鬥的人來說，天下沒有不可能的事。
- 　應該使準客戶感到和你認識是非常榮幸的。
- 　越是難纏的客戶，他的購買力會也越強。
- 　推銷成功以後，要使這個客戶成為你的好朋友。

- 光明的未來從今天開始。
- 「好運」常光顧努力不懈的人。
- 每一個準客戶都有一攻就垮的弱點。
- 當你找不到路的時候，就自己去開闢出一條來。
- 不斷認識新朋友，這是成功的基石。
- 成功需要冒險，過度的謹慎不能成就大業。
- 成功者不但要有希望，而且還要有明確的目標。
- 推銷的成敗，和事前準備用的功夫成正比。
- 只有不斷找尋機會，才能及時把握機會。
- 世事多變化，準客戶的情況也一樣。
- 用微笑正面你厭惡的人。
- 只要所說的話有益於別人，都將到處受歡迎。
- 忘掉失敗，但是要牢記從失敗中得出的教訓。
- 失敗是邁向成功繳納的學費。
- 只有完全氣餒，才是徹底失敗。
- 未失敗過的人，也未成功過。
- 昨晚多幾分準備，今天少幾分的麻煩。
- 好的開始是成功的一半。
- 若要使收入增加，就得有更多的準客戶。
- 言論只會顯示出說話者的水準而已。
- 若要糾正自己的缺點，先要知道缺點在哪裡。
- 增加頭腦中的知識是一項最好的投資。
- 若要成功，除了努力和堅持，還要有機遇。
- 錯過的機會不會再來。

第三章　貝特格的無敵推銷術

　　法蘭克・貝特格（Frank Bettger），20 世紀最偉大的推銷大師、美國人壽保險創始人、著名演講家。他赤手空拳、毫無經驗的踏入保險業，憑著一股熱情，憑著一種執著，開創出人壽保險業的一片新天地，成為萬人矚目的天之驕子。他每年承接的保單都在 100 萬美元以上，曾經創下了 15 分鐘簽下了 25 萬美元的最短簽單紀錄，在 20 世紀保險行業初創期創造出令人瞠目的奇蹟。他 60 歲高齡還在美國各地進行演講，因鼓舞人心和大受啟迪而深受歡迎，連戴爾・卡內基先生都為之驚嘆，多次在其著作和演講中作為經典案例加以介紹，並鼓勵他著書立說，流傳後世。

做好調查，了解對方性格

　　有一天，貝特格去拜訪某公司總經理。

　　貝特格拜訪客戶有一條原則，就是一定會作周密的調查。根據調查顯示，這位總經理是個「自高自大」型的人，脾氣有點怪，沒有什麼特別愛好。

　　這種人是一般推銷員最難對付的，不過對這一類人物，貝特格倒是胸有成竹、自有妙計。

　　貝特格首先向前臺小姐自報家門：「您好，我是貝特格，已經跟貴公司的總經理約好了，麻煩您通知一聲。」

　　「好的，請稍等一下。」

　　接著，貝特格被帶到總經理室。總經理正背著門坐在老闆椅上閱讀著文件。過了好一會，他才轉過身，看了貝特格一眼，又轉身看他的文件。

　　就在彼此眼光接觸的那一瞬間，貝特格心中有種說不出的難受。

忽然，貝特格大聲的說：「總經理，您好，我是貝特格，今天打擾您了，我改天再來登門拜訪。」

總經理一下愣住了。

「你說什麼？」

「我告辭了，再見。」

此時，總經理顯得有點驚惶失措。貝特格站在門口，轉身說：「是這樣的，剛才我對前臺小姐說給我一分鐘的時間讓我拜訪總經理，如今已完成任務，所以向您告辭，謝謝您，改天再來拜訪您。再會。」

走出總經理室時，貝特格早已渾身是汗。

過了兩天，貝特格又硬著頭皮去做第二次拜訪，那位客戶一眼就認出了他。

「嘿，你又來啦，前幾天怎麼一來就走了呢？你這個人蠻有趣的。」

「啊，那一天打擾您了，我早該來向您請教……」

「請坐，不必客氣。」

由於貝特格採用「一來就走」的妙招，達到了收服對手的作用，這位「不可一世」的準客戶比上次容易接觸多了。

事先了解你的客戶，做了充分調查以後，根據客戶的性格特點，制訂相對的銷售策略，讓人們願意和你交流。可是如果魯莽行事，後果會很糟糕的，身為推銷員的你一定要謹記。

首先要練就好口才

推銷員的武器是語言。工欲善其事，必先利其器，一個推銷員如果沒有良好的語言表達功底，是不可能取得推銷成績的。

一句話，十樣說，就看怎麼去研究。開口向客戶介紹自己的產品或在商務談判時，遣辭用句是很重要的，它關係著訂單簽還是不簽。

缺乏經驗的推銷員們似乎並不明白遣辭用句所能產生的力量。他們往往對自己的話隨意發揮，不講究語言的藝術，這樣，成功的機率也就不大了。

推銷員在措辭方面應該注意，他們有時所使用的詞語確實沒有太多的價值，甚至對於整個推銷過程是十分不利的。

在實際推銷中，很多平庸的推銷員都是憑個人的直覺進行推銷，對如何說話更能達到洽談目的，更能說服顧客並不在意，也很少考慮。但恰恰語言上這些看似微不足道的細節，卻正是阻礙洽談成功的重要因素。平庸的推銷員在洽談時經常出現錯誤的談話方式和內容，客戶怎麼能滿意呢？

平庸的推銷員洽談時常用以「我」為中心的詞句，不利於與顧客發展的正常關係，洽談氣氛冷淡，洽談成功率低。

聰明的推銷員應該多使用「您」字，這樣能才激起客戶被尊重的感覺。總之，推銷員應該仔細推敲自己的遣辭用句，做到對自己的說話方式和技巧有獨到的把握，這是成為優秀的推銷員的必備條件之一。

克服怯場心理

幾乎所有的藝術表演者都有過怯場的經歷，在出場前都有相同的心理恐懼：一切會正常無誤嗎？我會不會漏詞，忘表情？我能讓觀眾喜歡嗎？

貝特格從事推銷的第一年時的收入相當微薄，因此他只得兼職擔任史瓦莫爾大學棒球隊的教練來改善生活。有一天，他突然收到一封邀請函，邀請他演講有關「生活、人格，運動員精神」的題目。這讓了十分為難：當時他連面對一個人說話時都無法表達清楚，更別說面對一百位聽眾說話了。

這時，貝特格了解到，只有先克服和陌生人說話時的膽怯與恐懼才能有成就，第二天，他向一個社團組織求教有關技巧，最後得到很大的進步。

這次演講對貝特格而言是一項空前的成就，它使貝特格克服了懦弱的性格。

不少推銷員的感覺基本上與害怕出醜的演員完全一樣。無論你稱之為「怯場」、「放不開」還是「害怕」，不少推銷員甚至很難坦然、輕鬆的面對客戶，很多推銷員會在最後簽合約的緊要關頭突然緊張害怕起來，不少生意就這麼被毀了。

沒有一份訂單是一帆風順完成的。從打電話約見面談時開始，一直到令人滿意的簽下合約，這條路一直充滿驚險。沒有人喜歡被趕走，沒有人願意遭受打擊，沒有人喜歡當「不靈活」的失意人。

你會突然產生這種恐懼心理嗎？這其實是害怕自己犯錯，害怕被客戶發覺錯誤，害怕丟掉渴望已久的訂單。恐懼感一旦占據上風，所有致力於目標的專注心志就會潰散無蹤。

在簽約的決定性時刻，在整套推銷魔法正該大展魅力的時刻，很多推銷員卻失去了勇氣和掌控能力，忘了他們自己是推銷員。

在這個時刻，他們卻像等待發成績單的小學生，心裡只有聽天由命似的期盼：也許我運氣好吧。

前幾分鐘他還充滿信心，情緒高昂，但現在卻毫無把握，信心全無了。

聰明的客戶會突然間感覺到推銷員的不穩定心緒，客戶也許藉機提出某種異議，或乾脆拒絕這筆生意。推銷員大失所望、身心疲憊，腦子裡只有一個念頭：快快離開客戶，然後心裡沮喪得要死。

如何才能避免這種功敗垂成的狀況發生呢？無疑只有完全靠推銷員本人

內心的自我調節，這種自我調節要基於以下考慮：就好像推銷員的商品能夠解決客戶的問題一樣，優秀的推銷員應該能向客戶說明並做出正確的決定。

推銷員其實是個說明人、服務人的角色 —— 那這有什麼好擔心的呢？簽訂合約這個推銷努力的輝煌結果，不能被視為（推銷員的）勝利，或者（客戶的）失敗，應當說是雙方都希望達到的一個共同目標，而推銷員和客戶，本來就不是對立的南北兩極。

其實，你只要打定主意在整個事件中扮演嚮導的角色就對了，在推銷商談的一開始，你要抓住客戶的手，一路引導他走到目的地。

只有你知道帶客戶走哪一條路最好 —— 而到達目的地時，你要適時說聲：「我們到了！」在途中，你有的是時間幫客戶的忙，因此他會感激你。

相反，上面那樣一幅正面的、無憂無懼的圖片，才會被你的潛意識高高興興的接納吸收，並且加以消化。

而你這位伸出援助之手的人，就當然不會害怕面對客戶，一定要信心十足的請客戶做決定 —— 拿到你的合約。

推銷員的推銷成績與推銷次數成正比，持久推銷的最好方法是「逐戶推銷」，推銷的原則在於「每戶必訪」。但是，並不是每一個推銷員都能做到這一點。要想克服「怯場」心理，首先要從戰勝懼怕「每戶必訪」開始。

「我家的生活水準簡直無法與此相比」，面對比自己更有能力、比自己更富有、比自己更有本領的人而表現出的自卑感，使某些推銷員把「每戶必訪」的原則變為「視戶而訪」。他們甩過的都是什麼樣的門戶呢？就是在心理上要躲開那些令人望而生畏的門戶，而只去敲易於接近的客戶的門。這種心理正是使「每戶必訪」的原則一下子徹底崩潰的元凶。

莎士比亞說：「如此猶豫不決，前思後想的心理就是對自己的背叛，一個人如若懼怕『試試看』的話，他就掌握不了自己的一生。」

因此，遇到難訪門戶不繞行、不逃避，挨家挨戶的推銷，是戰勝自己的畏懼心理的有效途徑，只有如此，你的推銷的前景才會一片光明。

重視你的每一位顧客

某個炎熱的下午，有位穿著汗衫，滿身汗味的老農，伸手推開厚重的汽車展示中心的玻璃門，他一進入，迎面立刻走來一位笑容可掬的汽車店員，很客氣的詢問老農：「老闆，我能為您做點什麼嗎？」

老農夫有點不好意思的說：「不，只是外面天氣熱，我剛好路過這裡，想進來吹吹冷氣，馬上就走了。」

推銷員聽完後親切的說：「就是啊，今天實在很熱，氣象局說有 34℃高溫呢，您一定熱壞了，讓我幫您倒杯冰水吧。」接著便請老農坐在柔軟豪華的沙發上休息。

「但是，我們種田人衣服不太乾淨，怕會弄髒你們的沙發。」

店員邊倒水邊笑著說：「有什麼關係，沙發就是給客人坐的，否則，買它做什麼？」

喝完冰涼的茶水，老農閒著沒事便走向展示中心內的新貨車，東瞧瞧、西看看。

這時，店員又走了過來：「老闆，這款車很有力哦，要不要我幫您介紹一下？」

「不用了！不用了！」老農連忙說，「不要誤會了，我可沒有錢買，種田人也用不到這種車。」

「不買沒關係，以後有機會您還是可以幫我們介紹客戶啊。」然後店員便詳細耐心的將貨車的性能逐一解說給老農聽。

聽完後，老農突然從口袋中拿出一張皺巴巴的白紙，交給這位汽車店員，並說：「這些是我要訂的車型和數量，請你幫我處理一下。」

店員有點詫異的接過來一看，這位老農一次要訂 12 臺貨車，連忙緊張的說：「老闆，您一下訂這麼多車，我們經理不在，我必須找他回來和您談，同時也要安排您先試車……」

老農這時語氣平穩的說：「不用找你們經理了，我本來是種田的，後來和人投資了貨運生意，需要進一批貨車，但我對車子外行，買車簡單，最擔心的是車子的售後服務及維修，因此我兒子教我用這個笨方法來試探每一家汽車公司。這幾天我走了好幾家，每當我穿著舊汗衫，進到汽車銷售店，同時表明我沒有錢買車時，常常會受到冷落，讓我有點難過……而只有你們公司知道我不是你們的客戶，還那麼熱心的接待我，為我服務，對於一個不是你們客戶的人尚且如此，更何況是成為你們的客戶……」

重視每一位客戶說起來很容易，可是做起來卻很難。推銷員每天面對那麼多人，況且人的情緒也有好壞不定的時候。讓每一位顧客都滿意很難，可是，只有你尊重你的每一位顧客，你才會有機會抓住盡可能多的顧客，你的推銷事業才會蒸蒸日上。

善於製造緊張氣氛

瑪麗·可蒂奇是美國「21 世紀米爾第一公司」的房地產經紀人，1993 年，瑪麗的銷售額是 2,000 萬美元，在全美國排名第四。下面是瑪麗的一個經典案例，她在 30 分鐘之內賣出了價值 55 萬美元的房子。

瑪麗的公司在佛羅里達州海濱，這裡位於美國的最南部，每年冬天，都有許多北方人來這裡度假。

　　1993 年 12 月 13 日，瑪麗正在一處新轉到她名下的房屋裡參觀。當時，他們公司有幾個業務員與她在一起，參觀完這間房屋之後，他們還要去參觀別的房子。

　　就在他們在房屋裡進進出出的時候，瑪麗看見一對夫婦也在參觀房子。這時，屋主對瑪麗說：「瑪麗，你看看他們，去和他們聊聊。」

　　「他們是誰？」

　　「我也不知道。起初我還以為他們是你們公司的人呢，因為你們進來的時候，他們也跟著進來了。後來我才看出，他們並不是。」

　　「好。」瑪麗走到那一對夫婦面前，露出微笑，伸出手說：

　　「嗨，我是瑪麗·可蒂奇。」

　　「我是皮特，這是我太太陶絲。」那名男子回答：「我們在海邊散步，看見有房子參觀，就進來看看，我們不知道是否冒昧了？」

　　「非常歡迎。」瑪麗說，「我是這房子的經紀人。」

　　「我們的車子就放在門口。我們從西維吉尼亞來這裡度假。過一會兒我們就得回家去了。」

　　「沒關係，你們一樣可以參觀這房子。」瑪麗說著，順手把一份資料遞給了皮特。

　　陶絲望著大海，對瑪麗說：「這兒真美！這兒真好！」

　　皮特說：「可是我們必須回去了，要回到冰天雪地裡去，真是一件令人遺憾的事情。」

　　他們在一起交談了幾分鐘，皮特掏出自己的名片遞給了瑪麗，說，「這是我的名片。我會打電話給你的。」

　　瑪麗正要掏出自己的名片給皮特時，忽然停下了手：「聽著，我有一個好

主意，我們為什麼不到我的辦公室來談談呢？非常近，只要幾分鐘就能到。
你們出門往右，過第一個紅綠燈，左轉……」

瑪麗不等他們回答好還是不好，就抄近路走到自己的車前，並對那一對
夫婦喊：「辦公室見！」

車上坐了瑪麗的兩名同事，他們正等著瑪麗呢。瑪麗同他們講了剛才的
事情。沒有人相信他們將在辦公室看見那對夫婦。

等他們的車子停穩，他們發現停車場上有一輛凱迪拉克轎車，車上裝滿
了行李，車牌明明白白顯示出：這輛車的確來自西維吉尼亞！

在辦公室，皮特開始提出一系列的問題。

「這間房子上市有多久了？」

「在別的經紀人名下 6 個月，但今天剛剛轉到我的名下。房主現在降價出
售。我想應該很快就會成交。」瑪麗回答。她看了看陶絲，然後盯著皮特說：
「很快就會成交。」

這時候，陶絲說：「我們喜歡海邊的房子。這樣，我們就可經常到海邊
散步了。

「所以，你們早就想要一個海邊的家了！」

「嗯，皮特是股票經紀人，他的工作非常辛苦。我希望他能夠多休息休
息，這就是我們每年都來佛羅里達的原因。」

「如果你們在這裡有一間自己的房子，就更會經常來這裡，並且還會更舒
服一些。我認為，這樣一來，不但對你們的身體健康有利，你們的生活品質
也將會大大提高。」

「我完全同意。」

說完了這話，皮特就沉默了，他陷入了思考。瑪麗也不說話，她等著皮

特開口。

「房主是否堅持他的要價？」

「這房子會很快就賣掉的。」

「你為什麼這麼肯定？」

「因為這間房子能夠眺望海景，並且，它剛剛降價了。」

「可是，市場上的房子很多。」

「是很多。我相信你也看了很多。我想你也注意到了，這所房子是很少擁有車庫的房子之一。你只要把車開進車庫，就等於回到了家。你只要走上樓梯，就可以喝上熱騰騰的咖啡。並且，這間房子距離幾個知名的餐館很近，走路幾分鐘就到。」

皮特考慮了一會兒，拿了一枝鉛筆在紙上寫了一個數字，遞給瑪麗：「這是我願意支付的價錢，一分錢都不能再多了。不用擔心付款的問題，我可以付現金。如果房主願意接受，我會感到很高興的。」

瑪麗看過數目後說：「我需要你拿一萬美元作為定金。」

「請你在這裡簽名。」瑪麗把合約遞給皮特。

整個交易的完成，從瑪麗見到這對夫婦，到簽好合約，時間還不到30分鐘。

正是瑪麗在交談中適時的製造緊張氣氛，讓顧客覺得他的選擇絕對是正確的，如果現在不買，以後也就沒有機會了。你只要能調動客戶，讓他產生這樣的心情，不怕他不與你簽約。

利用好人情的效力

日本推銷專家甘道夫曾對 378 名推銷員做了如下調查：「推銷員訪問客

戶時，是因何被拒絕的？」70%的人都沒有什麼明確的拒絕理由，只是單純的反感推銷員的打擾，隨便找個藉口就把推銷員打發走了，可以說拒絕推銷的人之中有 2/3 以上的人在說謊。

身為一名推銷員，你可以仔細回顧一下你受到拒絕時的情形，根據以往經驗把顧客的拒絕理由加以分析和歸類，結果會在很大程度上與上述統計數字接近。

一般人說了謊都會有一些心理的不安，這是人之常情，也是問題的要害，抓住這個要害，就可以為你以後的推銷成功奠定了基礎。

顧客沒有明確的拒絕理由，便是「自欺欺人」硬找藉口，這就好比在其心上扎了一針，讓他良心不得安寧。假如推銷員能抓住這個要害，抱著「不賣商品賣人情」的信念來從事工作，那麼，只要顧客接受你這份人情，就會買下你的商品，回報你的人情。

「人情」是推銷員推銷的利器，也是所有工商企業人士的利器，要想做成生意少不了人情的因素。

一位推銷員回憶他的一次利用人情推銷成功的經驗時說：「我下決心黏住他不放，連續兩次靜靜的在他家門口等待，而且等了很長時間，第三天他讓我進門了，這個顧客買下了我的人情。生意成交後，他的太太不無感慨的說：「你來了，我說我先生不在，你卻說沒關係你等他，而且就在門口等，我們在家裡看著實在不好意思。」這種人情推銷誰好意思拒絕呢？

顧客喜好是你的切入點

推銷時利用好人情這把利器，你一定能快刀斬亂麻，順利走向成交。

任何事情要想成功，都有捷徑，銷售也不例外。從顧客的喜好入手，適

時製造緊張氣氛，找到對手最軟弱的地方給予一擊，將問題化整為零等等，這就是貝特格的銷售祕訣。

顧客一般都喜歡和別人談他的得意之處，推銷員一定要找好切入點，從顧客的喜好入手。

顧客見到推銷員時一般都有緊張和戒備心理的，如果直陳主題將很難成功，只有從顧客的喜好出發，調動顧客的積極性才是制勝之道。

美國心理學家弗里德曼和他的助手曾做過這樣一項經典實驗：讓兩位大學生訪問郊區的一些家庭主婦。其中一位首先請求家庭主婦將一個小標籤貼在窗戶或在一份關於美化加州或安全駕駛的請願書上簽名，這是一個小的、無不利影響的要求。兩週後，另一位大學生再次訪問家庭主婦，要求她們在今後的兩週時間內，在院中豎立一塊呼籲安全駕駛的大招牌，該招牌立在院中很不美觀，這是一個大要求。結果答應了第一項請求的人中有 55％的人接受這項要求，而那些第一次沒被訪問的家庭主婦中只有 17％的人接受了該要求。

這種現象被心理學上稱之為「登門檻效應」，類似於「一回生，兩回熟」。

一下子向別人提出一個較大的要求，人們一般很難接受，而如果逐步提出要求，不斷縮小差距，人們就比較容易接受，這主要是由於人們在不斷滿足小要求的過程中已經逐漸適應，意識不到逐漸提高的要求已經大大偏離了自己的初衷，並且人們都有保持自己形象一致的願望，都希望給別人留下前後一致的好印象，不希望別人把自己看作「喜怒無常」的人。因而，在接受了別人的第一個小要求之後，再面對第二個要求時，就此較難以拒絕了，如果這種要求給自己造成損失並不大的話，人們往往會有一種「反正都已經幫了，再幫一次又何妨」的心理。於是「登門檻效應」就發生作用了 —— 一隻腳都進去了，又何必在乎整個身子都要進去呢？

　　把這種原則運用嫻熟的，是服裝導購人員。所以，當顧客選購衣服時，精明的店員為打消顧客的顧慮，「慷慨」的讓顧客試一試，當顧客將衣服穿在身上時，導購稱讚該衣服很合適，並周到的為顧客服務，在這種情況下，當導購勸顧客買下時，很多顧客難於拒絕。

善於把問題大而化小

　　發生問題是推銷活動常有的情況，問題不過是一個「結果」，在它發生之前，必有潛在原因，只要能找出原因想出正確的對策，然後付諸行動，那麼問題就不可怕了。找出原因並消除它，問題必能獲得解決，同時也可避免日後再度發生同樣的問題。

　　從推銷業績的好壞來看，我們不難發現：普通的推銷員與頂尖的推銷員，在對問題的看法上顯然有所不同。不用說，前者屬於「逃避問題型」，後者則屬於「改善問題型」。而所謂的「頂尖推銷員」，通常都是先逐一解決影響銷售成績的問題，然後才能取得優良的銷售業績，期間的艱辛也是可想而知的。

　　優秀的銷售員發現問題的能力較強，除了平日上司考核的績效數字，或是最近發生在事業上的問題之外，他們還會進一步發掘問題，並向問題挑戰，這樣，才會覺得有成就感。優秀的推銷員會把「問題」看成為機遇，因此會採取積極的行動，努力去挖掘它。但是，一般的推銷員卻並非如此，他們碰到問題時，常常會畏縮不前，一味的逃避，刻意「繞道而行」，但最後卻被問題絆住了腳，屈服於問題之下，這也就是他們的銷售業績為何無法提升的原因所在了。

　　總而言之，想要使業績不斷提高，當務之急是改變對問題的看法或想法，積極的面對問題，逐步改善問題，這便是推銷員或營業部門的重

要工作。

大多數的人只看問題的表面，因而容易感到困惑，這樣一來，當問題變得複雜時，便很難找到解決之道。正確的做法是，當問題發生時，將大問題分解為小問題。因為，大問題是由小問題累積而成的，如果能讓小問題逐一解決，便可有效的改善大問題。小問題是引起大問題的因素；大問題是「結果」，小問題是「原因」，兩者的因果關係十分明顯。

只有將問題層層剖析，尋出最初的根源，運用「化整為零」的思考方法，才能透視問題的本質。而且，這種「化整為零」方法，不僅可以分析問題，而且在確立對策及實際上也是不可或缺的。

當我們發現某一問題時，誰都會提醒自己：「絕不能再如此下去！」可是，如果問題接二連三的出現，許多人的反應多是束手無策。

在任何情況下，當務之急就是採用重點管理的方法，換句話說，問題固然繁雜，對策也有很多，只要將它們分出輕、重、緩、急，從先後順序中找出最重要的問題先下手，逐項解決，一切問題就可迎刃而解。

激起對方的興趣和好奇心

英國的十大推銷高手之一約翰‧凡東的名片與眾不同，每一張上面都印著一個大大的 25%，下面寫的是約翰‧凡東，英國 XX 公司。當他把名片遞給客戶的時候，幾乎所有人的第一反應都是相同的：「25% 是什麼意思？」約翰‧凡東就告訴他們：「如果使用我們的機器設備，您的成本就將會降低25%。」這一下子就引起了客戶的興趣。約翰‧凡東還在名片的背面寫了這麼一句話：「如果您有興趣，請撥打電話 XXXXXX」然後將這名片裝在信封裡，寄給全國各地的客戶。結果把許多人的好奇心被激發出來了，客戶紛紛打電話過來諮詢。

　　人人都有好奇心，推銷員如果能夠巧妙的激發客戶的好奇心，就邁出了成功推銷重要一步。

　　推銷中引起顧客的好奇心，讓他願意和你交談下去是第一步，找到顧客最軟弱的地方出手一擊，則是你接下來要做的工作。

　　這是一個發生在巴黎一家夜總會的真實故事：為招引顧客，這家夜總會找了一位身壯如牛的大漢，顧客可隨便擊打他的肚子。不少客人們來些，都一試身手，可那個身壯如牛的傢伙竟然毫髮無損。一天晚上，夜總會來了一位美國人，他一句法語也不懂。人們慫恿他去試試，主持人最終用打手勢的辦法讓那個美國人明白了他可以做什麼，美國人走了過去，脫下外套，挽起袖子。挨打的大個子挺起胸脯深吸一口氣，準備接受那一拳。可那個美國人並沒往他肚子上打，而是照著他下巴狠揍了一拳，挨打的大漢頓時就倒在了地上。

　　顯然，那個美國人是由於誤解而打倒了對手，但他的舉動恰好符合推銷中的一條重要原則 —— 找到對手最軟弱的地方出手一擊。

　　幾年前，在匹茲堡舉行過一個全國性的推銷員大會，會議期間，雪佛蘭汽車公司的公關經理威廉先生講了一個故事。威廉說，一次他想買幢房子，找到了一位建商。這個地產商可謂聰明絕頂，他先和威廉閒聊，不久他就摸清了威廉想付的傭金，還知道了威廉想買一幢有樹林的房子。然後，他開車帶著威廉來到一所房子的後院。這幢房子很漂亮，緊挨著一片樹林。他對威廉說：「看看院子裡這些樹吧，一共有 18 棵呢！」威廉誇了幾句那些樹，開始問房子的價格，地產商回答道：「價格是個未知數。」威廉一再問價格，可是那個商人總是含糊其辭。威廉先生一問到價格，那個商人就避開問題開始數那些樹「一棵、兩棵、三棵。」最後威廉和那個建商成交了，價格自然不菲，因為有那有 18 棵樹。

講完這個故事，威廉說：「這就是推銷！他聽我說，找到了我到底想要什麼，然後很漂亮的向我做了成功的推銷。」

只有知道了顧客真正想要的是什麼，你就找到了讓對手購買的致命點。

好好掌握這些技巧，成功推銷很快就能實現。

用積極心態面對失敗

失敗離成功很近，不要害怕失敗，要努力挖掘成功潛力。從失敗中得到的教訓，這是貝特格最寶貴的經驗。

美國推銷員協會曾經做過一次調查研究，結果發現：80％銷售成功的個案，是推銷員連續 5 次以上的拜訪達成的。這一資料證明了推銷員不斷的挑戰失敗是推銷成功的先決條件。48％的推銷員經常在第一次拜訪之後，便放棄了繼續推銷的意志。25％的推銷員，拜訪了兩次之後，也打退堂鼓了。12％的推銷員，拜訪了三次之後，也退卻了。5％的推銷員，在拜訪過四次之後放棄了。僅有 1％的推銷員鍥而不捨，一而再、再而三的繼續登門拜訪，結果他們的業績占了全部銷售的80％。

推銷員所要面對的拒絕是經常發生的，這需要每一位從業人員，擁有積極的心態和正確面對失敗的觀念，一個人的心理會對他的行為產生微妙的作用，當你有負面的心態時，你所表現出來的行為多半也是負面與消極的。如果你真的想將推銷工作當作你的事業，首先必須先擁有正面的心態。因此，不要再用「我辦不到」的話來作為你的藉口，而是要開始付諸行動，告訴自己「我辦得到」。

只要你在從事推銷工作，無論時間長短，經驗多少，失敗都是不可避免的。但是，同樣是經歷風雨，有的人可以獲得最後的成功，有的人卻一事無

成。因為問題不在於失敗，而在於對失敗的態度。有些推銷人員一次失敗，就覺得是自己無能的象徵，把失敗記錄看成是自己能力低下的證明。這種態度才是真正的失敗。

如果害怕失敗而不敢有所動作，那就是在一開始就放棄了任何成功的可能。當你面對失敗的時候，記住：勇敢的戰士是屢敗屢戰，只有注定一世無成的人，才會屢戰屢敗。

從失敗中發現成功的希望

在沙漠裡，有 5 隻駱駝吃力的行走，牠們與主人帶領的 10 隻駱駝走散了，前面除了黃沙還是黃沙，一片茫茫，牠們只能憑著最有經驗的那隻老駱駝的感覺往前走。

不一會兒，從牠們的右側方向走出 1 隻筋疲力盡的駱駝。原來牠是一週前就走散的另 1 隻駱駝。另外 4 隻駱駝輕蔑的說：「看樣子牠也不是很精明啊，還不如我們呢！」

「是啊，是啊，別理他！免得拖累我們！」

「我們就裝著沒看見，牠對我們可沒有什麼幫助！」

「看那灰頭土臉的樣子……」

這 4 隻駱駝你一言我一語的嘲諷著，都想避開路遇的這隻駱駝。老駱駝終於說話了：「牠對我們會很有幫助的！」

老駱駝熱情的招呼那隻落魄的駱駝過來，對牠說道：「雖然你也迷路了，境遇比我們好不到哪裡去，但是我相信你知道往哪個方向是錯誤的。這就足夠了，和我們一起上路吧！有你的幫助我們會成功的！」

我們當然可以嘲笑別人的失敗，但更重要的是我們能從別人的失誤中提

供機遇，從別人的失敗中學習經驗。把別人的失敗當成對自己的忠告，這非常有利於自己的成長。

遭遇拒絕、遭遇失敗是人之常情，世上並沒有常勝不敗的將軍。遭遇拒絕、遭遇失敗的原因無非是自己還有缺陷，誰不希望得到完美的東西而會去企求有缺陷的東西呢？當然，世上也不可能有毫無缺陷的東西，但是我們應盡量的完善自己，把自己完善到足以讓人接受、使人認同的程度。這樣，即使遇到困難也能克服，遇到關卡也能越過，也就不至於在遇到挫折時使自己陷入困境不能自拔。

因此，要想讓別人接受你、讚許你，要想成功，你就不能害怕困難和挫折，不能害怕別人的拒絕。相反，你要把拒絕當作你的勵志之石，當成你不斷完善、走向成功的動力。但是，在現實生活中並非所有的人都懂得這些道理。因此，他們在遇到困難挫折時就採取了完全不同的態度。

蓋爾文是個身強力壯的愛爾蘭農家子弟，充滿進取精神。13 歲時，他見到別的孩子在火車站月臺上賣爆米花賺錢，也一頭闖了進去。但是，他不懂的早占住地盤的孩子們並不歡迎有人來競爭。為了使他懂得這個道理，他們無情的搶走了他的爆米花並把它們全部倒在街上。第一次世界大戰以後，高爾文從部隊返家，他又雄心勃勃的在威絲康星辦起了一家公司。可是無論他怎麼賣力折騰，產品始終打不開銷路。有一天，高爾文離開廠房去吃午餐，回來只見大門被上了鎖，公司被查封，高爾文甚至不能夠進去取出他掛在衣架上的大衣。即使如此，高爾文也沒有氣餒，積極尋找下一次機會。

1926 年他又跟人合夥做起收音機生意來。當時，全美國估計有 3,000 臺收音機，預計兩年後將會擴大 100 倍。但這些收音機都是用電池作能源的。於是他們想發明一種燈絲電源整流器來代替電池。這個想法本身不錯，但產品卻仍打不開銷路。眼看生意一天天走下坡路，他們似乎又要停業關門了。

高爾文透過郵購銷售的辦法招攬了大批客戶。他手裡一有了錢，就辦起專門製造整流器和交流電真空管收音機的公司。可是不到 3 年，高爾文又破了產。此時他已陷入絕境，只剩下最後一個掙扎的機會了。當時他一心想把收音機改裝到汽車上，但有許多技術上的困難有待克服。到 1930 年底，他的製造廠的帳面上竟欠了 374 萬美元。在一個週末的晚上，他回到家中，妻子正等著他拿錢來買食物、繳房租，可是他摸遍全身只有 24 美元，而且全是借來的。

　　然而，經過多年的不懈奮鬥，他還是成功了。如今的高爾文終究腰纏萬貫，他蓋起的豪宅就是用他的第一部汽車收音機的牌子命名的。

　　可以說，在困難面前沒有失敗就沒有成功，失敗為成功之母！只遭遇一次失敗就失去信念，就不去挑戰困難，實際上就等於放棄了人生成功的機會，殊不知機會就隱藏在失敗背後。你戰勝的困難越多，你人生成功的機會也就越多這就如同淘金一樣，淘掉的沙子越多，得到的金子也就越多。沙子的多少與金子的多少是成正比的，失敗與成功的關係就如同沙子與金子的關係。

　　貝特格指出：要成功，首先不要畏懼困難，不要讓困難把你的心態摧垮。其次，要成功還得正視困難、研究困難，從戰勝困難中總結經驗教訓，透過困難磨練自己的意志品格，練就一身戰勝困難的本領。

第四章 日本銷售女神柴田和子的成功之路

柴田和子

在全球壽險界，談到壽險銷售成績的時候，人們常常說「西有班・佛德文，東有柴田和子」，這是對柴田和子成績的莫大讚許，也為我們東方人爭了一口氣。西方國家的壽險業務開展較早，壽險銷售成績和技巧也比較成熟。在柴田和子進入「百萬圓桌會議（即 Milion Dollar Round Table，簡稱 MDRT）」之前，日本還沒有一個人達到「入會」要求。1988 年，由於柴田和子連續 9 年獲得日本壽險行銷的三冠王，而榮登該年度出版的《金氏世界紀錄大全》。在 1989 年和 1990 年擔任年度的「百萬圓桌會議」會長。

推銷是一種一學就會的行業，它不需要多少專業知識，但它是一個聰明者的行業，僅僅依靠勤勞是不夠的。現在流行的敘述推銷成功經驗的書中，都把推銷保險寫得嘔心瀝血，甚至降低尊嚴，給別人做下人，以期打動別人。但是，對於她來講，柴田和子絲毫沒有類似的感覺。事實上，在推銷領域中真正成功的人，都應該沒受過多少挫折。

被騙下水

我（柴田和子）是在 1970 年 3 月進入「第一生命」新宿支社的，當時已經 31 歲。我的丈夫是薪資階層，家裡有兩個只有 1 歲和 2 歲多的孩子。現在每個人都稱我是「日本第一、世界第一」的行銷女王，其實，我入保險業卻是被人矇騙拉下水的。

在我入保險業之前，我根本沒有想到過要把保險作為自己的職業。相對

於其他職業來說，當時的保險業一直被視為寡婦、一無是處者和別無所長者
的工作，我對這項工作沒有絲毫的好感。況且，在生孩子之前，我在其他企
業做得還是很優秀的。有一天，我的表妹帶著她的在「第一生命」擔任業務
員的朋友到家裡玩。原本那位業務員是要說服我表妹擔任保險業務員的，而
我表妹也真是個推銷好手，當時她推銷化妝品的成績，在也是可以列入前幾
名的。然而不巧的是，她當時已經登記為其他保險公司的兼職人員了，結果
那位業務員「拉攏」的目標就轉到我身上來了。於是，在表妹帶領下，他們
以「玩」的名義來家裡勸我入會。

　　那時我的孩子還小，我對行銷保險的工作也沒什麼好感，況且我還是有
一技之長的，認為自己還不至於「淪落到賣保險」的地步。因此就婉言拒絕
了擔任保險業務員的建議。但是當她知道我有日文打字及珠算一級的資格
時，就改口說：「因為也在招募事務員，要不然你就別應徵業務員，來作事務
員好了。而且據說月薪高達 10 萬元日元。」我當時並不知道這只是那位業務
員的一種策略，感到這個待遇還是挺讓人興奮的。不必做自己討厭的事情，
還能夠達到高收入，而且工作時間還是彈性的，這真是「天上掉下來的禮
物」。要知道，1970 年月薪 10 萬日元可以說是非常優厚的條件了，那時候大
學剛畢業的學生起薪也不過 35,000 日元，況且還可以彈性上班呢。如果是現
在，我會對這些不實的言辭嗤之以鼻，可是當時我真的以為自己走運了。於
是，某一天我就拖著老公、帶著孩子一同去參加面試。

　　面試的結果是：公司以保險業務員的名義錄用了我，不過，如果我討厭
推銷工作，也可以只做計算工作。保險公司的計算工作對我來講也是較為
簡單，主要是企業年金及團體定期保險的計算。於是，我決定就到這家公
司上班。可是，當我高高興興的到公司上班後才發現，根本沒有什麼計算
的工作。

到了上班第 4 天，上面通知我要準備參加業務員的初級課程考試，此時我才恍然大悟，原來這一切都是騙局。公司要的根本不是什麼日文打字或具備珠算能力的事務員，而是保險業務員。怎麼辦呢，是另外找個工作，還是從事自己不情願的工作？對於其他人來講，他們也許會責問公司。或者乾脆跳槽，也有的想暫時有個安身之地，鬼混度日，抱怨別人不守信用，每天過著牢騷滿腹、哀怨滿天的日子。

對於我來講，經過短暫的思考，我覺得既然事情演變到這種地步，與其消極的工作，不如正確面對，把保險在自己的心理上的敵視轉換為這正是我夢寐以求的工作來努力。我的這種心態確實幫了我不少忙，「不急不躁，既來之，則安之」，既不急於求成，又鍥而不捨，一切均能向前看。

我渴望擁有屬於自己的房子

幾天後，我很快調整了心態，除了我的對工作和生活的積極態度外，還有一個祕密，那就是我渴望擁有自己的房子。而保險推銷，我想像它也許是上天給我的一個不錯的機會，如果我好好的利用它，也許就會實現自己擁有一套新房的夢想。

人們常說，愛情是盲目的，這句話一點不假。我和我先生對於婚姻的認識並不比其他人高明，我們認為只要有愛情便可突破一切難關，就結了婚。可是，我們並沒有想到結婚以後的事情。其實，結婚是一件很現實的事情，僅僅憑著愛情是不能維持生計的。

我和我先生是在同一家公司工作時認識的，我們從前都是在「三陽商會」工作，他當時還是我的下屬。當我們決定結婚時，就面臨著必須有一個人要離開這家公司的問題。這在日本是不成文的規定，夫妻倆不能在同一家公司上班。因為我在公司的能力較強，公司希望我能留下來。於是，先生只好另

找出路了。在我們有了孩子之後，我辭去了工作，專心在家裡當一名家庭主婦時，我們的生活就只能靠他那原本只有我一半的薪水來維持了。可以想像，我們一家 4 口擠在兩間租來的只有 6 個榻榻米長和 3 個榻榻米寬的房子裡，生活很拮据。跟現在 1990 年代比起來，當時 1960 年代的整個日本社會是非常貧窮的，我們的生活也因為只有丈夫一人維持而陷入捉襟見肘、寅吃卯糧的赤貧狀態。

其實，最令我牽掛的還是我的母親。自從 1947 年我的父親去世後，她獨自一人支撐著這個家，把我們撫養成人。在我生小孩的時候，我的哥哥也結了婚，可以說這是母親一直擔撫的一件事。嫂子是大阪人，職業婦女，能力很強，收入也較高，足能應付一家人的開銷。不過，她與母親之間的思想和生活方式卻存在著巨大的差異，這不僅僅是代溝，更重要的是兩人的成長歷史、家庭背景等而導致的觀念不統一，就難免出現矛盾頻發的狀況。母親雖然賢慧忍讓，不過，卻難以在哥哥家裡生活下去。母親與嫂子都是隻手撐起艱苦生活擔子的剛強女性，都個性很強，所以問題不易解決。

父親去世後，雖然是母親獨力撫養我們長大，但其中大哥的作用也是不可忽視的。當時的我雖然感到生活很貧窮，但沒有感覺到壓力。而大哥已經體會到了生活的重擔，並協助母親做些力所能及的事情。母親一直認為大哥吃的苦比我們要多得多，所以，她對大哥一直懷有一份歉疚，因此為了大哥，母親可以忍受一切。這一切，雖然離開家裡的我不是特別的了解，但也能感覺到母親內心的苦楚。所以，我一直想把母親接過來，一方面讓她離開她不願意待的地方，另一方面，也好讓一輩子受苦的她享受一下天倫之樂，而且，我還可以出去找一份工作。可是，細想起來，現在的住處只有兩間租來的小房子，又哪裡有地方讓母親容身呢？因此我內心強烈渴望能夠擁有一個屬於自己的房子，好接母親同住，早日能與受盡千辛萬苦的母親共同生

活。這個心願支援著我全身心投入到行銷工作中去。

　　當然，這對於手抱幼子、身處艱難環境的我而言，是個艱難的決定：我就是這樣踏入這行的，也可以說我是為了全家才能夠擁有今天，我為了母親、為了丈夫、為兩個女兒，而開始了漫漫行銷之旅。

令人恐懼的支部長

　　也許是上天考驗我的忍耐力，我剛進入公司，首先遇到的就是一個脾氣暴躁而且性格古怪的上司。

　　從進入這個公司一直到我的這位上司退休的 5 年間裡，我所記得的他的臉色是晴天的日子能夠數得出來。而我對這位上司也一直是手足無措。每次一開門踏入辦公室，就聽到他大聲怒吼道：「你怎麼可以右腳先踏進辦公室？」而且他還會要求你出去重新從門外走進辦公室。如果被吼的人覺得莫名其妙，反問他：「為什麼非得左腳先進入辦公室呢？」這時，他就會覺得自己的權威受到質疑，就更加怒不可遏，怒吼道：「想造反嗎？」如果此時閉口不言，又會被他說是「以沉默來表示抗議」。由於他不允許發問，因此，有許多次我都感覺進退兩難。有時因為不知該怎麼處理而請教他時，立刻遭他劈頭臭罵。這樣，即使像我這樣從小受苦受難、遭受欺凌而自認堅強的我也過著一星期哭 3 天的日子。

　　這位支部長是瘋狂的巨人棒球隊的球迷，每次巨人隊輸球的第 2 天，他的脾氣就特別暴躁，發脾氣的方式也就特別惡劣。因此每次在巨人隊敗北後，他就會不停的找碴，以便發洩自己的憤懣之情。不過，如果巨人隊獲勝，不僅僅是他，我們這些下屬也跟著高興，因為此時不用擔心被他找茬，辦公室的氣氛也就變得活躍起來。他就春風滿面好幾天，也會主動慰問你的辛勞，與前一天的他判若兩人，令人驚詫不已。而且，我們的這位支部長

還會請我吃飯或是喝咖啡。對於別人，也許是唯恐避之而不及，而我卻還是可以接受的，這一點也頗得支部長的讚許，也許孤單的人更加需要理解吧。因為當時的巨人隊實力還算雄厚，隊裡還集中了廣崗、長島在雄及王貞治等著名球星，因此巨人隊獲勝的機率還是很高的，而我也相對的多了一點寬鬆的環境。

此外，我的這位支部長還有潔癖，每次我打過的電話，他一定會用酒精擦拭聽筒。就這樣，在保險公司，我每天都過著一種充滿詭異氣氛的日子。

不過，他也並不是沒有辦法對付，他「吃軟不吃硬」，如果在他指責你時，不管是對錯，只要你立刻承認錯誤並道歉，那麼不論之前他是如何狂風暴雨、暴跳如雷，也會立即雲消霧散雨過天晴。

摸清了這個竅門，以後只要一遇上他發出怒吼：「怎麼又錯了？！」我就會馬上反應說些「是，我錯了！」、「非常抱歉」之類的話，就好像條件反射一樣。

回想起來，整整 5 年時間都是在支部長說講習就講習、說跑客戶就跑客戶的命令下度過的。有時即使與客戶約好了，他的一句：「今天要講習，不准出去。」我也就只好遵命取消約會，總而言之，那時的工作真是一塌糊塗。

對於那位支部長的軼事可以說是罄竹難書，總之是個很可怕的人。我進入公司的時候，支部長已經 55 歲，距離退休還有 5 年，而我就跟隨了他這 5 年。之所以能夠讓我與他相處 5 年的原因，恐怕還是因為我的戀父情結吧。我父親是在我小學四年級的時候去世的，如果父親還在，大概也是他這個年紀，或許也會和他一樣古怪，想到這裡就會覺得他也很可憐！因此決定無論他對我如何，只要自己忍耐了就沒事。只要將他與我父親聯想在一起，就憎恨不起來，想到如果因為父親這一點傻事就要被迫離開公司，總是於心不忍。失去職業的父親和他的孩子們，將會是多少的淒慘。因此我決定無論是

什麼事情，自己都要容忍下去。

不過，有失必有得，雖然支部長的行為非常怪異，但在業務和教育職員方面卻是很有建樹。他講習時是一對一，最令人難忘的是他異於常人的有如刮鬍刀般銳利的頭腦。他傳授給我的經驗都非常具有參考價值；再加上他每分每秒都盯著我，不許我偷懶，我自然而然也就分外賣力了。可以說，那個時候為我現在的成功打下了堅實的基礎。當我這位支部長退休時，我的銷售業績已經達到「東京第一名」了。

實踐經驗，勇奪三千萬

在我進入公司第 2 個月，「第一生命」首次開辦「女子訓練班」，而我這種新人就成為頭號訓練生，在所裡接受了一個月的特別訓練。講習課主要傳授「如何無預約造訪陌生的潛在客戶，即陌生拜訪與遭受拒絕時的應對」等課程，每天都是不斷的講課與測驗。

例如：當遇上客戶質疑「保險趕不上通貨膨脹」的時候，就應該這樣反駁：「這點我沒有意見，但若一味的指責保險價值降低要保險公司負責，這不是很奇怪嗎？不隨著通貨膨脹來調增保險額是您自己的錯誤，這可不關我的事！」

從課堂上學到的理論使得我耳目一新，我不斷有新的體會與理解，漸漸的，也能用理論來加強自己。透過這次學習，我把關於保險業的這些標準說法一股腦兒的記錄下來，再徹底的溫習、鞏固，使自己也能夠從正面思考「什麼是保險」這個問題，並與自己原來的實踐相結合，從而進一步深刻了解如何推銷保險和保護自己的利益和自尊，這些對我後來的保險推銷工作大有裨益。

前面提到「陌生拜訪」，就是在沒有預約、電話通知的情況下會見陌生

人的一種推銷方式。不過，陌生拜訪的成功機率是非常低的，對於我來講，這種方式的成功機率為零。在訓練學習期間，我曾經半天內陌生拜訪 17 個客戶，卻一無所獲，根本拿不到契約。究其原因，主要是人們對於陌生拜訪者存在著太多的戒心和對打擾自己正常生活的厭煩。不白做工是我一貫的做法。不過，我卻因為陌生拜訪獲得 3,000 萬日元而成為教授們教授陌生拜訪的一個成功案例。我現在聲明的是，其實那個案例是假的。

那是我被指定了陌生拜訪的地區，公司稱該地區為甲地區，要求我在訓練學習期間，從甲地區內簽回一件保險合約即可。所以我就動身前往拜訪甲地區內某處了。

由於那是我在進入「第一生命」之前所服務社會的往來客戶，所以我在出發前給以前的公司打電話，請社長給對方撥個電話打聲招呼。結果異常圓滿，我一口氣簽回 3,000 萬日元的合約，那時還是一件契約 50 萬日元、100 萬日元、最多不會超過 300 萬日元的時代，所以 3,000 萬元可是一個天文數目。

柴田和子行銷祕笈

柴田和子出生於日本東京，從東京「新宿高中」畢業後，進入「三洋商會株式會社」就職。後因結婚辭職回家做了 4 年家庭主婦。

1970 年，31 歲的柴田和子進入日本著名保險公司 —— 「第一生命株式會社」新宿分社，開始其充滿傳奇色彩的保險行銷生涯，創造了一個又一個輝煌的保險行銷業績。

在柴田和子進入「百萬圓桌會議」之前，日本還沒有一個人達到入會要求。1978 年，柴田和子首次登上「日本第一」的寶座，此後一直蟬聯了 16 年日本保險銷售冠軍，榮登「日本保險女王」的寶座。

　　1988 年，她創造了世界壽險銷售第一的業績，並因此而榮登金氏世界紀錄，此後逐年刷新紀錄，至今無人打破。她的年度成績能抵上 800 多名日本同行的年度銷售總和。

　　柴田和子從 1979 年起，連續 14 年取得全日本冠軍。

　　1991 年，柴田和子團體險為 1,750 億日元，個人壽險為 278 億日元，合計 2,028 億日元。首年度保費（FYP）為 68 億日元（折合約 6,800 萬美元）。這些數字相當於 804 位第一生命保險公司的保險業務員一年所創下的業績。

　　柴田和子為人和藹可親，她把自己的成功總結為兩個字 —— 服務。每年的感恩節，都會為客戶送上一隻火雞。因此，人們都稱她為「火雞太太」。

　　在總結她的成功之路時，她給人們介紹了有關推銷話術的智慧和運用技巧。

行銷話術

　　賓士話術：人壽保險一定得買賓士級的，要保就保最高級的，因為人出意外的機率並不高。

　　保額加一成：既然有年繳二十四萬元的打算，不如月繳改年繳，就可將本來三千萬日元的保額契約增加為三千五百萬日元。

　　輸血話術：把愛融入金錢裡，提醒客戶別空談「情」，要賦予愛的責任心。

　　動情話術：父親的死有三個涵義：

1. 父親自身的死亡。
2. 從太太的角度，失去了先生。
3. 從小孩的角度，母親必須取代以往賺錢回家的父親而外出工作。家庭中同時失去一位母親。

　　遠慮話術：人無遠慮，必有近憂。

把客戶支付的保費當作「孩子的教育費用。」讓客戶明白自己的決定是正確的，因為不論怎麼樣，孩子的教育費用是省不掉的，當然，保險費也是人生的必需品。

留心話術：不投保連老婆也保不住。

要讓自己的愛人心甘情願的照顧自己的晚年，要讓自己活得有尊嚴，擁有巨大的保障是唯一的選擇。

紅燈話術：人生風險無所不在。

人生有高峰，也有低谷，有時黃燈，有時紅燈，因此你也需要稍停腳步，重新認真思考一下自己的人生。

猴子話術：不買保險和猴子沒有兩樣。

兩者都不會儲蓄，有多少花多少，過了今天，不知道明天的生活費在哪裡。這和猴子沒有兩樣。

激將話術：抓住主流才能激流而上。

打高爾夫球輸五萬，打麻將輸三萬不皺一下眉頭，可是要你每月繳五萬日元的保費就捨不得。如果你是這樣弄不清孰輕孰重的人，怎能期望你將來出人頭地呢？

行銷祕訣

之所以取得如此的成就，柴田和子有她獨有的行銷祕訣的。

編寫自己的業務名單。

進入公司的第一件事，就是按公司要求提供 300 位相識人士的名單。但是，對於一個家庭主婦來說，300 人無疑不是個小數。為了湊數，她連過世的爺爺的名字也填上。

柴田和子對著名冊上的人名，每天寫明信片投郵。明信片上寫著：「恐怕您很討厭保險業務員吧！但是為了我的學習，請務必撥冗賜見。」學習當然只是託辭，每一次出去都一定要拿契約回來。結果，名冊上的 300 個名字中，柴田和子簽下了 187 件保險契約。

柴田和子有這樣的信念：「這個保險是客戶最需要的也是最有利的。」她所規劃的建議書與金額是對客戶最恰當的。

她一直想把自己塑造成推銷界的 TOP SALES，而且對推銷的產品擁有絕對的信心。

日本幕府時代末期的農業復興指導者二宮尊德曾經說過：「任何產品都應該賣得高興、買得歡欣。」對於她所推薦的保險，她可以很自負的說：「全都是可以讓買者高興的產品。」她從自己踏入這個行業起，就以此為信念並加以實踐。

善於利用各種關係牽線搭橋。

在柴田和子進入公司第 2 個月，「第一生命」首次開辦「女子養成所」，而她就成為第一位訓練生，在所裡接受了一個月的特別訓練。

她說她大部分契約都是藉由他人介紹而來。

在出發拜訪客戶之前，她都會請人給顧客打個電話，而找的這個人一定是顧客尊敬熟悉的。結果一般都會非常圓滿，她一口氣簽回 3,000 萬日元的契約，那時還是一張保單 50 萬日元、100 萬日元、最多不會超過 1,000 萬日元的時代，3,000 萬可是一個大數目。

建立一支超強的行銷隊伍 —— 柴田軍團。

在「第一生命」中有一群被稱為「柴田軍隊」的人，意思是由柴田和子親

自組建而成的行銷組合。這一群人大部分由柴田和子增員而來,當然也有些是經由別人引薦而加入。人數最多的時候曾高達 80 餘人,這些人全都是優秀的行銷人員,因此團隊整體所創造的業績遠遠超過柴田和子個人所締造的數字,這個團隊整體業績常年保持全國首位,蟬聯支部冠軍寶座。

建立超級啦啦隊。

柴田和子有許多支援她的超級啦啦隊,其中最具代表性的是日產自動車的久米會長。久米會長是柴田和子新宿高中的學長,他為柴田和子介紹了許多他的同學,以及一些明星閃耀般的重要人物。還有柴田和子兄弟姐妹的一些好朋友,他們會在各種場合為她廣作宣傳。他們會在柴田和子成功背後搖旗吶喊,鼓勵她繼續努力。柴田和子承認:「正由於有這麼多數不盡的貴人在幫助我,才有現在的我。我實在是得天獨厚的幸運兒。」

服裝哲學強化形象。

對柴田和子來說,每一天都是一個新的挑戰。女性與服裝是分不開的。

年輕時,柴田和子打扮得比較樸素,年輕本身就煥發著一種光輝,所以樸素的服裝反而更能襯托出本身的光芒。她認為年輕特別是年輕貌美的人,過於華麗的裝扮,反而會讓人覺得難以親近。隨著年齡的增長,柴田和子的穿著稍微華麗了一些。

柴田和子總喜歡戴上帽子,帽子有如她的註冊商標,從她年輕開始,就與帽子形影相隨。年輕的時候她愛戴瓜皮帽或是寬沿帽。

柴田和子對於頭髮的修飾永遠一絲不苟,她認為:「頭髮如果不整理好,無論身上穿得多麼高雅,也很難給對方好印象。」

所謂「看人先看腳」,假如你的鞋子不講究,會讓人一眼看穿鞋子的主人

不用心。柴田和子非常注重鞋子的光潔度。

　　行銷人員不可以穿得太花俏，因為穿得太花俏醒目，很容易帶給對方「賺了不少傭金」的印象。但也不能穿得太隨便，顧客喜觀賞心悅目的東西。無論怎麼說，光鮮的打扮也是一種行銷方式。

卷三

偉大推銷員的成功心態

第一章　有決心就一定會成功

充分理解推銷的概念

推銷在企業中經營和商業活動中發揮著重要的作用，這是一個充滿競爭的年代，無數的企業要生存、事業要發展，在眾多的企業裡脫穎而出，除了要有一個好的經營者決策企劃以外，恐怕實施執行行銷方案的還是直接與客戶打交道的那些業務人員。在商品經濟發達的今天，人們認識到：推銷工作「是經營的命脈」、「熟悉經濟環境及應付市場變化的好手」和「新產品的建議者和開發者」。

1960 年，美國市場學會給推銷的定義是用人為或非人為的方法協助和說服顧客購買某種產品或勞務，並依照對出售者具有商業意義的意見採取有利的行動。

世界著名的歐洲推銷專家哥德曼則認為：推銷就是要使顧客深信，他購買你的產品是會得到很多好處。

日本推銷之神原一平的座右銘：推銷就是熱情、就是戰鬥、就是勤奮的工作、就是忍耐、就是執著的追求、就是時間的魔鬼和勇氣。

推銷是什麼呢？企圖以簡單的方式陳述其定義，難免會造成以偏概全的後果。為了更清楚表達這個概念，我們從兩層次來分析其義。

生活與推銷

現實生活處處充滿推銷。從街市裡沿途叫賣的小販，到街頭色彩豔麗的路牌廣告，從各種宣傳媒體的發行與播放；或從嬰兒對母親的微笑，人們無

處不感到推銷的存在。從廣泛的涵義來理解，不同職業的人也可理解成各類型的推銷員。人只要生活在世上就要和各種各樣的人發生種種連繫，產生各種交往。你要取得成功，你就要不斷推銷自己，用你的推銷技巧博得別人的理解、好感、友誼、愛情，以及事業上的合作，才能取得優異的成果。綜上所述，推銷可定義為：是使自己的意圖和觀念能獲得對方認可的行為。簡言之，就是獲得他人理解和支持的行為。

工商業推銷

指經濟領域中工商企業為挖掘潛在客戶，促進商品銷售的一種專業活動。它是指工商企業在一定的經營環境中，針對其銷售對象所採取一條列促銷手段及活動的過程。嚴格來說工商業推銷可分為兩大類。

1. 非人員推銷

這種推銷包括各種宣傳媒體、登廣告、公共關係等多種形式。隨著社會經濟、科技的發展，現在的推銷形式更快、更廣，不分時間、區域（除了電視購物），更有產品透過網路宣傳、簡訊推介給有關客戶。

廣告是非人員推銷中最主要的形式之一。按常規說廣告又可以稱作花錢的宣傳。隨著社會的發展，市場競爭越來越激烈，廣告推銷已成為流通領域內不可缺少的手段。事實上，許多中小型企業卻不太擅長利用廣告來增加銷售。究其原因，一方面中小型企業被拉廣告或贊助的漫天叫價嚇怕，或有經濟實力想做的，因為廣告內容出入太大而放棄；另一方面是與企業管理負責人對廣告效果的認識問題。

企業對產品的推銷在社會已形成活動形態。從發展的角度來看，它已不是一種簡單的賣方向買方提供資訊和宣傳的勸說行為，還應包括企業向社會大眾及消費者提供了解企業的方針，加強企業與大眾的關係，爭取大眾的理

解與認識，吸引潛在的消費群，樹立良好的企業形象。其表現形式透過公關活動來展現，例如參加展銷會、舉行新聞發布會舉辦慈善活動等。透過有計畫、有組織宣傳公關活動，使企業既可讓客戶了解舊產品，同時又可推出新產品，既維持鞏固與老客戶的關係又增加開拓潛在客戶的能力。從高層次看，公關推銷逐步成為一種非常重要的形式。

2. 人員推銷

人員推銷與非人員推銷的最根本區別，在於採取的方法、手段和形式不同。人員推銷主要依靠推銷員發揮主觀能動作用，運用各種演說技巧達到銷售目的。人員推銷比其他的推銷有著更重要的意義，這是因為人員推銷的效果往往高於其他形式的推銷。而人員推銷在中小型企業初期發展尤顯特別重要。事實上，隨著通訊業的高速發展，在某些先進的國家，有些企業運用電話、傳真、電視商品預訂節目、電腦網路就可把產品銷售出去。

人員推銷導入期的經營方法選擇包括：

A. 人員推銷快速布點法：代（試）銷、半購銷、購銷。

B. 腳踏實地培養經銷商法：部分信譽金、讓利折扣、試銷。

C. 綜合法：快速布點和培養經銷商同時並用。

由上可分析，推銷統稱就是把有形或無形的情或物，透過某種方式和方法，介紹給對方或第三者，獲得一定的精神或物質的補償。

推銷的極限

推銷極限就是事情的終極限度。在這裡所說的推銷極限就是把自己的潛能發揮到極致，努力去推銷。換言之，一個企業放大就是把企業的資源整合發揮到最大，向社會展示企業的風采，而一個國家如何向其他國家推介亦一

樣道理。

推銷極限在某本質來說是一種信仰。如果每個推銷人有推銷極限的信仰，就在面對任何困難時也毫不退避，戰勝一切困難，超越自然、超越自己的人性弱點。

推銷極限所表現的更是一種胸襟，一種博大的胸懷。一個優秀擁有推銷極限思想的人，他必須有「一人為眾」，「眾為一人」的奉獻精神，不斤斤計較，盡最大的努力服務於社會、企業和客戶等。

推銷極限同時也是一門技術，它融合了成長學、行銷學、市場學、社會學、心理學等，組成一門綜合學科，更是一門專業的職業，它把傳統的推銷理念更以人為本、人性化，更承認人的主觀能動性與客觀相結合產生無窮的力量。

推銷極限就是把推銷的基本功能與人性的膽識、潛能，透過制訂目標，經過自己的努力學習，培養良好的習慣，並極具自信，對事情有客觀判斷力，遇到困難問題知道怎樣化解，把壓力變成動力，利用好社會的人脈關係，力讓自己的行動力、執行力把推銷事業更上層樓，發揮其意義。

推銷員是推銷商品的職場人士，第一線前線職員，有如戰場上的兵，功能是速銷產品及服務等。有說，推銷員可以是專業人士，例如基金經理、保險經紀人、房地產代理、化妝品美容顧問等。

銷售越好，距離成功越近

一個優秀的銷售人員業績越好，他的獲益就越多。那麼您銷售的水準如何，如果您進行得比較不錯，您現在很可能取得滿意的收入水準或者人際關係也不錯。但是如果您對您的收入水準或者人際關係不滿意，首先應該開發您的銷售潛力，有了這些技能，就走上了通向幸運的光輝大道。您應該花一

點時間和精力理解在日常生活中應用有效的銷售技巧。在您覺察之前，這些技能將成為您的一部分，沒有人（包括您自己）能夠感到這是銷售技能。您在周圍人的眼中是一個可愛的有能力的人，而不是多數人觀念裡的抽著廉價菸、穿著寒酸、手掌溼乎乎的銷售人員的固定模式。相信我，您將成為成功者中的一員。

行銷人員具備的素養

無論是公司，還是客戶，行銷人員的各種基本素養如何是他們十分重視的，這並不意味著他們在尋求各種素養不同的人，而是希望其尋求的人在行銷方面應該具備高素養。如果你在這些方面素養很高，即使其他方面有嚴重缺陷，對方也可以原諒你。

由於不同的顧客對行銷人員的素養要求不同，而且行業不同對銷售員基本素養的要求也各具特色。因此，這裡只能粗略介紹對行銷人員的基本素養要求，並不是說每個業務員都必須具備一切良好素養，但每一個都應有自己的特長所在。綜合分析以下幾種素養，多數客戶認為必備的素養包括：

忠誠和正直

每個客戶都希望他的業務夥伴忠誠正直。儘管某些客戶也了解某些不忠誠的銷售人員或許只欺騙其他人但不欺騙顧客，並且可為客戶賺錢，然而，多數客戶還是願意與忠誠正直的銷售人員合作。因為，他們深刻了解，一個不忠誠的人遲早也會對他不忠誠。忠誠正直包括以下若干方面：

1. 正直，即要真誠，對客戶襟懷坦白。
2. 可信，即在各種交易行為中是可以依賴的。
3. 守法，即信守合約，遵紀守法。

4. 公平，即奉行公平交易準則。

在你與客戶交往過程中，要牢記忠誠正直乃構成要素，要用自己的實際行動在客戶心中形成一種忠誠正直的形象。

有成就的人，客戶希望你確實能為既定目標而艱苦奮鬥，同時也希望你之所以努力賺錢是因為它是衡量你個人成就的尺度。比如說，發明太陽能汽車是世界的偉大成就，但是，客戶對此卻感到無足輕重，因為，太陽能電池技術處於起步階段，還不能賺錢。你必須讓對方感覺到賺錢的數額是衡量你實現目標的尺度，你必須向對方證明，你的理想是賺錢但不是由於貪心，而是因為賺錢數額多少是檢測你個人成就的標準。如果客戶無法認定你是一個成就型的人才，則不會支援你的銷售事業。

體力充沛，精力旺盛

體力充沛包括多方面含義。首先，你必須有健康的體魄和勇往直前的奮鬥精神，要能夠為實現既定目標努力不懈；必須具有完成投資計畫規定任務的堅定信念；你必須向客戶證明，你有能力應付艱苦工作，證明你有驅動力和奮鬥熱情、創新精神。

其次，客戶必須確實了解你是願意為實現既定目標而努力不懈的人，並且確實有能力實現既定目標。客戶並不喜歡那些不知天高地厚的空想家，而喜歡那些腳踏實地的奮鬥者；只有雄心壯志而無實際本事的人，客戶是不會支援的。作為一個行銷人員要耗用大量的自身能量，如果沒有強健的體魄和旺盛的鬥志，則計劃的目標也難於實現。

天資過人，頭腦靈活

客戶希望知道你是否天資過人。天資過人有多方面的含義。由認可大學取得學位固然可證明這一點。然而，很多天資過人者都沒有機會讀大學。關

於天資過人，客戶認為是人之天性。有人善於邏輯推理，也有人善於認識複雜的局面，透過綜合分析，認識事物的本質：他很想知道，你能否在充分分析的基礎上，做出正確的判斷，進而進行最優決策，同時勇於承擔必要的風險。

　　只有全面觀察分析你的行為，客戶或其他人才可能評價你的聰穎程度。因此，考核你的聰穎程度，還是經過聽你的回答和讀你的計畫書來判斷；對行銷員的能力的考核，是透過自己的經驗及與其他行銷員的對比實現的。

學識淵博，廣泛涉獵

　　學識也表現在多方面。接受一定的教育能標誌其基本學識，而客戶更感興趣的還是你的經驗。從過往的失敗中吸取了哪些教訓？在你從事的行業中累積了哪些經驗？在你頭腦中累積哪些為保證你事業成功而必不可少的資訊？你是否已分析了你的行業，並已確認你公司成功的關鍵環節？你能否接受責罵並獲益匪淺？總之，客戶希望能確切了解你究竟具有哪些學識，能保證在特定狀態下賺錢。

自信、自強，持之以恆

　　領導素養的研究幾乎擴展到經營管理學的各個領域，但很少有人從行銷員業務素養角度進行研究，客戶必須了解·你是否具有在發展中的小公司裡集結多種力量的能力·是否有勇氣承擔整個公司的責任；必須了解在你走前人未走過的路且身處逆境時，是否有勇氣承擔並衝破投資。人們通常認為，成功者的素養包括自信、自強和一定程度的以我為核心的能力和是否善於處理日常問題，是否勇於攀登前人未攀登的高峰；此外，還包括如果為獲取更大的利潤，你是否勇於修改計畫；你是否拒絕公僕式的工作，是否只熱心於解決僅有利於自己的問題。總而言之，業務能力既表現為獨立處理問題的能

力，更表現為組織他人共同解決問題的能力。

創新能力，發散思維

行銷員具有創新能力很重要，但在多數情況下，所謂創新能力已不僅局限於原有含義，而賦予了更廣泛的含義。客戶將努力了解你是否機敏、是否是處理問題的專家。他希望看到，當遇到意外事件時，你能創造性的解決問題。

上述各種素養均十分重要，你應該詳細分析這一切，實事求是的評價自己，尋找自身弱點。如果確有薄弱環節，例如學識，則你應尋求合適人選，用其學識之長，補自己之短。

此外，你個人不一定要具有上述全部良好素養，但你的團隊必須擁有上述全部良好素養。同時必須是忠誠正直的成功者。

破釜沉舟的勇氣

西元前一世紀，羅馬的凱撒大帝統帶他的軍隊抵達英格蘭後，下定了絕不退卻的決心。為了使士兵們知道他的決心，凱撒當著士兵們的面，將所有運載他們的船隻全部焚毀。

但很多青年在開始做事的時候，往往給自己留著一條後路，作為遭遇困難時的退路。這樣怎麼能夠成就偉大的事業呢？破釜沉舟的軍隊，才能決戰致勝。同樣，一個人無論做什麼事，務必抱著絕無退路的決心，勇往直前，遇到任何困難、障礙都不能後退。如果立志不堅，時時準備知難而退，那就絕不會有成功的一日。

個人一生的成敗，可全繫於意志力的強弱。具有堅強意志力的人，遇到任何艱難障礙，都能克服困難，消除障礙，玉汝於成。但意志薄弱的人，一

遇到挫折，便思求退縮，最終歸於失敗。實際生活中有許多青年，他們很希望上進，但是意志薄弱，沒有堅強的決心，不抱著破釜沉舟的信念，一遇挫折，立即後退，所以終遭失敗。

人一旦下了決心，不留後路，竭盡全力，向前進取，那麼即使遇到千難萬險，也不會退縮。如果抱著不達目的絕不甘休的決心，就會不怕犧牲，排除萬難，去爭取勝利，把那猶豫、膽怯等妖魔全部趕走。在堅定的決心下，成功之敵必無藏身之地。

一個人有了決心，方能克服種種艱難，去獲得勝利，這樣才能得到人們的敬仰。所以，有決心的人，必定是個最後的勝利者。只有決心，才能增強信心，才能充分發揮才智，從而在事業上做出偉大的成就。

對很多人來說，猶豫不決的痼疾已經病入膏肓，這些人無論做什麼事，總是留著一條退路，絕無破釜沉舟的勇氣。他們不明白，把自己的全部心思貫注於目標是可以生出一種堅強的自信的，這種自信能夠破除猶豫不決的惡習，把因循守舊、苟且偷生等成功大敵，統統掃除了。

有人喜歡把重要問題擱在一邊，留待以後解決，這其實也是個惡習。如果你有這樣的傾向，你應該盡快將其拋棄，你要訓練自己學會敏捷果斷的做出決定。無論當前問題是多麼的嚴重，你固然應該把這問題的各方面都顧及到，加以慎重的權衡考慮，但你千萬不要陷於優柔寡斷之中。你倘若有著慢慢考慮或重新考慮的念頭，你準會失敗。即便你的決策有一千次的錯誤，也要杜絕優柔寡斷的毛病。

當機立斷的人，遇到事情就會迅速做出決策。而優柔寡斷的人，進行決策時，總是逢人就要商量，即便再三考慮也難以決斷，這樣終將一無所成。

如果你養成了決策以後一以貫之、不再更改的習慣，那麼在作決策時，就會運用你自己最佳的判斷力。但如果你的決策不過是個實驗，你還不認為

它就是最後的決斷，這樣就容易使你自己有重複考慮的餘地，就不會產生一個成功的決策。

如果決策後絕不更改，你就會深刻的體認到，未經深思熟慮的決策，必定不會成功，執行了這樣的決策也只是徒受損失。這樣，你就會在決策之前，小心翼翼慎加判斷，從而訓練、發揮你自己的最敏銳最科學判斷力。

丟掉手邊的拐杖

人們經常持有的一個最大謬解，就是以為他們永遠會從別人不斷的幫助中獲益。

力量是每一個志存高遠者的目標，而模仿和依靠他人只會導致懦弱。力量是自發的，不依賴他人。坐在健身房裡讓別人替我們練習，我們是無法增強自己肌肉的力量的。沒有什麼比依靠他人的習慣更能破壞獨立自主能力的了。如果你依靠他人，你將永遠堅強不起來，也不會有獨創力。要麼獨立自主，要麼埋葬雄心壯志，一輩子老老實實做個普通人。

給孩子們創造一個優越的環境無異於越俎代庖，他們不必艱苦奮鬥，這種做法實際上只會帶給他們災難。那個優越的開端很可能是一個倒退。年輕人需要的是他們能夠獲得所有的原動力。他們天生就是學習者、模仿者、效法者，他們很容易變成仿製品。當你不提供拐杖時，他們就會無法獨立行走了。可是只要你同意，他們會一直依靠你。

鍛鍊意志和力量，需要的是自助自立的精神，而非靠來自他人的影響力，也不能依賴他人。

愛默生說：「坐在舒適軟墊上的人容易睡去。」

依靠他人，覺得總是會有人為我們做任何事，所以不必努力，這種想法

是對發揮自助自立和艱苦奮鬥精神是致命的障礙！

「一個身強體壯、背闊腰圓，重達近一百五十磅的年輕人竟然兩手插在口袋裡等著幫助，這無疑是世上最令人厭惡的一幕。」

你有沒有想過，你認識的人中有多少人只是在等待？其中很多人不知道等的是什麼，但他們在等某些東西。他們隱約覺得，會有什麼東西降臨，會有些好運氣，或是會有什麼機會發生，或是會有某個人幫他們，這樣他們就可以在沒受過教育，沒有充分的準備和資金的情況下為自己獲得一個開端，或是繼續前進。

有些人在等著從父親、富有的叔叔或是某個遠親那裡弄到錢。有些人是在等那個被稱為「神祕發跡」的來幫他們一把。

實際上，從來沒有某個習慣於等候幫助、等著別人拉一把、等著別人的錢財，或是等著運氣降臨的人能夠真正成就大事。

只有拋棄每一根拐杖，破釜沉舟，依靠自己，才能贏得最後的勝利。自立是打開成功之門的鑰匙，自立也是力量的源泉。

一家大公司的老闆說，他準備讓自己的兒子先到另一家企業基層裡工作，讓他在那裡鍛鍊，吃吃苦頭。他不想讓兒子一開始就和自己在一起，因為他擔心兒子會總是依賴他，指望得到他的幫助。

在父親的溺愛和庇護下，想什麼時候來就什麼時候來，想什麼時候走就什麼時候走的孩子很少會有出息。只有自立精神能給人以力量與自信，只有依靠自己才能培養成就感和做事能力。

把孩子放在可以依靠父親或是可以指望幫助的地方是個非常危險的做法。在一個可以觸到底的淺水處是無法學會游泳的。而在一個很深的水域裡，孩子會學得更快更好。當他無後路可退時，他就會安全的抵達河岸。依賴性強、好逸惡勞是人的天性。而只有「迫不得已」的形勢才能激發出我們

身上最大的潛力。

　　待在家裡、總是得到父親幫助的孩子一般都沒有太大的出息，就是這個道理。而一旦當他們不得不依靠自己，不得不動手去做，或是在蒙受了失敗之辱時，他們通常就能在很短的時間內發揮出驚人的能力來。

　　一旦你不再需要別人的援助，自立自強起來，你就踏上了成功之路。一旦你拋棄所有外來的幫助，你就會發揮出過去從未意識到的力量。

　　世上沒有比自尊更有價值的東西。如果你試圖不斷從別人那裡獲得幫助，你就難以保持自尊。如果你決定依靠自己，獨立自主，你就會變得日益堅強。

　　你有時候會覺得外部的幫助是一種幸運。但是，從另一個方面來看，外部的幫助常常又是禍根，給你錢的人並不是你最好的朋友。你的朋友是鞭策你，迫使你自立、自助的那些人。

　　有很多年紀比你大的人，他們某些人只有一條腿一隻手，卻也能自食其力，而你作為一個身體健全、能夠工作的人還要指望別人的幫助，這簡直是荒唐透頂！

　　沒有哪個寄人籬下的健全人會覺得他是個真正的男子漢。當一個人有了自己的工作、自己的職業，他就會力量倍增，充滿活力，內心充實，這種感覺是別的什麼都不能替代的。責任感往往帶來能力。許多年輕人在第一次親自經商後才發現了真正的自我。而在此之前他或許已經為別人工作多年了，都沒有找到真正的自我。

　　一般情況下，為別人工作是無法發揮出一個人的所有潛力的。因為沒有動力，沒有雄心壯志，沒有熱情，不管他責任心多強，都難以激發出上帝所賦予的所有潛在能力。人身上最可貴的特質是獨立、自強和獨創力，而為人作嫁時這些特質是難以充分展現的。

風平浪靜時駕駛一艘船並不需要多少技巧和過多的航海經驗。只有當海上颶風驟起，波濤洶湧時；只有當輪船在大浪艱難前進，隨時有滅頂之災時；只有當甲板上一片恐慌混亂，船員們都要造反時，船長的航海經驗才得到了考驗。

只有當大腦受到最嚴峻的考驗，只有當年輕人具有的每一點智慧才華都要全部調動起來時，他才會發揮出最大的能量。要沒有風險的把一小筆錢變成一項大事業，這需要經年累月的努力。這需要不斷的想辦法保持好你的好形象，爭取並穩住顧客。當資金短缺、生意清淡、開支高漲時，真正的男子漢就會大顯身手，鋒芒畢露。沒有奮鬥，就沒有成長，也就沒有個性。

知道自己有錢可以買「教育」，雇請家教臨時抱佛腳應付考試的年輕人能有什麼機會發揮學習的潛力呢？不努力學習勤奮工作、不只爭朝夕的完善自我的年輕人能有什麼出息呢？什麼事都讓別人替他完成的孩子怎麼能培養出自力的品格呢？只有經過訓練，人才能變得堅強。只有去爭取、去奮鬥，你才能變得有意志力。

非做不可的成功者

只有當一個人感到所有外部的幫助都已被切斷之後，他才會盡最大的努力，以最堅忍不拔的毅力去奮鬥，因為主宰命運沉浮的只能是他自己的努力，他必須自力更生，否則就要蒙受失敗之辱。

被迫完全依靠自己，絕沒有任何外部援助的處境是最有意義的，它能激發出一個人身上最重要的東西，讓人全力以赴，就像十萬火急的關頭，一場火災或別的什麼災難會激發出當事人做夢都沒想到過的一股力量。危急關頭，不知從哪裡來的力量為他解了圍。他覺得自己成了個巨人，他完成了危機出現之前根本無力做成的事情。當他的生命危在旦夕，當他被困在出了事

故、隨時都會著火的車子裡，當他乘坐的船即將沉沒時，他必須當機立斷，採取果斷措施，度過難關，脫離險境。

當人類不必為滿足自身需要去努力工作時，人往往就退化為動物了。貧困一直是人類前進的驅動器，而需要則是鞭策人類從野蠻狀態進入高級文明的真正動力。

發明家面對著孩子們那一張張削瘦飢餓的臉，感受到了他們心靈深處的東西，於是掌握了能夠製造奇蹟的力量。哦，在貧困與需要的壓力之下，還有什麼做不到的事情！直到被考驗時，我們才知道自己的真實潛力。重大危機總是能開掘出深藏在我們身上的能量，而平時它則是潛伏著的。它只在危急關頭才會顯現出來，因為平時我們不知道怎樣深入到自己的內心中去尋獲它。有一個孩子告訴他爸爸，他看見過一隻土撥鼠上樹，他爸爸說那不可能，因為土撥鼠是不會爬樹的。男孩堅持說，當時有一隻狗站在土撥鼠和牠的洞穴之間，於是牠就爬到樹上去了，因為牠別無選擇。

為什麼我們在生活中做到了很多「不可能」的事情？那僅僅是因為我們不得不這樣做。

自立完全能夠取代朋友、影響力、金錢和門第帶來的幫助。它比別的人性品格能戰勝更多的障礙，克服更多的困難，成就更多的事業，完成更多的發明。

勇於自立、不懼困難、在障礙面前毫不猶豫，對自己的做事能力有足夠信心的人——就是一個能夠獲得成功的人。

很多人一生無所建樹的原因就是因為他們害怕做事、缺乏信心。他們不敢有自己的想法，不敢爭取主動。他們總是謹小慎微，不與別人發生衝突。他們在發表意見之前總是要先弄清楚別人的立場，看別人是否贊同他們，所以這樣一來，他們的觀點就僅僅是別人觀點的修訂版而已。

愛真實的東西是人的天性所然。同樣，人的天性也愛那些有主見並勇於發表主見、有信仰並勇於實踐信仰、有信心並勇於依靠信心的人。

我們鄙視畏首畏尾、不敢表達自己觀點的那些人。他們總是擔心會與別人的觀點相左，總是擔心冒犯了別人。我們尊敬並願意效仿的人應該志存高遠、目光遠大、勇於挺身而出、不畏人言、有強烈的信心和決心。他不會因為不被人理解而心灰意冷，因為他知道，只有目光遠大的人才能看見他的目標，而他周圍的大多數人都目光短淺，對他的目標視而不見。

要相信你到這個世界上來是有目的的，是為了成就自己，是為了幫助別人，是扮演一個別人替代不了的角色，因為每個人在這場盛大的人生戲劇中都扮演著自己的角色。如果你不扮演這個角色，這齣戲就有缺陷了。只有當一個人意識到他注定要在世上完成一件事、扮演一個角色時，他才能有所作為。於是，生活也就具有了嶄新的意義。

失敗具有激勵人心的力量

拿破崙在談到他的一員大將馬塞奈時說，在平時他的真面目是顯示不出來的，但是當他在戰場上見到遍地的傷兵和屍體時，他內在的「獅性」就會突然發作起來，他打起仗來就會如惡魔一樣勇敢。

人類有幾種本性除非遭到巨大的打擊和刺激，是永遠不會顯露出來，永遠不會爆發的。這種神祕的力量深藏在人體的最深層，非一般的刺激所能激發，但是每當人們受了譏諷、凌辱、欺侮以後，就會產生一種新的力量來，或許做從前所不能做的事。

艱難的情形、失望的境地和貧窮的狀況，在歷史上曾經造就了許多偉人。如果拿破崙在年輕時沒有遇到過什麼窘迫、絕望，那麼他絕不會如此多謀、如此鎮定、如此剛勇。巨大的危機和事變，往往是爆發出許多偉人

的契機。

一個成功的商人在自己一生中所獲得的每一個成功，都是與艱難苦鬥的結果，所以，他現在對那些不費力而得來的成功，反倒覺得有些靠不住。他覺得，克服障礙以及種種缺陷，從奮鬥中獲取成功，才可以給人以喜悅。這個商人喜歡做艱難的事情，艱難的事情可以試驗他的力量，考驗他的才幹；他反而不喜歡容易的事情，因為不費力的事情，不能給予他振奮精神發揮才幹的機會。

處在絕境之中的奮鬥，最能啟發人潛伏著的內在力量；沒有這種奮鬥，便永不會發現真正的力量。如果林肯是生長在一個莊園裡，進過大學，他也許永遠不會做到美國總統，也永遠不會成為歷史上的偉人。因為如果一個人處在安逸舒適的生活中，便不需要自己的努力，不需自己的奮鬥。林肯之所以這般偉大，是因為他不斷的在逆境鬥爭。

在當今世上，不知道有多少人把自己所取得的成就歸功於障礙與缺陷。如果沒有那障礙與缺陷的刺激，他們也許只會發掘出他們 25% 的才能，但一遇到針刺般的刺激，他們便會把其他 75% 的才能也開發出來了。

當巨大的壓力、非常的變故和重大責任壓在一個人身上時，隱伏在他生命最深處的種種能力，才會突然湧現出來，而能夠靡堅不克的做出種種大事來。要測驗一個人的品格，最好是看他失敗以後怎樣行動。失敗以後，能否激發他更多的計謀與新的智慧？能否激發他潛在的力量？是增加了他的決斷力，還是使他心灰意冷呢？

「跌倒了再站起來，在失敗中求勝利。」這是歷代偉人的成功祕訣。

有人問一個孩子，他是怎樣學會溜冰的？那孩子回答道：「哦，跌倒了爬起來，爬起來再跌倒，就學會了。」使得個人成功，使得軍隊勝利的，實際上就是這樣的一種精神。跌倒不算失敗，跌倒了站不起來，才是失敗。

失敗是對一個人人格的試驗，在一個人除了自己的生命以外，一切都已喪失的情況下，內在的力量究竟還有多少？沒有勇氣繼續奮鬥的人，自認挫敗的人，那麼他所有的能力，便會全部消失。而只有毫無畏懼、勇往直前、永不放棄人生責任的人，才會在自己的生命裡有偉大的進展。

有人或許要說，已經失敗多次了，所以再試也是徒勞無益，這種想法真是太自暴自棄了！對意志永不屈服的人，就沒有所謂失敗。無論成功是多麼遙遠，失敗的次數是多麼多，最後的勝利仍然在他的期待之中。狄更斯（Charles Dickens）在他小說裡講到一個守財奴司克魯奇，最初是個愛財如命、一毛不拔、殘酷無情的傢伙。可是到了晚年，他竟然變成一個慷慨的慈善家、一個寬宏大量的人、一個真誠愛人的人。狄更斯的這部小說並非完全虛構，世界上也真有這樣的事實。人的本性都可以由惡劣變為善良，人的事業又何嘗不能由失敗變為成功呢！現實生活中這樣的例子太多了，許多人失敗了再起來，沮喪而又不自暴自棄，抱著不屈不撓的無畏精神，向前奮進，最終獲得了成功。

世界上有無數人已經喪失了他們所擁有的一切東西，然而還不能把他們叫作失敗者，因為他們仍然有一個不可屈服的意志，有著一種堅忍不拔的精神。

溫特‧菲利說：「失敗，是走上更高的位的開始。」許多人所以獲得最後的勝利，只是受恩於他們的屢敗屢戰。沒有遇見過大失敗的人，有時反而不知道什麼是大勝利。通常來說，失敗會給勇敢者以果斷和決心。

克服難以克服的困難

競爭激烈的商場上要那些意志薄弱、膽小如鼠的人注定失敗，而那些走到任何地方都能夠征服一切困難的強者才能成功。那些能夠戰勝令弱者退縮

的困難的強者，那些從不逃避困難而是面對困難的人，才是世界真正需要的人才。那些成就平平的人往往是善於發現困難的天才，他善於在每一項任務中都看到困難。他們莫名其妙的擔心前進路上的困難，這使他們勇氣盡失。他們對於困難似乎有驚人的「預見」能力。一旦開始行動，他們就開始尋找困難，時時刻刻等待著困難的出現。當然，最終他們發現了困難，並且為困難所擊倒。

　　這些人似乎帶著一副有色眼鏡。除了困難，他什麼也看不見。他們前進的路上總是充滿了「如果」、「但是」、「或者」和「不能」。這些東西足以使他們止步不前。他們認為，去爭取獲得一個廣告公司招聘的職位是毫無希望的。因為當他去申請的時候，已經有數百個申請者遞交了申請書。失業的人如此之多，他怎麼可能得到工作呢？如果他有一份工作，他會覺得許多同事都做得比他好，如得到老闆賞識，他才有晉升的可能。

　　一個向困難屈服的人必定會一事無成。很多人不明白這一點，一個人的成就與他戰勝困難的能力成正比。他戰勝越多別人所難以戰勝的困難，他取得的成就也就越大。

　　有一個年輕人經常哀嘆自己沒有機會，抱怨命運注定讓他平庸，他自己永遠都不可能開創自己的事業，而只能為別人打工。你會發現他最大的一個特點就是處處都看到的都是不可征服的困難。他告訴身邊的朋友說，如果有別人的幫助，如果別人能幫助他開辦一個企業，那麼他一定能取得成功。當你聽到這些話的時候，我就敢斷定你也會得出他不太可能取得成功的結論，因為他自身不具備成功的特質。他承認他不能泰然自若的面對危機，承認自己軟弱。他承認在面對困難時自己顯得無能為力，而別人卻能克服這些困難。如果一個人說，機遇總是不曾垂青於他，他總是找不到自己喜歡做的事，那麼，實際上他是在承認自己不是環境的主人，他不得不向困難低頭，

因為他沒有足夠的力量。或許他的臂膀不夠堅強，似乎不能承擔一根稻草的重量。

那些只看到前進道路上的困難的人有一個致命弱點，那就是沒有堅強的意志去驅除障礙。他沒有下定決心去完成艱苦工作的意願，他渴望成功，卻不想付出代價。他習慣於隨波逐流，淺嘗輒止，貪圖安樂，沒有雄心壯志，更無法戰勝自我。

如果你足夠強大，那麼困難和障礙會顯得微不足道；如果你很弱小，那麼障礙和困難就顯得難以克服。

有的人善於誇大困難，缺少必勝的信心和勇氣。即使為了贏得成功，他們也不願意犧牲一點點安樂和舒適作為代價。上大學或者創業在他們看來都很困難，他們都無法做到，因為沒有資金。他總是希望別人能幫助他們、給他們支持。

一個年輕人說，他渴望受教育，渴望上大學，但他不像其他人那樣幸運，有別人的資助，他沒有一個富爸爸，他自己也無能為力。聽他這樣說，你會明白這個年輕人其實並不是真的渴望求學，他只想不勞而獲。他並沒有像林肯那樣渴望求學。一個健康的年輕人說他自己不能上大學，而那些身有殘疾的人和有智力障礙的人卻能上大學。這樣的年輕人過於害怕困難，他不僅不會進入大學，而且也無法進入成功者的殿堂。

有的年輕人雖然知道自己要追求什麼，卻畏懼成功道路上的困難。他把一個小小的困難想像的比登天還難，一味的悲觀嘆息，直到失去了克服困難的機會，一次又一次的陷入了惡性循環。這樣的人太沒有進取精神了。那些因為一點點困難就止步不前的人，與沒有任何志向抱負的庸人無異。這樣渺小的人，終將一事無成。他面對困難徘徊猶豫，拈輕怕重。意志堅定、行動積極、決策果斷、目標明確的人能排除萬難，勇敢的向著自己的目標前進，

去爭取勝利。成就大業的人，面對困難時從不猶豫徘徊，從不懷疑自己能克服困難，他們總是能緊緊抓住自己的目標。對他們來說，自己的目標是偉大而令人興奮的，他們會向著自己的目標作堅持不懈的攀登，而暫時的困難對他們來說則微不足道。偉人只關心一個問題：「這件事情可以完成嗎？」而不管他將會遇到多少困難。只要事情是可能的，所有的困難就都可以克服。

俗話說，一葉障目，不見泰山。一個人躺在地上，會被一片樹葉擋住視線，而不見群山。而注定卑微的人會讓絲毫的困難蒙蔽雙眼，而看不到成功的希望。

我們處處可以見到這些自己給自己製造障礙的人。即使在每一個大企業和大公司董事會中或多或少的都有這樣的人。他們總是善於誇大困難，小題大作。如果一切事情都依靠這種人，結果終就會一事無成。如果聽從這些人的建議，那麼一切造福這個世界的偉大創造和成就都不復存在。

一個會取得成功的年輕人也能夠看到困難，但卻從不懼怕困難，因為他相信自己能戰勝這些困難，這些困難在他面前算不了什麼。他相信勇往直前的勇氣能掃除這些障礙。有了決心和信心，這些困難又能算什麼呢？對拿破崙來說，冬天的阿爾卑斯山算不了什麼，因為自己比阿爾卑斯山更強大。雖然在法國將軍們的眼裡，翻越阿爾卑斯山太困難了，但是他們那偉大領袖的目光卻早已越過了阿爾卑斯山上的終年積雪，看到了山的另一邊碧綠的平原。

樂觀的面對困難，多一些快樂，少一些煩惱，你會驚奇的發現，這不僅會使你的工作充滿樂趣，還會讓你獲得幸福。它把憂慮變為快樂，驅除工作中的痛苦，讓生活中充滿驚喜，它比金錢更有價值。你會發現，自己成了一個更優秀、更完美的人。你用充滿陽光的心態輕鬆的去面對困難，保持著自己心靈的和諧。而有的人卻因為這些困難而痛苦，給自己的心靈蒙上了陰

影，失去了和諧。

你怎樣看待周圍的事物完全取決於你自己的態度。每一個人的心中都有樂觀向上的力量，它使你在黑暗中看到光明，在痛苦中看到快樂。每一個人都有一個水晶鏡片，可以把昏暗的光線變成七色彩虹。

夏洛特・吉爾曼（Charlotte Perkins Gilman）在他的小詩〈一塊絆腳石〉中描述了一個負笈登山的行者突然發現一塊巨大的石頭擺在他的面前，擋住了他的去路。他悲觀失望，祈求這塊巨石趕快離開。但它一動不動。他憤怒了，大聲咒罵，他跪下祈求它讓路，它仍舊紋絲不動。行者無助的坐在這塊石頭前，突然間他鼓起了勇氣，最終解決了困難。用他自己的話說：

我摘下帽子，拿起我的手杖，

卸下我沉重的負擔，

我徑直向著那可惡的石頭衝過去，

不經意間，

我就翻了過去，

好像它根本不存在一樣。

如果我們下定決心，面對困難，而不是畏縮不前，

那麼，大部分的困難就根本不算什麼困難。

爬起來比跌倒多一次

在美國首都華盛頓的一次演講中，希歐多爾・羅斯福（Theodore Roosevelt）說：「我希望每一個美國人都有堅強的意志，絕不被生活中暫時的挫折所擊倒。每一個人都會遇到打擊，請你從失敗中奮起，去擁抱勝利吧！」

「從失敗中奮起，去擁抱勝利。」這就是千百萬勇敢而高貴的人取得成功的祕訣。

或許你過去曾經痛苦過，曾經失望過；或許回首往事，你是個失敗者，是個平庸者；或許你沒有取得如你期望的成功，沒有贏得你本該贏得的財富；或許你失去了你的親朋至友，失去了你的企業，甚至你的住房，因為你沒錢交抵押款，或者因為你生病不能工作；意外的事故會剝奪你行動的能力，新年的鐘聲可能預示著灰色的未來，然而，即使你面對這一切的不幸，如果你永不屈服，勝利終會在前方等著你。

在拿破崙的 12 萬軍隊被奧地利的 75 萬軍隊打敗後，他對他的士兵們說：「我對你們非常失望。你們既沒有紀律，也沒有勇氣。這裡本應一夫當關，萬夫莫敵，而你們卻一敗塗地。你們不配做法蘭西的戰士。」

這些面容淒慘的老兵眼含熱淚回答說：「您錯怪我們了，敵人的軍隊是我們的好幾倍啊！再給我們一次機會，派我們去最危險的地方，看我們是不是勇敢的法蘭西戰士。」在後來的戰役中，他們成了先鋒部隊。靠著無堅不摧的勇氣，他們打退了奧地利軍隊，實現了自己的諾言。

有些可憐的人僅僅因為過去犯了一個小錯誤，或者自己的企業破產了，或者因為天災人禍，因為一些非人力所能及的原因失去了自己的財產，他們就喪失了面對這個世界的勇氣。這正是考驗你的時候，在失去了所有身外之物之後，你還有什麼呢？如果你躺在地上，四腳朝天，心裡承認自己很差勁，那麼你就與死亡無異了。但是，如果你仍然勇氣十足，高昂著頭，絕不放棄，沒有失掉對自己的信心；如果你蔑視困難，決心從頭再來，那麼你就是一個真正的勇者。

有的人像尤里西斯（Ulysses）那樣，無論是在戰場上與敵人作戰，還是在處理民事糾紛中，都能夠為了自己所愛的人勇敢戰鬥，反對邪惡，即使面

對死神也毫不畏懼。只有這樣的人才能絕處逢生，只有像拿破崙那樣拒絕承認失敗，甚至宣稱自己的詞典中沒有「不可能」這個詞的人才能成功。

在狄更斯的小說《聖誕頌歌》中，斯克魯奇這個守財奴直到自己的晚年仍然是一個冷酷無情、心胸狹窄、視財如命的人。他所有的心思都在自己儲藏的一堆金子上。但後來，他變成了一個慷慨大方、和藹可親的人。這不是狄更斯臆造的趣味故事，現實生活中的確存在這樣的例子。我們在日常生活中、在報紙上、在自傳故事中一次又一次的看到，人們從過去的失敗中振作起來，從沮喪中掙扎出來，繼續勇敢前進。

對於一個沒有失去自己的勇氣、意志、自尊和自信的人來說，就不會有失敗，他最終是一個勝利者。

如果你是一位強者，如果你有足夠的勇氣和毅力，失敗只會喚醒你的雄心，讓你更強大。比徹說：「失敗讓人們的骨骼更堅硬，肌肉更結實，讓人變得不可戰勝。」

或許有的人大半生都過得十分平穩，事事順心。他們累積著自己的財富，廣泛的結交朋友，正在建立自己的聲望。他們的個性看上去也很堅韌。但災難突然間來臨了，或者是企業的破產，或者是財產的損失，他們失去了自己先前所有的一切。他們被困難擊倒了，他們絕望了，失去了信心和勇氣，失去了繼續戰鬥的力量。物質的損失吞沒了他們生存的勇氣。

這的確是一個沉痛的打擊。經歷了如此沉重的打擊，人人都會覺得希望渺茫。但是，即使是一個一無所有、負債累累的人，如果他有堅韌的承受力，那麼他也是有希望的；即使是一個殘疾人，如果他有勇氣，他就有希望。但是如果一個人經受了一次打擊就灰心喪氣，難以自拔，毫無鬥志，那麼他就沒有翻本的希望。

對於一個真正的強者來說，失敗根本不值一提。那僅僅是一個小小的插

曲，是他事業中的一點小麻煩，並不重要。一個真正的強者的頭腦中根本不存在成敗的概念。不管降臨了什麼樣的打擊和失敗，一個真正偉大的人都能夠從容應對，做到臨危不亂。在暴風雨的考驗中，一個軟弱的人屈服了；而一個真正的偉人卻鎮定自若，胸有成竹。他是生存的主人，沒有什麼能夠傷害他。他就像一個森林之王，經受著風吹雨打，獨自巋然不動，任歲月變遷，容顏不改。

一次龍捲風過後的第二天，有人沿著龍捲風掃過的路線走過時，他發現龍捲風摧毀了一切脆弱的東西。腐爛的樹幹或者不堅硬的樹木被折斷了。只有那些真正結實的才經受住了考驗。村中的房屋除了那些地基深厚的以外，都被摧毀了。那些建造時只花了很少的錢，又是由那些沒有經驗、品格不高的人建造的房屋都倒塌了，數以千計。那些投資很大、精心建造的房屋經受住了考驗。同樣，當危機來臨的時候，那些意志薄弱、毫無鬥志的人最先倒下。困難使弱者更弱，強者更強。

溫德爾·非里普斯問道：「什麼是失敗？」他又回答：「失敗是邁向成功的第一步。」許多人最終邁向了成功，就是因為他們經歷了無數次失敗。如果他不曾失敗過，他就不會取得更輝煌的勝利。每一次失敗都會使一個勇敢的人更加堅定。如果沒有失敗的刺激，他或許甘做一個平庸的人。失敗讓他發憤圖強。經歷了失敗的痛苦，他才找到了真正的自我，感受到了自己真正的力量。許多人似乎不知道怎麼才能發揮出自己的潛能，直到他們經歷了一場災難，看到暗淡的未來和破落的家庭才激起他內心的勇氣。

有些很平常的年輕人突然經歷了深刻的痛苦，或巨大的不幸，卻生出了自信的力量、進取的精神和與困難格鬥的能力。以前他甚至不曾夢想過自己有如此的才能，認識他的人也未曾想到他如此出色。但環境的壓力迫使他做出了驚人之舉，而在以前安逸和奢華的環境中時，他是不可能如此英勇的。

以前他不曾觸及自己擁有真正的力量，也不曾知道自己真正的力量，真到災難來臨的時候才發現了真正的自我。

許多女孩生活在舒適和安逸的生活中，沒有經過專業訓練，不知道什麼是愁苦但也有的女孩由於父母的死亡或者家庭財產的喪失，不得不依靠自己生活。沒有了嚴父慈母的關心和愛護，她們不但得自己養活自己，還得照顧兄弟姐妹和年邁的老人。這個危機激發出了她們的潛能，使她變得獨立起來。沒有人能想到她們擁有如此的能力，甚至連她們自己也覺得驚奇。

當我們處境危急的時候，這種力量就會爆發出來，使我們得救。我們常常會看到在交通事故中，當面臨著死亡的威脅時，不論是男人還是脆弱的婦女，都會竭盡全力從險境中掙扎。在海難中、火災中、洪水中，我們常常看到纖弱的女孩和婦女們執行著艱巨的任務。如果是在平時，人們會認為她們不可能承擔這樣艱巨的任務。但面臨險境，她們創造了奇蹟。是那些潛藏在我們內心的精神力量，是那些我們在日常生活中不曾喚起的精神力量，使我們成為了一個巨人。那些充分的利用了上帝力量，也是自己虔誠的信念支撐著自己，是絕不會失敗的。對一個永不言敗的推銷員來說，對於那些真正意識到自己力量的人來說，失敗永遠不會光顧他們；對於一顆意志堅定、永不服輸的心靈來說，永遠不會有失敗；對於一個跌倒了再爬起來，對於一個即使其他人都會退縮和屈服，而他永不退縮、永不屈服的人來說，永遠不會有失敗。

堅韌是解決一切困難的鎖匙

堅韌是一個個成功人士的共有品格，它是解決一切困難的鑰匙，試問諸事百業，有哪一種可以不經堅韌的努力而獲成功呢？

在農村中間，有無數因堅韌而成功的事實。堅韌可以使柔弱的女子們養

活了她們的全家；使窮苦的孩子，努力奮鬥，最終找到生活的出路；使一些殘疾人，也能夠靠著自己的辛勞，養活他們年老體弱的父母。除此之外，如山洞的開鑿、橋樑的建築、鐵道的鋪設，沒有不是靠著堅韌而成功的。人類歷史上最大的歷史事件 —— 美洲新大陸的發現，也要歸功於開拓者的堅韌。

在世界上，沒有別的東西可以替代堅韌：教育不能替代，父輩的遺產和有力者垂青也不能替代，而命運則更不能替代。

秉性堅韌，是一個推銷員成大事立大業者的特徵。這些人獲得巨大的事業成就，也許沒有其他卓越品格的輔助，但肯定少不掉堅韌的特性。使從事苦力者不厭惡勞動，使終日勞碌者不覺疲倦，使生活困難者不感到志氣沮喪，原因都是由於這些人具有堅韌的品格。

依靠堅韌為資本而終獲成功的年輕人，比以金錢為資本的獲得成功的人要多得多。人類歷史上全部成功者的故事都足以說明：堅韌是克服貧窮的最好良方。

已過世的及雷吉夫人說過：「美國人成功的祕訣，就是不怕失敗。他們在事業上竭盡全力，毫不顧及失敗，即使失敗也會捲土重來，並立下比以前更堅韌的決心，努力奮鬥直至成功。」

有些推銷員遭到了一次失敗，便把它看成拿破崙的滑鐵盧，從此失去了勇氣，一蹶不振。可是，在剛強堅毅者的眼裡，卻沒有所謂的滑鐵盧。那些一心要得勝、立意要成功的人即使失敗，也不以一時失敗為最後之結局，還會繼續奮鬥，在每次遭到失敗後再重新站起，比以前更有決心的向前努力，不達目的絕不甘休。

生活中也有這樣一種人，他們不論做什麼都全力以赴，總是有著明確的而必須達到的目標，在每次失敗時，他們便笑容可掬的站起來，然後下更大的決心向前邁進。比如哥蘭特這個人就從不知道屈服，從不知道什麼是「最

後的失敗」，在他的詞彙裡面，也找不到「不能」和「不可能」幾個字，任何困難、阻礙都不足以使他跌倒，任何災禍、不幸都不足以使他灰心。

由於他能忍受尚在未發明縫紉機時所承受的痛苦和窮困，後來他發明了縫紉機，才可以享受安樂的生活。世界上一切偉大事業，都在堅韌勇毅者的掌握之中，當別人開始放棄無法再做時，他們卻仍然堅定的去做。真正有著堅強毅力的人，做事時總是埋頭苦幹，直到成功。

有許多推銷員做事有始無終，在開始做事時充滿熱忱，但因缺乏堅韌與毅力，不待做完便半途而廢。任何事情往往都是開頭容易而完成難，所以要估計一個人才能的高下，不能看他下手所做事情的多少，而要看他最終完成的成就有多少。例如在賽跑中，裁判並不計算選手在跑道上出發時的快或慢，而是計算跑到終點時間的先後。

有人在給他從事商業的朋友推薦推銷員時，舉出了某人的許多優點，那做商人的朋友問道：「他能保持這些優點嗎？」這實在是最關鍵的問題。首先是，有沒有優點？然後是，有了優點，能否保持？遇到失敗，能否堅持不懈？所以，具有堅韌勇毅的精神對一名推銷員為說是最寶貴的，具有這種精神才能克服一切艱苦困難，達到成功的願望。

永不言敗

曾經有一個精明的雇主登廣告要招聘一個孩子，他對應徵的 30 個小孩說：「這裡有一個標記，那兒有一個球，要用球來擊中這裡，你們一個人有了次機會，誰擊中目標的次數越多，就僱用誰。」結果是當天所有的孩子都沒能打中目標。這個雇主說：「明天再來吧，看看你們是否能做得更好。」

第二天，只來了一個小傢伙，他說自己已經準備好測試了。結果，那天他每次都擊中靶心。「你怎麼能做到呢？」雇主驚訝的問道。

這個孩子回答說：「哦，我非常想得到這個工作，請媽媽幫助我訓練，所以，昨天晚上我在棚屋裡練習了一整夜。」不用說，他得到了這份工作，因為他不僅具備了工作所需的基本素養，而且表現了自己的優秀品格。

帖木兒皇帝的經歷也證明了這一點。他被敵人緊緊追趕，不得不躲進了一間坍塌的破屋。就在他陷入困惑與沉思時，他看見一隻螞蟻吃力的背負著一粒玉米向前爬行。螞蟻重複了 69 次，每一次都是在一個突出的地方連著玉米一起摔下來，牠總是翻不過這個難關。哦，瞧！到了第 70 次，牠終於成功了！這隻螞蟻的所作所為極大的鼓舞了這位處於徬徨中的英雄，使他開始對未來勝利充滿希望。

失敗是對韌性和鋼鐵意志的最後考驗。它或者把一個人的生命擊得粉碎，或者使它更加堅固。

假如富蘭克林‧皮爾斯不是世界上最有韌性的人的話，他根本就不可能當上美國總統。當他在律師界初露鋒芒的時候，他幾乎陷於徹底的失敗。儘管他十分苦惱，但他並沒有採取許多人可能採取的態度 —— 氣餒沮喪。他說，他將試驗屢次，如果還是失敗的話，他將進行第 1,000 次的努力。有了這樣一種堅持不懈的精神，就沒有什麼事情做不成，世界上沒有什麼東西能抗拒這樣一種堅定不移的意志力。

「喬治城的許多好人，像瑞普雷、巴答維亞等人都努力想說明尤里西斯‧格蘭特本來是多麼的普通平常。」美國作家哈姆林‧加蘭曾經這樣說：「但事實並非如此。一個 13 歲的孩子能夠駕駛馬車走 600 里，穿過遼闊的土地，並且安全的到達目的地；他靠著自己機械方面的聰明才智把沉重的木頭裝進四輪馬車；他堅持自己解決所有的數學問題；他從不抱怨、撒謊、詛咒他人或者與人爭吵；他能訓練出一匹隨他的心意飛奔或踱步的馬；他靠自己在具體事務上的知識正直的做人，而不求助於陰謀詭計或僅僅開出空頭支票。這

樣的一個孩子，其實不會是表面看起來那麼『平凡普通』、愚蠢或者遲鈍的。他並不懂得自我炫耀，別人很難懂得他真正的價值，這倒是實情。但他的不平凡之處在於，他性格方面的均衡發展、他天生的領悟能力、他掌握第一手知識的踏實精神以及堅持目標的習慣。」

「16 歲時，格蘭特深信，向後退卻是一個人的致命的錯誤。因此，當他著手任何計畫，或開始任何一個旅程時，他認為必須達到目標或者走到盡頭。他從來都是不屈不撓和無所畏懼的。他是一個值得信任的孩子 —— 更是一個意志堅定的傢伙，能夠承受嚴厲的打擊。他說什麼就是什麼，從來說到做到。如果他說『我能做那件事情』，並不是說他要嘗試去做那件事，而是他將想盡一切辦法直到做成為止。格蘭特小時候就是一個意志堅定和足智多謀的出色孩子。」

藝術家法蘭克‧卡本特在白宮創作《〈獨立宣言〉的簽署》時，曾經經歷了一段非常焦躁不安的時期，他問一名文職官員：「與其他將軍相比，格蘭特留給你印象最深的是什麼？」那位官員回答說：「他最突出的特徵就是對目標一往無前的冷靜堅持。他從不輕易興奮，但是，一旦他盯住了某樣東西，那麼沒有任何事物能動搖他的意志力。」

當「智慧」已經失敗，「天才」無能為力，「機智」與「技巧」說不可能，其他各種能力都已束手無策，宣告絕望之時，「忍耐力」會猛然來臨，幫助人們取得勝利、獲致成功。

因為無堅不摧的忍耐力而做成的事業是神奇的。當一切力量都已逃避了，一切才能宣告失敗時，忍耐力卻依然堅守陣前，它還有一場硬仗要打。讓我們看一下史蒂芬森的故事吧。當時其他人好像對「煉」這種產品的普及缺乏足夠的信心，而他本人是唯一對這種交通方式的前景持樂觀態度的人。雖然當時有很多的阻礙，他還是於 1830 年又製造了一個叫「火箭」的火車

頭，其原理與我們今天使用的普通火車機車一樣，穿行在利物浦和曼徹斯特之間的鐵路上，造成了轟動效應。結果，他的理想終於實現。

史蒂芬森並非是鐵路的首創者，也不是第一個想到要用蒸汽機推動機車的人。這些特徵在早期的「特里維斯克」機器上就已經出現了。假如特里維斯克能夠花些心思改進他機車的缺陷，就像他事業的繼承者所擁有的這一優秀個性一樣，那麼可能就是他而不是史蒂芬森被稱為現代機車之父了。

如果身為一名推銷員的你，天生沒有持之以恆的這種幹勁，那麼你一定要後天培養它。有了這種品格，你才能成功，才能戰勝困難，才能克服消極、懷疑和徬徨的情緒，才能具有自信。沒有這種品格，即使是有最為卓越的天才品格也不能保證你成功，而且很可能你的結果就是敗得一塌糊塗。

「堅持下去，直到結果的出現。」卡拉爾說，「在所有的戰鬥中，如果你堅持下去，每一個戰士都能靠著他的堅持而獲得成功。從總體上來說，堅持和力量完全是一回事。」

有志者事竟成

志向和恆心是一切偉大奇蹟誕生的原動力。因為有了恆心與忍耐力，才有了埃及平原上宏偉的金字塔，才有了耶路撒冷巍峨的廟堂；因為有了恆心與忍耐力，人們才登上了氣候惡劣、雲霧繚繞的阿爾卑斯山，在寬闊無邊的大西洋上開闢了通道；正是因為有了恆心與忍耐力，人類才夷平了開拓世界的各種障礙，建立起了人類居住的共同體。恆心與忍耐力讓天才在大理石上刻下了精美的創作，在畫布上留下大自然恢弘的縮影。恆心與忍耐力創造了紡錘，發明了飛梭；恆心與忍耐力使汽車變成了人類胯下的戰馬，裝載著貨物翻山越嶺，彈指一揮間在天南地北往來穿梭；恆心與忍耐力讓白帆撒滿海上，使海洋向無數民族開放，每一片水域都有了水手的身影，每一座荒島都

有了探險者的足跡。恆心與忍耐力還把對大自然的研究分成了許多學科，探索自然的法則，預言其景象的變化，丈量沒有開墾的土地。

滴水可以穿石，鋸繩可以斷木。如果三心二意，哪怕是天才，終有疲憊厭倦之時；只有仰仗恆心，點滴累積，才能看到成功之日。勤快的人能笑到最後，而耐跑的馬終會脫穎而出。

哥倫布（Christopher Columbus）從幼年開始就抱著一個念頭，認為地球是個球體。當時，人們在距離海岸線四百英里遠的海上發現了雕有圖案的木片，還在葡萄牙海濱發現了兩具屍體，從人體特徵來判斷，他們和已知的人種都不一樣。哥倫布相信，這些屍體就是從遙遠的西部一些還不為歐洲人所知的島嶼上漂流過來的。他曾經指望葡萄牙國王能夠出資，資助他進行海上航行，以便發現那些遙遠的島嶼。然而，國王約翰二世一面假惺惺答應幫助他，另一方面卻暗地裡派出了自己的考察隊。1492 年 2 月，哥倫布失望的離開了愛爾漢布拉宮，他原先希望爭取西班牙國王斐迪南和王后伊莎貝拉的支持，但沒有成功。他騎著騾子，緩緩的出了宮門，考慮應該往哪裡去。他此時此刻看上去頭髮花白，精神也十分萎靡，腦袋垂著，幾乎碰到了騾子的背上。哥倫布最後的一線希望破滅了。

哥倫布四處乞討，靠給別人畫各種圖表為生。他的妻子也已經離他而去，他的朋友也都把他當成瘋子，對他不聞不問。斐迪南和伊莎貝拉夫婦身邊的智囊人物，對他所謂的往西航行就可以到達東方的理論也嗤之以鼻。

「可是，既然太陽、月亮都是圓的，為什麼地球不能是圓的？」哥倫布問道。

「如果地球是球體，靠什麼支撐它？」那些智囊問。

「那太陽、月亮又是靠什麼來支撐的呢？」哥倫布反問道。

「如果一個人頭朝下，腳朝上，就像天花板上的蒼蠅一樣，你覺得這可能

嗎？」一位博士繼續問哥倫布：「樹根如果在上邊，它可能生長嗎？」

「池塘裡的水也都會流出來，我們也就站不起來了。」另一位哲學家補充道。

「這也不符合《聖經》上的說法。《以賽亞書》上說：『蒼穹鋪張如幔』，這說明地顯然是平直的，說它是圓的，那是異端。」牧師也加入了辯論。

哥倫布對他們不再抱任何希望，就在他轉念想去為查理七世效力的時候，突然出現了轉機。伊莎貝拉的一個朋友對她建議說，萬一哥倫布的說法是對的，那麼，只要一筆很小的花費。就可以大大的抬高她統治的聲望。「好的，」伊莎貝拉同意了，「我把我的珠寶拿去抵押，就算是給他的經費，喊他回來。」

就這樣，哥倫布轉過了身子，同時世界也轉了個身。可是，此刻他的航行還有別的問題，沒有一個水手願意和他一起出海，幸好國王和王后用強制手段下了命令，讓他們必須去。於是，他們乘坐「平塔號」帆船出了海。他們的船很小，比平常的帆船大不了多少，而且剛剛起程三天，船舵就斷了。水手們內心都有一種不祥之兆，一時情緒非常低落。哥倫布就向他們描述了一番他所知的印度的景象，描述了一番那兒遍地的金銀珠寶，好容易才讓水手們的情緒穩定下來。

船駛過加納利群島以西 200 英里後，他們的磁針不再是朝著北極星的方向了。水手們說什麼也不肯再往前走，一場叛亂幾乎迫在眉睫。這時候哥倫布又向他們解釋，說北極星實際並不在正北方，最後總算說服了他們。當船航行到距離出發地 2,300 英里遠（哥倫布故意騙他們說只有 1,700 英里遠）的時候，他們發現了有櫻桃木在水面上漂流，船周圍時常有一些陸上的鳥類飛過，還從水裡打撈起了一塊很奇怪的雕有圖案的木片。到了 12 月 12 日，哥倫布把西班牙王國的旗幟插在了新「發現」的大陸上。

是哥倫布的意志和恆心促成了他遠航的成功。

希拉斯‧菲爾德先生退休的時候已經累積了一大筆錢，然而這時他又忽發奇想，想在大西洋的海底鋪設一條連接歐洲和美國的電纜。隨後，他就全力開始推動這項事業。前期基礎性的工作包括建造一條 1,000 英里長、從紐約到紐芬蘭聖約翰的電報線路。紐芬蘭 400 英里長的電報線路要從人跡罕至的森林中穿過，所以，要完成這項工作不僅包括建一條電報線路，還包括建同樣長的一條公路。此外，還包括穿越布雷頓角全島共 440 英里長的線路，再加上鋪設跨越聖勞倫斯灣的電纜，整個工程十分浩大。

菲爾德使盡渾身解數，總算從英國政府那裡得到了資助。然而，他的方案在議會遭到了強烈的反對，在上議院僅以 1 票多數通過。隨後，菲爾德的鋪設工作就開始了。電纜一頭擱在停泊於塞巴斯脫波爾港的英國旗艦「阿加門農」號上，另一頭放在美國海軍新造的豪華護衛艦「尼亞加拉」號上；不過，就在電纜鋪設到五英里的時候，它突然捲到了機器裡面，被弄斷了。

菲爾德不甘心，進行了第二次試驗。在這次試驗中，在鋪好二百英里長的時候，電流突然中斷了，船上的人們在甲板上焦急的踱來踱去，好像死神就要降臨一樣。就在菲爾德先生即將命令割斷電纜、放棄這次試驗時，電流突然又神奇的出現，一如它神奇的消失一樣。夜間，船以每小時四英里的速度緩緩航行，電纜的鋪設也以每小時四英里的速度進行。這時，輪船突然發生了一次嚴重傾斜，制動器緊急制動，恰巧又割斷了電纜。

但菲爾德並不是一個容易放棄的人。他又訂購了 700 英里長的電纜，而且還聘請了一個專家，請他設計一臺更好的機器，以完成這麼長的鋪設任務。後來，英美兩國的發明天才聯手才把機器趕製出來。最終，兩艘軍艦在大西洋上會合了，電纜也接上了頭；隨後，兩艘船繼續航行，一艘駛向愛爾蘭，另一艘駛向加拿大的紐芬蘭，結果它們都把電線用完了。兩船分開不到

三英里，電纜又斷了；再次接上後，兩船繼續航行，到了相隔八英里的時候，電流又沒有了。電纜第三次接上後，鋪了兩百英里，在距離「阿加門農」號二十英尺處又斷了，兩艘船最後不得不返回到愛爾蘭海岸。

參與此事的很多人一個個都洩了氣，大眾興論也對此流露出懷疑的態度，投資者也對這一專案沒有了信心，不願再投資。這時候，如果不是菲爾德先生，如果不是他百折不撓的精神、不是他天才的說服力，這一項目很可能就此放棄了。菲爾德繼續為此日夜操勞，甚至到了廢寢忘食的地步，他絕不甘心失敗。

於是，第三次嘗試又開始了，這次總算一切順利，全部電纜鋪設完畢，而沒有任何中斷，幾條消息也透過這條漫長的海底電纜發送了出去，一切似乎就要大功告成時，但突然電流又中斷了。

這時候，除了菲爾德和一兩個朋友外，幾乎沒有人不感到絕望。但他們始終抱有信心，正是由於這種堅持不懈的毅力，他們最終又找到了投資人，開始了新的一次嘗試。他們買來了品質更好的電纜，這次執行鋪設任務的是「大東方」號，它緩緩駛向大洋，一路把電纜鋪設了下去。一切都很順利，但最後在鋪設橫跨紐芬蘭 600 英里電纜線路時，電纜突然又折斷了，掉入了海底。他們打撈了幾次，但都沒有成功。於是，這項工作就耽擱了下來，而且一耽擱就是一年。

菲爾德對所有這一切困難都沒有嚇倒他。他又組建一個新的公司，繼續從事這項工作，而且製造出了一種性能遠優於普通電纜的新型電纜。1866 年7 月 13 日，新一次試驗又開始了，並順利接通、發出了第一份橫跨大西洋的電報！電報內容是：「7 月 27 日。我們晚上九點到達目的地，一切順利。感謝上帝！電纜都鋪設好了，運行完全正常，希拉斯·菲爾德。」不久以後，原先那條落入海底的電纜又被打撈上來了，重新接上，一直連到紐芬蘭。現

在，這兩條電纜線路仍然在使用，而且再用幾十年也不成問題。

沒有菲爾德的堅持和毅力，也許他永遠是個失敗者，海底電纜也許永遠是個難以征服的目標。

「你用了多長時間學琴？」一位青年問著名小提琴家格拉德尼。「二十年，每天十二小時，」他回答。也有人問基督教長老會著名牧師里曼·比徹類似的問題：他為了那篇關於「神的政府」的著名布道詞，準備了多長時間？他回答說：「大約 40 年。」

「只要功夫深，鐵棒也能磨成針」，說的是古代的大詩人李白，因為一連串的失敗，幾乎想放棄學業，這時候，他看到一位老太太正拿了一根鐵棒，要在石頭上磨出針來。這種恆心一下子讓他受了啟發，決心繼續鑽研自己的學業。他最終成為了歷史上最著名的文學家之一。

卡拉爾寫作《法國革命史》時的不幸遭遇，已經廣為人知。他把手稿的第一卷借給了鄰居，讓他先睹為快。這位鄰居看了以後隨手一放，結果被女僕拿去引火用了。這是個很大的打擊，但卡拉爾卻並未洩氣，他花費了幾個月的心血，將這份已經被付之一炬的手稿又重寫了一遍。

博物學家奧杜邦（John James Audubon）帶著他的槍枝和筆記本，用了兩年時間在美洲叢林裡搜尋各種鳥類，畫下牠們的形狀。這一切完成後，他把資料都封存在一個看來很安全的箱子裡，就去度假。度假結束，他回到家中後，打開箱子一看，發現裡面居然成了鼠窩，他辛辛苦苦畫的圖畫被破壞殆盡。真是一個沉重的打擊，然而奧杜邦二話不說，拿起槍枝、筆記，第二次進了叢林，重新一張一張的畫，甚至比第一次畫得還好。

一個行動果斷、百折不撓的人總能得到大家的欽佩。瑪律庫斯·麥頓一生十六次競選麻薩諸塞州州長一職，最終他的反對者也因為欽佩他的勇氣與忍耐力而投了他的票，而他正是以一票的優勢當選的！堅持再堅持，永不放

棄，這就是他贏得勝利的全部祕訣。

一切偉大作家之所以能夠成名，大都有賴於他們的堅忍不拔。他們的作品並不是借著天才的靈感一蹴而就的，而是經過精心細緻的雕琢，直到最後把一切不完美的痕跡都除掉，才能夠表現得那麼的高貴典雅。

盧梭（Jean-Jacques Rousseau）認為，自己那種流暢典雅的寫作風格主要得益於不斷的修改和潤色。維及爾的《埃涅伊特》是用了十一年時間才完成。霍桑、愛默生（Ralph Waldo Emerson）這些大作家的筆記，確實可以讓我們一窺偉大作品背後的艱苦勞動，他們準備一本書要用上幾年心血，而我們不用一個小時就可以把它讀完。孟德斯鳩（Montesquieu）寫作《論法的精神》用了二十五年，而我們六十分鐘就可以把它讀完。亞當‧斯密（Adam Smith）寫作《國富論》用了十年。古代雅典悲劇作家歐里畢德斯曾經受到對手的嘲笑，說他三天只能寫出三行字，而那人卻能寫幾百行。「你三天寫的幾百行是不會被人記住的，而我的三行卻會永久流傳。」歐里畢德斯回答道。

義大利詩人阿里奧斯脫嘗試了十六種不同的形式寫作他的《暴風雨》，而寫作《瘋狂的奧蘭多》用了他整整十年時間，儘管這本定價僅為十五便士的書只賣出了一百本。柏克的《與一位貴族的通訊》算得上是文學史上最恢弘莊嚴的一部作品。在校樣的時候，柏克做了十分認真細緻的修改，以至最後稿樣到了出版商手裡時，已經有點面目全非了；印刷工人甚至拒絕校正，於是全部重新排版印刷。亞當‧答克為了寫作他的那部名著《自然之光》，也用去了十八年時間。梭羅（Thoreau）創作的新英格蘭牧歌《康科特河和梅里馬克河上的一星期》完全沒有引起人的注意；雖然總共才印了一千冊，最後卻有七百冊退還給了作者。梭羅在日記裡寫道：「我的圖書館藏書一共有九百本，其中七百本是我自己寫的。」雖然這樣，他卻依然筆耕不輟，銳氣不減。

　　牛頓早在二十一歲就發現了萬有引力定律，然而，在測量地球圓周時發生了一個微小的偏差，這使他遲遲不能證明自己的理論。二十年以後，他自己糾正了這個偏差，證明無論是行星在軌道上的運行，還是蘋果落地，都是受同一種法則支配的。

　　偉大的演員索倫坦率的承認，自己戲劇生涯的前半生因為不能勝任，時時受到解聘的威脅。

　　俗話說得好：滾石不生苔，堅持不懈的烏龜能快過靈巧敏捷的野兔。一切成就都與堅持不懈的努力不可分割，例如：即使一個人沒有考上大學，但是他要是能每天學習一小時，並堅持十二年，所學到的東西，一定遠比坐在學校裡接受四年高等教育所學到的為多。同樣，好書不厭千遍讀，這種閱讀方式對人思想的塑造要遠比那種蜻蜓點水式的閱讀影響為大。正如布林沃所說的：「恆心與忍耐力是征服者的靈魂，它是人類反抗命運、個人反抗世界、靈魂反抗物質的最有力支持，它也是福音書的精髓。從社會的角度看，考慮到它對種族問題和社會制度的影響，其重要性無論怎樣強調也不為過。」

　　想成為一名偉大人物的讀者朋友，你不妨找找看，看看人類迄今為止，可曾有一項重大的成就不是憑藉堅持不懈的精神而能實現的？提香（Titian）的一幅名畫曾經在他的畫架上擱了八年，另一幅也擺放了七年。今天，我們看到的那些為世人景仰的作家，他們的名聲是如何獲得的？全都是經年累月不計報酬的辛勤寫作的結果。為了最後的成書，他們此前寫了不計其數的文字作為練筆，將大半生的精力都獻給了文學事業，甚至像奴隸一樣的埋頭耕耘，最後才換得他們唯一的永久的補償美名。「永遠都不要絕望，」泊克告誡世人，「如果做不到這一點的話，那就抱著絕望的心情去努力工作。」

　　傳說中的赫拉克勒斯（Hercules）的大頭照，總是披著一張虎皮，還有兩隻虎爪在下巴底下。它的寓意是激勵人們勇敢的與各種艱難險阻做鬥爭，

一旦我們戰勝了這些困難，它們反過來就會成為我們前進的動力。

行銷人才成長的法則

在行銷領域打滾磨練多年後，你會發現這是一個只爭朝夕的職業，要想獲得事業的成功，必須總結經驗，借鑑他人智慧，讓自己更成熟，更頑強。

在行銷工作中，要讓自己的優勢更鋒利

在行銷人的職業生涯中，應該首先明白自己的優勢，並以自身的優勢來形成自己的核心競爭力。在這時不必馬上將自己定位為某一固定的角色，因為一切人和事物都在不斷發展變化中，你今天也許在做著文案企劃，明天也有可能從頭開始學做銷售。重要的是，每一個行銷人應該明白，自己到底有什麼讓朋友、同事、上級主管及周邊的人值得稱道的「東西」，這些「東西」就是你的財富，就是你首先要把它磨成利刃的一塊好鋼。至於「磨刀」的過程，則完全可以因人而異。我們在許多行銷界朋友的任一經歷片段中均能找到不同的版本，相信只要持之以恆並逐漸掌握技巧，每一位行銷人在踏上旅途之時都會帶上一把更鋒利的「刀」，而這把「刀」也必將為各位行銷人切開一道道機遇的口子，並在日後的職業生涯中擁有廝殺的基本技能。

眼光要獨到，選好待業

著名華人陳安之先生在一次創業演講中曾提及比爾蓋茲所引以為豪的「好眼光」。的確，比爾蓋茲的好眼光不僅造就了一個富可敵國的微軟王國，更重要的是他在全世界幾乎完全壟斷全球家用電腦操作平臺系統市場，開創出一個擁有堅實技術壁壘和超高利潤率的全新行業領域。而作為一個初入行銷行業的新手，在選擇具體行業領域時，用獨特的眼光來剖析某一行業的發

展現狀、未來趨勢及將帶給自己的種種機遇無疑是十分必要的。

　　其實進入某一個行業的門檻高低，也正是考驗行銷新手是否具有洞察力和眼光的一把尺規。譬如：大眾消費品行業的入業門檻相對可能較低，但由於產品市場的日趨成熟和理性，分工較細、利潤率不高等客觀因素的影響，結果可能將會導致從業者的成長空間和薪資有限。

　　以一位朋友的經歷為例子：早年在某個食品有限公司擔任高級經理，年銷售額不低，但職員個人的平均年收入竟不超過 4 萬元，在晉升空間上，常常既是起點也是終點，因為很多人做這份工作以來，其職位、薪水、市場區域都沒變過，唯一變化的就是月銷售額節節攀升（按總部的說法，銷售額攀升的主要原因是公司良好的產品品質和經典廣告的狂轟亂炸，當然還有就是它所在銷售區域經銷商的配合）。

　　應該說那是一個人力資源密集的行業，簡單想一想，如果連國中都沒畢業的人員都可以進來開展業務，那麼這個行業每年會湧入多少就業者自然就可想而知了。而在這茫茫人才的大海中，要想自己在短時間內脫穎而出，難度就大了許多。

　　當然，與此恰恰相反，某些表面上看來技術門檻較高的行業，卻往往別有洞天。據說一位剛進入職場的朋友，大專畢業，他原本學國際貿易專業的，但在擇業時卻進入通信領域，去某通信公司經過短期培訓後擔任辦事處的業務代理，專門為通信營運商提供光纖和數位配線架，一年過後，他不僅已榮任辦事處經理，讓人吃驚的是，就在短短的一年時間裡，他的個人年收入已突破 80 萬元……

　　由此可知，行銷人特別是初涉行銷之門的新手，在擇業時不妨用綜合考核，長遠眼光來推斷一下將要跨入的這個行業的發展趨勢，也許當你有了較為深刻的理性分析和判斷後，在大家都考慮進入某一個行業時，你不妨選擇

迴避；而當眾多的人選擇退出時，你或許仍需繼續堅持。

　　總之，行銷人從自身發展的角度去積極探尋和度量某一行業前景時，我們認為應關心三個焦點：

1. 該行業目前和未來的利潤率是否較高。
2. 該行業對從業人員的進入是否有較多的限制。
3. 結合自身的優勢在該行業最適合做什麼。

主動出擊，在公開場合證實自身的存在

　　有一句非常著名的名言警句是這樣說的：「如果你在公開場合始終沉默，可能有 99% 的人將會忽視你的存在。」

　　在從事行銷工作之前，相信有個朋友是剛剛從學校畢業的文弱書生，拿著一個苦學後得來的文憑，加上天生的性格或膽小，或喜歡安靜，也許你總是喜歡一個人躲在的角落裡悄悄做事。不管是在開會還是與朋友聚會，新入行銷業的員工的發言總是非常少的，而跟我一起聊天和交流的人經常也就是旁邊左右兩人，故真正有機會同他溝通和彼此了解的朋友始終也就是局限於那麼幾個人。

　　這種局面一直到後來多次上臺演講才有所改變。行銷人如果連一份向眾人告知自身存在的勇氣都沒有，而去談什麼市場調查、產品銷售無疑顯得蒼白而可笑。行銷人在向別人推銷企業的產品和自己的思想之前，首先應該推銷自己，讓別人始終正視你的存在。

為自己設定目標，向優秀人士看齊

　　行銷人每天面臨的是不斷變化的市場，這時所掌握的知識及經驗也需要不斷的更新，參加行銷培訓課程只能算是其中的一條途徑，而大多數的知識和經驗是需要從實踐中來獲得的。

在日常工作和市場實踐操作中，準確的發現幾個值得自己去認真學習的榜樣，不僅能滿足自己茁壯成長的心理渴求，而且還能讓自己和別人一起發現你的每一點進步和成功

身為行銷人員，要多發現同事身上的特質，看哪些非常值得你學習，比如：是不知識面比較廣，思考問題時條理很清楚；是不是對市場上的情況了解非常透徹；是不是你喜歡與人打交道並願意大家一起來分享……當你真的在工作和生活中找到值得你學習的榜樣後，你就會懂得該怎麼去縮短你跟他之間的差距，並且你也會得到這位榜樣人物的耐心指點和熱情關心。其實，在我們每個人工作實踐中的每一個階段，也一直存在自己的榜樣。

如果你是一位行銷新人，那麼你可以從三個方面去確定你在一定時期內的學習榜樣：

一是讓你身邊的行銷高手做你的榜樣。因為你是新手，所以你就要向公司或同行內銷售量最大和業務量最大的同仁學習。以他們為榜樣，你可以更快的學到不為別人所知的業務訣竅和嫻熟的業務流程。

二是讓公司內人緣最好的人做你的榜樣。不要以為人緣好是因為他世故圓滑，其實他能與這麼多人和諧相處，還是跟他真摯的為人和平和的處事風格極有關聯的，好好的學習他，你將得到更多人的支持、幫助和關心。

三是讓公司內最有權威的領導者做你學習的榜樣。在這些行銷界和管理上的權威身上你可以了解到一個團隊領袖應崇尚的處事方式和從事行銷管理者所應該具備的基本技能。在此同時，你也會無意中從他們身上獲得從總體上來看行銷問題的嶄新思維。

勇於行動，在冒險中堅持創新和求變

凡投身於行銷界且目前還做得比較成功的行銷界人士身上可能都有一個

顯著的特點：那就是不甘平庸，喜歡冒險。

　　冒險的精神常常會讓你做出一些偉大的事情來，甚至連你自己有時候都會有些吃驚。記得程紛老師在《自己就是座寶藏》的書中談到他所冒的幾次險時，雖說並不怎麼精彩，但它的確已成為這位世界頂級培訓大師成長路上的一個轉捩點。

　　可以這樣說，一個不敢冒險的行銷人注定他將碌碌無為，而一個勇於冒險，並善於在失敗和成功中摸索到成長方向的行銷人則必將擁有燦爛的未來。

　　我們從成功者的經驗中，我們更知道擁有冒險精神其實就是擁有一筆常人難以企求的財富，因為機會在大多數人的猶豫中早已一縱即逝時，唯有冒險者將它牢牢把握住。在行銷人看來，創新和求變是行銷實踐中永恆不變的真理和方向，永不言敗的冒險精神，將促使行銷人義無反顧去堅持和追求。

　　是啊，在這個世界上，有許多人事業有成，但並不是代表他們比我們能幹或懂得做事，而僅僅是比我們勇於……

　　請你也記住一位保險界人士的這樣一句話：「只要你勇於冒險，就等於給自己買了世界上最大的保險。」

不斷學習，尋求攀升的機會

　　發展才是真理，這對於正快速成長的年輕行銷人來說又是一門學問。

　　事情要一點點去做，路要一步步去走。

1. 抓住每次變動中有可能留給自己的機會。企業始終在變化中求發展，行銷人也就應該注意觀察市場的變動、管理中的變動。

2. 人挪活，樹挪死。善於利用「跳槽」的機會拓寬自己的平臺和爭取更多的資

源。對大部分企業來說，行銷人就如「鐵打的營盤，流水的兵」，出現這一局面，既有主觀上的原因也有客觀上的因素。但對於企業和行銷人來說也未嘗不是好事。一方面企業由於自身的不斷發展壯大，它需要有新鮮血液的注入和更高層次人才的加盟；而另一方面，行銷人出於自身發展及成長的需要，他們需要有一片更加廣闊的天地來施展自己的才華，而這又往往在許多崇尚「外來的和尚會念經」的企業中難以如願，於是，「跳槽」也就成為眾多行銷人不斷攀升的階梯。

所以，一旦在累積了一定的從業經驗之後，你可以選擇用跳槽來實現個人職業生涯的重新規劃，相信這是一種有效的手段，並且往往在這當中還能達到事半功倍的效果。

第二章　做一名卓越的推銷員

做人與行銷

我們都知道，所有的市場行銷活動都離不開人的參與。但是，有如何做人才能做好市場行銷工作呢？

行銷的定義

究竟什麼是「行銷」呢？

幾乎95%的人都會說是「經營銷售」，但說對的還不到一半！

行銷的本質是營造一種市場氛圍，以便於銷售產品。如何去營造這種氛圍，就是我們的使命，我們的工作。

不斷完善自我，才能做好行銷事業

「人」字很好寫，但人卻真的很難做，特別是做一個成功的，而又不被人罵為「笨蛋」的人尤其更難做。所以我們將從「做事」來探討「做人」的問題，我們都知道，我們做事時，都會講究一些技巧和原則，同樣，做人也離不開這些原則。

1. 做事的情況。

關於「做事」的問題，按理說，我們都知道在做事和看待一件事時，喜歡「對事不對人」，這是好的，但卻有很多人正好相反，他們是「對人不對事」。

比如：對找工作來說，大家都抱著這種心態：不用我也沒關係，反正天下公司多的是。」沒有必勝的決心，也不會做好工作。

如果公司中人都說：「做什麼嘛，不就是打工嗎，我為何跟他人過不去？！」

其實，這種看法放長遠一點看，是很可悲的 —— 因為他不會有更大的成功。

2. 做人的原則。

說到「做人」，大家都知道如果人不做好，又很難做好事情。比如：在某們公司，如果某個人不會做人，就會讓大家幾乎是視而不見，可以說沒有存在的必要和價值，因而他的工作也難做好或者就根本不可能做好。

成功從心開始

成功，是從心開始的。現實生活中，你有沒有聽說有哪一些成功的老闆

或企業家或者是教師或者……本來是不願意成功而老天硬是要把成功丟給他的？比如你想都沒有想過要存 500 萬元，而善良公司的老闆硬要給我 500 萬元？沒有，可以很絕對的肯定沒有！只不過，搶劫犯不在此列。因為，凡是能做到的事情，人們都先能想到。

所以，我們身邊有太多成功的人，他們心中都有自己的預定目標，這就是人們常說的「志氣」的問題。

人，要「立長志」，而不要「常立志」，也就是預定的目標不要變得太快。因為努力與觀念有關。

為此，我們來分析一下四種人：

1. 有明確目標的人：這種人占 5%，是偉人。
2. 知道自己要做什麼樣的人：這類人占 20%，是一般成功者。他們買賓士，住豪宅，考什麼大學，讀什麼書，娶怎樣的老婆。
3. 知道讀書很重要，但對於讀什麼書比較模糊 —— 至少要認識自己的名字，考上學校就再上大學吧！這種人，占 35%；是藍領階層。
4. 沒有任何目標可言的人：這種人只想娶個老婆，生個孩子，是庸庸碌碌的人。這種人占 40%，他們永遠不會獲得成功的機會。

那麼，你自己應該做一個什麼樣的人，你自己去選擇吧。

比如：生活中有這樣一類人，他們不願做總統，卻又想指點批評，甚至樂此不疲，這種人一旦能「點石成金」，那他們便做「企劃人」。

其實，我們都知道企劃人「做得太少，講得太多」，光是空說，卻不懂實踐，但是，只要你「從心中願意這樣」，相信你一樣會成功。

比如一個大企業，解決員工的住宿時資金成了大問題：因為在市區買樓費用太大，但又不能不解決這個問題。不解決，員工很難安心工作，企業又難發展。所以，企劃人也幫他們解決了這樣的問題 —— 為何不去郊區買地蓋

房呢？然後每戶配一輛小車。然後，過 10 年後，這些車老舊的時候，這些人也有預算可以再買新車了……

所以，這些問題總能解決，因為辦法總比困難多。但如果沒有人去想，沒有人去聯繫這樣的業務，成功又從何談起呢？

所以，做人往往並不在於有沒有學生或有沒有老師的問題，而是在於有沒有目標，有沒有計畫，有沒有行動，有沒有總結。

結果老師懲罰的是：重做一遍！而我們是成年人，如果因為衝動犯錯的話，往往會把不滿的情緒投入到工作中去，而且常常是破壞性的；或者是轉移到生活中的報復上來。那麼，生活對我們的懲罰便是事業上的失敗。

所以，在處事時要盡量保持冷靜，千萬不可隨便讓感情升溫，造成衝動，給自己犯錯的機會。

應該是，凡事多想一些為什麼，看看，有沒有更好的解決辦法，科學依據在哪裡等等。我們想問題、看事情時，要盡量客觀一些，做到「對事」也「對人」。

首先是「先對事後對人」。

在公司裡，我們與同事是在一起共事，而不是在一起共同生活。在評價一個人時，我們第一要看他做的事如何，如果他精於管理，如果他精於業務，如果他很踏實，就很不錯了。

第二，人都有屬於自己的隱私，你敢說誰最好，誰最壞？所以，要用一顆平常心去看問題。

第三，「對人又看事」。

所有的事情都是人做的，事情做得怎麼樣，就一定有人為的因素在其中。要麼是積極熱情，要麼是不負責任，要麼是彼此之間配合不好，要麼是

管理制度問題，要麼是人員能力問題。總而言之，肯定有人為的因素在裡面。該讚揚或受警告，絕對可以找到方法。可是，我們應該把問題的來龍去脈搞清楚，提出並實施解決問題的方案，然後對事情本身做深入的分析，並由此找出更深層次的原因。

身為推銷人員，我們不要只做螺絲釘，我們還要做一塊「見水就吸的海綿」。

「吸水」需要有悟性，也就是要有所選擇，避免吸入「髒水」。

同時，「吸水」需要胸懷和度量，即能聽得進別人說話。

如果沒有聽君一席語的涵養，也就不會有勝讀十年書的體會。

所以，要多做些事，多讀書，讓心胸豁達。

生活中，常常感覺到和聽到別人給我們打分數，這可以說無所謂，但是我們又如何去給別人打分數呢？

其實，除了多問幾個為什麼以外，只能打一個「？」。建議行銷人員，多從別人角度看問題，以後一定要做到：

1. 愛自己的朋友，愛自己的下屬。相逢是緣分，連自己的朋友和下屬都不愛，又怎麼可能去愛其他人呢？
2. 別太囂張。
3. 我就不信你這麼聰明，我就不信你不會後悔。
4. 命令時也要講技巧。

培養良好的工作習慣

公關步驟分類

1. 四步法：

看 —— 了解實際。

做 —— 設計實施。

說 —— 進行傳播。

聽 —— 收集回饋資訊，調整公關目標及策略。

2. 五步法：

打招呼 —— 目光要勇敢、熱情。

自我介紹 —— 簡單、自信。

介紹目的 —— 調整情緒，強調距離與地位。

達成共識 —— 問題、做法、動作、簽約。

再達成新的共識 —— 乘勝追擊，為了尋求夥伴努力。

八種良好的工作習慣

1. 良好的心態：積極、慎重。
2. 準時。
3. 做好準備（不打無準備的仗）。
4. 保持狀態。
5. 保持地位。
6. 工作定時。
7. 清楚自己做什麼，為什麼做。
8. 控制。

成功業務員的魅力塑造

必須充滿熱情

1. 樣子很職業（不是僅僅表現於專業）。
2. 無依賴性。

做到目標明確

1. 發揮熱情。
2. 運用你的關懷。
3. 把握你的激動。
4. 活用你的力量。

魅力打造方法

1. 你不必顧忌，自己原來如何，你可以極大的努力和成功。
2. 你甚至可以為所欲為，自信、易動感情、精力充沛或者居高臨下，樣樣都可以。
3. 你不是生來就愚蠢和令人討厭。

改善業務的步驟

1. 改進的目標及設定的目標。
2. 公布改進的目的。
3. 為實現目標而改造組織。
4. 決定改進計畫。
5. 現況分析。
6. 企業的實例調查。
7. 擬定改進方案。

8. 改進方案、實施及計畫的擬定。

9. 實施。

　　從 1～9，然後循環往復。

經營者應有的概念

1. 正確掌握公司現實狀況。

2. 檢討管理者的態度。

3. 提高職員素養。

經營者對於人生計畫應有的認知

　　我們的人生，是要靠自己的智慧與努力建立起來的，而計畫，就是人生旅程中的指路碑。

　　只要你能制定切實可行的人生計畫，貫徹始終，必將得到人生最大的收穫。

1. 經營者的人生計畫，應與自己的經營理念、經營方針融為一體。

2. 管理者的人生計畫，應以經營者為目標。

3. 業務員的人生計畫，應以一流的企業家、一流的推銷員為目標。

經營者對目標應有的態度

　　一個積極進取、主動而又有明確目標的人，最後會排除萬難，達成最終目的。

　　反之，沒有目標的人，徒然忙碌，一無所獲，就無法體會到生活的樂趣與生命的意義。

　　而能管理自己目標的人，只有你自己！

　　如何去管理自己的目標。

1. 設定高目標：應向比自己能力還高的目標挑戰。

2. 設定具體目標：應設定具體而可行的目標。

3. 決定目標順序：應視重要性決定順序。

4. 理解：為求作業的高效率，應向部屬說明目標，讓他們了解。

5. 編制與協調：應給予部屬充分的自由，並滿足他們自我實現的欲望，但不可缺少編制與協調。

6. 成績評定：公平、公正的考察部屬的工作成績，否則將會阻礙部屬的成長。

卷四
冠軍推銷員的口才藝術

第一章　推銷員的說話溝通藝術

開門介紹自我的成功話術

自我介紹話術的技巧

　　A. 推銷員在自我介紹時要充滿自信，自然大方。

　　B. 要誠心誠意，不可虛假造作，既不誇大其辭，也不自卑自負。

　　C. 介紹時要反覆強調自己的姓名，加強對方的記憶。

　　D. 介紹時講話要清楚，不疾不徐，語調適中。

　　E. 介紹自己姓名時要有創意、新穎，能夠吸引客戶。

產品介紹話術的技巧

　　有專業人士在總結自己的經驗時，說：

　　推銷壽險產品最高機密，是分享產品帶來的保障和幸福，而不是推銷壽險產品。

── 季伍利

　　推銷員在介紹壽險產品時，要把抽象的產品形象化，形象的產品生動化；無形的產品有形化，有形的產品具體化。

── 季伍利

　　一個高明的壽險推銷員，在介紹壽險產品時，不是著重介紹它的性能和功用，而是在大力渲染風險隨時隨地的存在、鼓噪風險隨時隨地的發生和保

險的意義和作用。

—— 季伍利

　　一流保險推銷員推銷的是保險觀念；二流保險推銷員推銷的是保險功用；三流保險推銷員推銷的是保險性能；四流推銷員推銷的是保險條款；五流保險推銷員什麼也推銷不掉。

—— 季伍利

　　整體來說，介紹產品時，有如下話術技巧：

　　A. 推銷員在產品介紹時要多用比喻詞，盡量生動形象，栩栩如生。

　　B. 推銷員介紹產品時要越簡單越好，簡單明瞭，乾淨俐落。

　　C. 推銷員介紹產品時要通俗易懂，明明白白，切切實實。

　　D. 推銷員介紹產品時要有創意，有濃厚的吸引力，讓人產生興趣。

　　E. 推銷員介紹產品時要充滿自信心，有誠實可信感。

　　F. 推銷員介紹產品時要語氣和藹，語言生動。

讚美話術

　　人們的耳朵不能容納忠言，但讚美卻容易進去。 —— 莎士比亞（英國著名戲劇家）

　　你要別人具有怎樣的優點，你就要怎樣的去讚美他。 —— 邱吉爾（英國前首相）

　　讚美是發自內心的，而恭維是從牙縫中擠出來的；一個被天下人所欣賞，一個為天下人所不齒。 —— 卡內基（美國教育家）

　　1. 讚美話術的技巧：

　　A. 讚美的態度要真誠化，要發自內心。

B. 讚美的內容要真實化，要言之有物。

C. 讚美的對象要準確化，要細緻入微。

D. 讚美的語言要真情化，要情真意切。

E. 讚美的技巧要高超化，要畫龍點睛。

F. 讚美的程度要誇張化，要恰如其分。

2. 開門話術的技巧

A. 開門話術要新穎神奇，引人入勝。

B. 開門話術要有突出創意，動人心扉，扣人心弦。

C. 開門話術要贏得對方的歡心，贏得客戶的喜歡。

D. 開門話術要誠實可信，純樸真誠，讓客戶值得信任。

E. 開門話術要站在對方角度上講話，讓他覺得我在幫助他們。

F. 開門話術要有親和力，和藹可親。

G. 開門講話一定要微笑，態度一定要和藹；語氣一定要堅定，神情一定要自若。

以類比保險經紀人對話為例，下面的開門話術或可借鑑：

1. 您好！我是保險公司的業務代表×××，本月是我們宣導的客戶滿意服務月，我來到這裡著重調查並了解在座的各位，有沒有在我們公司辦理過各類人壽保險？我們是來補充服務的，你們辦得險種如何？什麼時候辦得？滿意不滿意？如果不介意的話我可以坐下嗎？

2. 您好！我是保險公司的業務代表×××，最近我們公開推銷出，傾情回報買一送一活動，即買一份保險送一份意外險，相信你們一定會喜歡這種二合一險種，我專門賣這樣保險的，對不起，我可以坐下嗎？

3. 您好！我是保險公司的業務代表×××，現在世界流行 COVID-19 疫情，大江南北，人心恐慌，許多人不幸感染，有的喪命，有的花費巨額藥費，真

是可憐，現我公司推出一種保險，它全年 500 元，繳費少，保障高，的確是一個非常好的險種，那麼我可以向在座的各位介紹一下嗎？

4. 您好！我是保險公司的業務代表×××，最近我們公司推出了保險先試用，後付款活動，不滿意不付款，請問各位是否辦理過這樣的保險？我是專門推銷這樣的保險的，這種保險很受廣大市民的歡迎，對不起，我可以坐下向你們介紹嗎？

5. 您好！我是一家市內投資理財公司的，專門替使用者提供投資理財服務的，很受市民歡迎，我們的投資理財包括，風險規劃投資、未來保障計畫，是專門為顧客理財的一家世界 500 強的大型理財公司，我們的服務是專業的人員加專業的服務一定會使您滿意的。

6. 您好！我們 XX 人壽保險公司在本月做一次客戶服務活動，專為客戶上門提供諮詢活動，我叫李大強，是專門下來做這項工作的，請問你們在座的有沒有在我們公司做過保險？做得什麼樣的保險？滿意不滿意？有什麼需要我提供服務的？你們儘管說出來，我一定給你們一個滿意的答覆。

7. 您好！馮經理，我今天又來打擾您了，真是不好意思，我知道您最近才貸款購買了新房，暫時沒有能力購買我們的保險，然而我公司專門為你們這些購屋者，設計一種的投資理財計畫，我相信您一定很感興趣，您看您的還款計畫是十年對不對？是不是這樣，您在這十年中：第一，不能有病，生病要花錢。一是一個小病住院，雖然有社會統籌醫療保險，但住院要交門檻費，除此之外，健保補助 90%，剩下的 10% 還要自己花錢；二是萬一不幸得了一場大病，例如癌症之類的不治之症，健保不可能 100% 的補助，救命要緊，就要花錢必然動用家中的存款，而此時家中又無存款，那麼沒有辦法？只有向別人借款，然而銀行的貸款不能不還？有病又不能不看，那可怎麼辦呢？第二，不能碰到天災人禍。「天有不測風雲，人有旦夕禍福」，一旦家中的支柱出現什麼不測？那麼還要動用家中的存款，而家中因還貸款，而又沒有急需的錢財，那怎麼辦呢？只有找人去借，然而借過以後總要還吧！另外還有貸款要還，真是雪上加霜，一個小小的貸款，計劃不周，往往能影響大

事，最近我公司專門研究出一種房屋貸款風險的一種保險，它繳費少、保障高一經推廣便熱銷，深受廣大人民群眾的熱烈歡迎，特別向您這樣的貸款購屋的許多人士，都在為自己的明天，做一個將來的安排，您難道不想為您的明天做一個將來的打算嗎？

以上這 7 種說話術，不能代表更何況的推銷工作中會遇到的情況，讀者朋友還要活學活用，相信你一定會成功的。

顧問式服務時代推銷員的生存法則

為了成功的銷售，頂尖行銷人員都有解決問題的相當策略和方案，而新的銷售人員更需要從知識、態度和技能等方面全面提升自己，成為客戶信賴的業務顧問和諮詢者。

許多企業都明顯的出現轉型策略：由過去以產品為中心的銷售，轉為以解決方案為中心的銷售。產品是有形的，客戶看得見，技術、性能也說得清楚。而解決方案呢？技術複雜，涉及到很多問題，客戶也難以評估，週期又長，這樣的銷售怎樣做？

銷售代表們也面臨著新情況下的一系列改變

過去的推銷員只是推銷產品，現在不再只是推銷產品，還要銷售解決問題的策略和方案。

推銷員要向更高層的決策者和更廣泛層次的使用者推銷。對於解決方案，直接購買者和最終使用者各有不同，比如 ERP、SCM、電子商務平臺等解決方案，往往關係到企業客戶的所有業務部門。

解決方案的銷售者必須成為客戶心目中可信賴的業務顧問和諮詢者，而不僅僅是產品技術的提供商。

企業行銷策略要隨市場環境而改變

過去往往以產品為中心，現在必須以客戶為中心，為客戶提供個性化服務。

顧問式銷售更看重知識，特別是關於客戶的核心業務營運、客戶服務模式、客戶面臨的業務挑戰等知識，包括本公司的產品技術應用知識。

行銷企業必須以客戶業績為基礎，確立持續而密切的客戶關係。

這也就是說，在企業的行銷策略從原來的「產品銷售」向「顧問式銷售」轉型時，為了適應新的變化，銷售人員需要從知識、態度和技能等方面全面提升自己的銷售能力。

如何從知識、態度與技能上提高行銷員的綜合素養

1. 新經濟情況下，行銷員需熟悉以下知識：

A. 客戶知識；

B. 公司產品技術應用知識；

C. 相關行業知識以及對競爭市場的認知。

作為客戶顧問，通常情況下這種知識都是要懂的。

曾經有一個面向銀行業的從事應用銷售工作已有 12 年之久的客戶經理說：「做方案銷售不僅要深入了解本公司產品的應用，還要追蹤國外相關產品、技術在本行業的發展及趨勢，收集銀行業正在醞釀的業務發展趨勢的前瞻性資訊。我們與銀行的主管們交流他們感興趣的業務話題，為他們提供價值，這不僅是建立長期合作關係的基礎，同時也為潛在的專案機會作鋪墊。現在的競爭，關鍵在於建立客戶對你的長期信任，為客戶增值。要讓客戶認為你是一個資源，能為他帶來資訊與價值。」

可見，廣泛而深入的專業知識是推進顧問式銷售的有力武器，而每位頂尖銷售人員的智慧與執著的學習精神，是他獲得這種武器的保障。

2. 在行銷事業保持良好的態度

積極的態度不僅是解決問題的前提，也是建立長期客戶關係的保障。成功首先取決於態度而不是能力。

顧問式銷售比起過去的產品銷售更需要銷售人員保持積極的態度，不斷激發自身的熱情，並始終貫徹在與客戶的交往中。雖然心態積極與否跟天性因素有關，也受到外在環境和自我激勵的影響，但是一個銷售員只有熱愛銷售工作，才能帶著熱忱與客戶相處，並積極為客戶提供個性化的說明，最終讓客戶獲益，自己取得了業績。

只要態度改變，很多東西都會改變。

3. 不斷提升個人顧問技能。

一個人的技能也許無法在短期有極大的提升或變化，但是，毫無疑問，計劃與判斷能力、人際溝通技能、資源的協調與整合能力、時間管理與控制能力等，都是優秀銷售人員所必備的。

顧問式的銷售人員除了通常的業務技能外，還必須學習和具備專案管理能力，能夠對項目的總體企劃與實施進行管理，如專案企劃、執行規劃、管道融資、進度管理、品質管制、風險識別與規避等，並且還需要具有與各種層面的人員，特別是高層主管溝通的技能，具備對變化的快速感知與應對能力，以及不斷學習的能力。

推銷員讚美的訣竅

人們都渴望得到讚美而不喜歡被責備。因為讚美別人，彷彿是用太陽照亮別人的生活，也照亮自己的心田，有助於發揚被讚美者的美德和推動彼此友誼健康的發展，可以增加推銷員業務的往來，還可以消除人際間的齟齬和怨恨。

可是，讚美雖然是一件好事，但絕不是一件易事。讚美別人時如不審時度勢，不掌握一定的讚美技巧，即使你是真誠的，也會使好事變為壞事。所以，要做一名優秀的推銷員，開口前最好要掌握以下技巧：

讚美的話要「因人而異」

人有高矮胖瘦，人的素養有高低之分，年齡有長幼之別……所以「因人而異，突出個性，有特點的讚美」比一般化的讚美能具有更好的效果。

老年人總希望別人不忘記他「當年」的業績與雄風，同其交談時，可多稱讚他引為自豪的過去；

對年輕人不妨語氣稍微誇張的讚揚他的創造才能和開拓精神，並舉出幾點實例證明他的確能夠前程似錦；

對於經商的人，可稱讚他頭腦靈活、生財有道；

對於有地位的幹部，可稱讚他為國為民、廉潔清正；

對於知識分子，可稱讚他知識淵博、寧靜淡泊……

當然這一切要依據事實，切不可虛誇。

讚美的時候要「情真意切」

雖然人們都喜歡聽讚美的話，但並非任何讚美都能使對方高興。

能引起被讚美者好感的只能是那些基於事實、發自內心的讚美。相反，你若無根無據、虛情假意的讚美別人，他不僅會感到莫名其妙，更會覺得你油嘴滑舌、詭詐虛偽。

例如：當你見到一位相貌平平的小姐時，卻偏要對她說：「你真是美極了，」這時，對方就會認定你所說的是虛偽之至的違心之言。但如果你著眼於她的服飾、談吐、舉止，發現她這些方面的出眾之處並真誠的讚美，她一定會高興的接受。

真誠的讚美不但會使被讚美者產生心理上的愉悅，還可以使你經常發現別人的優點，從而使自己對人生持有樂觀、欣賞的態度。

讚美的語言要「詳實具體」

在日常生活中，人們有非常顯著成績的時候並不多見；因此，業務交往中應從具體的事件入手，善於發現別人。優秀的推銷員能注意細節之處，哪怕是最微小的長處，也可以把握時機的給予以讚美。

讚美用語越詳盡具體，說明你對對方越了解，對他的長處和成績越看重。讓對方感到你的真摯、親切和可信，你們之間的人際距離就會越來越近。

如果你只是含糊其辭的讚美對方，說一些「你工作得非常出色」或者「你是一位卓越的主管」等空泛的話語，不僅引起對方的揣測，甚至產生不必要的誤解和信任危機。

讚美要「合乎時宜」

讚美的效果在於伺機而行事、適可而止，真正做到「美酒飲到微醉後，好花看到半開時」。

當別人計劃做一件有意義的事時，開頭的讚揚能激勵他下決心做出成績，中間的讚揚有益於對方再接再厲，結尾的讚揚則可以肯定成績，指出進一步的努力方向，從而達到「讚揚一個，激勵一批」的效果。

讚美是「雪中送炭」

最需要讚美的往往不是那些早已功成名就的人，而是那些因被埋沒而產生自卑感或身處逆境的人。他們平時很難聽到一句讚美的話語，一旦被人當眾真誠的讚美，便有可能振作精神，大展宏圖。因此，最有實效的讚美不是「錦上添花」，而是「雪中送炭」。

當我們目睹一個經常讚揚子女的母親是如何創造出一個圓滿快樂的家庭、一個經常讚美學生的老師是如何使一個班級團結友愛天天進步、一個經常讚美下屬的主管是如何把他的機構管理成和諧向上的團體時，我們也許就會由衷的接受和學會人際間充滿真誠和善意的讚美。

此外，讚美並不一定總是用一些固定的詞語，見人便說「好好好……」。有時，投以讚許的目光、做一個誇獎的手勢、送一個友好的微笑也能獲得意想不到的效果。

推銷員說服妙招

在行銷生涯和日常生活中，我們需要說服的對象有很多，他可能是你的父母、你的上司、你的顧客、你的朋友、你應聘的主考官……

可以說，在生活中，隨時可能遇到要說服別人的情況，如果不掌握技巧，說服就難以達到理想效果，為此，我們總結了以下七種說服技巧，供大家參考。

調整氣氛，以退為進

在說服時，你首先應該想方設法調節談話的氣氛。

如果你和顏悅色的用平等交談的方式代替命令，並給人以維護自尊和榮譽的機會，氣氛就會友好而和諧，說服也就容易成功；反之，在說服時不尊重他人，拿出一副盛氣凌人的架勢，那麼說服多半是要失敗的。

畢竟人都是有自尊心的，就連三歲孩童也有他們的自尊心，誰都不希望自己被他人毫不費力的說服而受其支配。

爭取同情，以弱克強

渴望同情是人的天性，如果你想說服比較強大的對手時，不妨採用這種爭取同情的技巧，從而以弱克強，達到目的。

善意威脅，以剛制剛

很多人都知道用威脅的方法可以增強說服力，而且還不時的加以運用。這是用善意的威脅使對方產生恐懼感，從而達到說服目的。

例如：在一次團體活動中，當大家風塵僕僕的趕到事先預訂的旅館時，卻被告知當晚因工作失誤，原來訂好的套房中竟沒有熱水。為了此事，領隊約見了旅館經理。

領隊：對不起，這麼晚還把您從家裡請來。但大家滿身是汗，不洗洗澡怎麼行呢？何況我們預訂時說好供應熱水的呀！這事只有請您來解決了。

經理：這事我也沒有辦法。鍋爐工回家去了，他忘了放水，我已叫他們開了共用浴室，你們可以先去洗。

領隊：是的，我們大家可以到共用浴室去洗澡，不過話要講清楚，套房一人 1,000 元一晚是有單獨浴室的。現在到共用浴室洗澡，那就等於降低到

通鋪水準，我們只能照鋪標準，一人降到 600 元費用了。

經理：那不行，那不行的！

領隊：那只有供應套房浴室熱水。

經理：我沒有辦法。

領隊：您有辦法！

經理：你說有什麼辦法？

領隊：您有兩個辦法：第一是把失職的鍋爐工召回來；第二是您可以給每個房間拎兩桶熱水。當然我會配合您勸大家耐心等待。

這次交涉的結果是經理派人找回了鍋爐工，40 分鐘後每間套房的浴室都有了熱水，

當然，雖然威脅能夠增強說服力，但是，在具體運用時要注意以下幾點：

A. 態度要友善。

B. 講清後果，說明道理。

C. 威脅程度不能過度，否則會弄巧成拙。

消除防範，以情感化

一般來說，在你和要說服的對象較量時，彼此都會產生一種防範心理，尤其是在危急關頭。這時候，要想使說服成功，你就要注意消除對方的防範心理。

如何消除防範心理呢？從潛意識來說，防範心理的產生是一種自衛行為，也就是當人們把對方當作假想敵時產生的一種自衛心理，那麼消除防範心理的最有效方法就是反覆給予暗示，表示自己是朋友而不是敵人。這種暗示可以採用種種方法來進行：噓寒問暖，給予關心，表示願給幫助等等。

投其所好，以心換心

站在他人的立場上分析問題，能給他人一種為他著想的感覺，這種投其所好的技巧常常具有極強的說服力。要做到這一點，「知己知彼」十分重要，唯先知彼，而後方能從對方立場上考慮問題。

尋求一致，以短補長

習慣於頑固拒絕他人說服的人，經常都處於「不」的心理組織狀態之中，所以自然而然的會呈現僵硬的表情和姿勢。對付這種人，如果一開始就提出問題，絕不能打破他「不」的心理。所以，你得努力尋找與對方一致的地方，先讓對方贊同你遠離主題的意見，從而使之對你的話感興趣，而後再想法將你的主意引入話題，而最終求得對方的贊同。

有一個山區的窮小夥子固執的愛上了一個商人的女兒，但女孩始終拒絕正眼看他，因為他還是個古怪可笑的駝子。

這天，小夥子找到女孩，鼓足勇氣問：「你相信姻緣天注定嗎？」

女孩眼睛盯著天花板答了一句：「相信。」然後反問他，「你相信嗎？」他回答：「我聽說，每個男孩出生之前，上帝便會告訴他，將來要娶的是哪一個女孩。我出生的時候，未來的新娘便已經許配給我了。上帝還告訴我，我的新娘是個駝子。我當時向上帝懇求：『上帝啊，一個駝背的女孩將是個悲劇，求你把駝背賜給我，再將美貌留給我的新娘。』」當時女孩看著小夥子的眼睛，並被內心深處的某些記憶攪亂了，她接受了小夥子的求愛。

就這樣，她把手伸向他，之後成了他一生摯愛的妻子。

面帶微笑，以柔克剛

俗話說：「伸手不打笑臉人。」

面對某些危險的場面，如果你能夠保持一張笑臉，將可以化解許多不必要的危機！

標題三：推銷員道歉時的藝術

身為推銷人員在做行銷工作和與人相處時，往往難免會犯下一些無意的小錯誤。這時，掌握一些道謝和道歉的藝術，將會對別人理解與接納你有很大的幫助。

方法一：如果你覺得道歉的話說不出口，可用別的方式代替。

比如：吵架後，一束鮮花能令前嫌冰釋；把一件小禮物放在餐碟旁或枕頭底，可以表明悔意以示忠貞不渝；大家不交談，觸摸也可傳情達意，千萬不要低估「盡在不言中」的妙處。

方法二：切記道歉並非恥辱，而是真摯和誠懇的表現。

偉人也有道歉的時候。比如英國首相邱吉爾（Winston Churchill）將軍起初對杜魯門的印象並不好，或者根本就可以說是很壞，但後來他坦誠的告訴杜魯門說：「以前我低估了你！」這句話也是以道歉方式做出的最佳讚譽。

方法三：掌握應有的立場。

頂尖行銷菁英身為公司職員，當工作中有不同意見爭論時，必須有自己的立場。若採納了客戶的意見，就千萬不要忘記有條理的向公司說明你的看法。在經過一段時間後，如果確定公司內部的意見才是正確的意見，你就要感謝公司，感謝沒有造成不愉快的爭端。前後都要做得很適當才是完善的方法。

方法四：主管也要學會道歉。

主管也會有犯錯的時候，不要連「對不起」三個字都吝嗇說！為了讓員工接受主管，主管更要懂得在團隊中起穿針引線的作用，別忽略了這些方法，那就是利用相互合作的團隊精神和組織結構。

另外，問問現場促銷人員，看哪些方面最容易發生問題！他們的意見非常重要，都是幫助我們分析目前問題的首要資料，如果每一個細節我們都能考慮到了，就可以一鼓作氣，無往不利。

當然，除非道歉時真有誠意，否則對方不會釋然於懷。所以，道歉一定要出於至誠。

道歉要堂堂正正，不必奴顏婢膝。你想把錯誤糾正，這是值得尊敬的事。

應該道歉的時候，就馬上道歉，越耽擱就越難啟齒，有時會後悔莫及。要抓住時機不要放過機會。

但是，你如果沒有錯，就不要為了息事寧人而認錯，要分辨清楚深感遺憾和必須道歉兩者的區別。

肢體語言在銷售中的運用

我的與行銷及顧客服務有關的人，都應該能夠同客戶做有效的溝通。然而對許多人而言他們所傳遞的資訊往往是說者無心，聽者有意。這是因為傳遞的路線出了錯，而最容易出錯的地方是肢體語言。

人的情緒變化，很容易表現出來，所以，在談商中要細心。觀察對方的表情，以便隨時改變進攻的策略。如果對方有下面的各種表情，行動，則表示對方快上鉤了，或者產生了興趣。因為無意識的體態語言有時比聲音語言

透露更多祕密。

肢體語言可分為六大類：姿態、手勢、臉、眼睛、音調與親近力。

其實，有專家研究顯示，肢體語言占我們整體溝通的 70%（音調占 20%。而實際上使用的話語占 10%）。雖然正確的百分比不確定，但若了解到所有的資訊都是經由五官傳送至大腦的視覺、聽覺、觸覺、味覺及嗅覺，我們就不會對此比率感到驚訝。這五官當中，眼睛對傳遞資訊的作用最大，傳遞約 85% 到達腦部的資訊。10% 經由耳朵傳遞，其餘感官處理剩下的 5%。

大多數的溝通均透過視覺，這也不是壞事。問題在於我們把大多數的精力都投注在組織並傳遞使用的話語上，我們的肢體語言則任其自求多福，結果通常不經修飾就表現出來，傳達我們真正的感覺。當肢體語言與我們所說的話不能一致時，至少它支持我們口語上的溝通。當它與我們口語溝通無法配合時，甚至會與口語的溝通相衝突。結果造成超前口語，因為人們較易取信眼睛所看到的，而非其所聽到的。

多了解一點肢體語言對推銷人員來說是有用處的。尤其是要能夠察覺，能夠解讀其他人的肢體語言，並審慎的使用它來支援我們欲傳遞的資訊並正面的影響其他人。

讀懂姿態

人們姿態關係到整體的舉止。包含頭部的角度，肩膀、臀部與腳、手臂與腿的傾斜方向與角度！

總的來說，當人們對某種情況或自身感到滿意時，會抬起頭，大方的看著你。他們可能稍微往後傾，顯示他們很輕鬆，或向前傾，表示注意。攻擊或帶有敵意者，通常所擺的姿態是正面相向，頭、肩、臀、腳均朝著你。他們可能會站起來，向前傾，一副支配人的態度。採取自衛態度的人則可能身

體緊縮，使他們看起來較小。手掌、手臂會用來保護他們的嘴或腹部。覺得自己高高在上，不可一世的人會翹腳並將雙手放在腦後。

讀懂手勢

人們往往以各類不同的方式使用他們的雙手與手臂。有些人常常使用手勢，有些人則很少使用。值得注意的地方有：

1. 將雙臂緊緊交叉放在腹部能用來顯示自保及防衛；雙手下垂放鬆，表示輕鬆自在。
2. 雙手可用來做掩護，遮蓋部分臉部。手掌打開表示關懷與真誠；揮舞手掌表示強調重點。
3. 手指可以顯示煩躁，例如敲桌子表示不耐煩或無聊；可以指著別人；可以搖指頭像老師教訓頑皮的學生一般；也可以像揮舞棍子一樣做出威脅的姿態。

看清臉部表情

人類比地球上其他任何動物更能控制他們的臉部肌肉，因此臉部是全身最能表露感情的地方。

眼部與嘴周圍的地方是最有表情之處。眉毛挑起、嘴部成 O 字型，顯示驚訝；眉頭深鎖、嘴下垂，則顯示愁苦；眉頭深鎖、翹嘴，表示不悅。臉部表情所表達的情緒幾乎馬上都能讓人看出。

透悟眼睛

眼睛雖是臉部的一部分，但也值得特別提出來說明。

目光接觸對顧客服務是十分重要的。若不與對方目光接觸，我們會給別人無信心或不關心的印象。但如果目光接觸太頻繁，我們會給人壓迫的感覺，讓顧客不舒服，如果目光接觸是即時而適當的話（50%～70%的時

間），我們會給人完全不同的印象，尤其是當伴隨著和藹可親的表情時，我們能很有效率的表達出：很高興見到你，我對自己有信心，顯示交易順利的期望。

巧辯聲調的含義

聲調在溝通時是較重要的一部分，如果太小聲或遲疑，人們會覺得我們緊張；如果太大聲、太快或太突然，人們會以為我們沒有耐心。

只要有可能，我們必須注意：

1. 音量：讓別人聽見自己說的話。
2. 步調：節奏和速度讓人聽起來很熱情、關心、輕鬆。
3. 音調低沉、緩慢而單調，只會讓人覺得乏味。
4. 高而快的聲音會使你覺得緊張，因此音調要適當有變化。

掌握好親近度

藉親近度所傳達的資訊要視下列情況而定：

1. 4 尺的距離表示沒有接觸，少於 4 尺，如果是生人的話會緊張。
2. 2～3 尺的距離表示社交／事業的互動或合夥的行為，例如業務員示範如何使用某物。
3. 少於 18 寸表示參與者友善而親切。

附帶條件須知

以上各點在現實中，尚有某些附帶條件。

首先，住在鄉村的人比居住在都市的人需求更多的個人空間。其次，依情況而有所不同。如參加熱鬧的雞尾酒會或等待大眾運輸的人，與參加業務會議的人所期待的空間有所不同。最後，不同文化背景的人會有不同

的期待。如斯納維亞人不習慣某親近的距離，在日本人看來確是不能習慣的疏遠。

　　問題產生的原因在於人們覺得自己的空間被侵犯。例如：當他們在做交易時，另一個人闖入禁區，就會給人壓迫感。這些是肢體語言的主要成分。將這些集中在一起，我們可對一個人有所了解。例如：

1. 對方的臉頰微微向上升。這是對方剛剛開始感興趣的跡象，對於比較感興趣的話題，人們都渴望聽得一清二楚的；

2. 肩部保持平衡，對方坐立時，兩肩不平，是一疲憊的表示，肩部平衡，表明他的精神很好，對你的話題不是太厭煩；

3. 口角向上揚，嘴時常半閉半開，很顯然，嘴角向下，是一輕視或者以下不肖的表情，嘴唇緊閉，表明他對你話題實在不想參與，而嘴角上揚時，表明他的興趣被你調動起來了。而半開嘴巴時，你要明白，他將他同你一起討論某個話題；

4. 眼睛眯起變細，這是對方思考的一種表現，此時他不但在仔細的聽你講話，而且大腦中也不停的進行反應；

5. 對方眨眼次數減少，睜大眼睛，頻頻眨眼表明了他不耐煩，而眨眼次數減少，表明他已被你的話題所吸引，大概沒多餘的時間眨眼了吧，至於突然睜大眼睛。是他已經明白了你的意思；

6. 隨著說話人的指示移動目光，表現他已經深深的投入到必須緊緊抓住你的每一言行的地步；

7. 身體略向前傾，此即為「傾聽」的寫照，一個人專注聽別人說話時，身體便會略向前傾，以圖得仔細明白的；

8. 頻繁同說話的人配合。這時，對方已經積極的參與進來，豈能是無興趣當他頻頻回答：「嗯」，或者是表示贊成的點頭，他的態度也就可以看出來了。當客戶有了上述的表情時，事情便大有可為，這是絕好的時機，應當加緊下功夫，更加吸引對方的興趣，此時，成功已經不遠。

為有效的使用肢體語言，首先，我們必需確定它是正面的。

例如：肢體的層面可以分為正、負面。負面更進一步被分為屈從、劣勢以及脅迫等等。猜猜以下屬於哪一類。

A. 微笑；

B. 表現有興趣；

C. 適當的目光接觸；

D. 足夠的音量，變化的步調和音調；

E. 開放的姿勢；

F. 手、手臂支援所說的話；

G. 顫抖的聲音聲音粗；

H. 說話慢說話快；

I. 面露擔憂表情過度；

J. 目光朝下蓄意避開目光過度接觸；

K. 手／腳採取防卸的姿態主導的姿態；

L. 手放在嘴上揮動手指；

M. 距離太遠侵犯個人空間。

其次，我們要確定肢體語言與我們想說的相配合。當顧客與你交涉時，你可深入探究其言語背後的意思，解釋肢體語言，了解其真正的感受，做適當處理。

簡而言之，要特別注意肢體語言，使它成為正面的肢體語言，並能配合你所說的話。以下幾點你或許會覺得有用：

1. 對顧客微笑並以目光接觸，表現出對他們並對所做的事關心。

2. 使用你的姿態表現出你的警覺、輕鬆、自在。

3. 利用手配合你所說的重點，表現出你是一位坦白的溝通者。

4. 記住外表整體（儀容、衣著等）是你傳遞資訊的一部分，所以也要適當。

因人而異的溝通策略

在行銷行業，有一條行銷定律：要想別人如何對待自己，自己就要如何對待別人。可是，現實生活中，往往卻並非如此。因為每個人都有不同的個性和處世方法，做好推銷工作關鍵是要了解他們的性格和處世態度。

其實，和我們的生活有關的溝通時刻需要影響別人接受我們的想法和建議，而現今競爭性的產品或服務在特性和價格上的差異日漸縮小，所以和客戶間關係就變得更為重要了。

有時候，我們會遇到困難，發現無法引起客戶的好感或碰到未曾料到的抗拒，即使過去我們的做法對同樣的人一向有效。另外有些情況則是我們根本無法掌握和客戶之間的關係。無論多麼成功的銷售員也會有一兩個棘手的顧客或客戶！有時候，我們知道在展示說明時必須強調某些最可能吸引顧客或客戶的特點，也就是我們平常說的「賣點」，才能把東西「賣」給別人。也有些時候，我們知道某個人不喜歡某事而喜歡某事。

因人而異的性格分析將提供一些思路與看法，讓我們在做銷售工作時知道自己成功和失敗的原因何在，也會描述一些實際的方法教你如何說服各類型的客戶，還會協助我們更了解客戶並引導我們自己和客戶的行為。

只要你能夠因人而異的採取相對的銷售策略，就能夠在和客戶的關係處理中較占優勢，特別是當需要不斷的再重複銷售或為達成銷售所做的協商拖長時。

基於銷售風格所依據的理論，各種方式所提供的多是一些有力的傳達，

且用非批判性而客觀的詞語來描述銷售的行為。它不僅是一個把你某些行為模式加以概念化的人格描繪，而是要作為了解和溝通的工具。

銷售的行為模式大多是學習和經驗的結果。因此是相當穩定的行為偏好。但是如果有足夠的動機、自律性和練習，這些風格是可以改變的。所以，我們可以透過了解和正確判斷客戶類型和學習與相關類型的人群交往的溝通技巧，這將會在銷售上獲得意想不到的成績：

不同群體的差異分析

喜歡學習的行銷人可能都知道，成功學大師陳安之先生有許多課程。陳安之先生把人群分為三種類型：

1. 視覺型。

A. 特點。視覺型人群的特徵與簡單判斷：視覺型的人說話速度比較「快」，喜歡自己所「看到」的東西，以自己親眼看到的「才算數」⋯⋯

B. 方法。與視覺型人群相處的方法：說話的速度也要跟上他的節奏和速度，做一些讓他「看得到」的東西來說服他⋯⋯

2. 聽覺型。

A. 特點。聽覺型人群的特徵與判斷：聽覺型的人說話時常常喜歡用耳朵「聽」，他們往往喜歡自己所「聽到」的事情，喜歡與聽覺比較好的人做朋友，並常以自己親耳「聽到」的「才算數」⋯⋯

B. 方法。與聽覺型人群相處的方法：要尊重對方「聽的感覺」，給對方「唱一首你與他一樣喜歡聽的歌」；

3. 觸覺型。

A. 特點。觸覺型人群的特徵與分析：觸覺型的人群說話速度比較慢，慢到想讓視覺型的人打瞌睡的境地；同時，觸覺型的人群也多是比較理智的思考型人物，凡事要「想一想」再說；

B. 方法。與觸覺型人群相處的方法：遇到觸覺型的人，就要放慢我們說話的速度，與對方的「頻道」對接，給足對方思考的餘地。

銷售中的「因人而異」策略

企業管理與銷售實戰的策略中，「因人而異」的性格分析在銷售中的應用十分重要。

1. 差異化的銷售解釋傳達的資訊是：每個人的風格都有其正面效益，但也有其可能的負面效應，並比較科學的把人類的性格方式細分為四種不同的類型。

   (1) 完美型：

   ・完美型人群的特徵與分析：標準要求比較高，注重品味、地位，有很強烈的虛榮心；

   ・與完美型人群的交流方法：努力在接觸對方時，把自己表現成一個超級完美或高度完美的人，然後採用各種不同的方法，突出你所銷售的產品或服務給他帶來的好處和利益。

   (2) 行動型：

   ・行動型人群的特徵與分析：速度比較快，喜歡高效率的人；

   ・與行動型人群的溝通技巧：以相同的速度與效率與對方進行溝通，最好是先獲得承諾再提供服務。

   (3) 理性型：

   ・理性型人群的特徵與分析：喜歡享受處世的「過程」。特別注意也非常在意身邊人的看法與說法；

- 與理性型人群相處的方法：在服務過程中，多提供相關資料給對方參考，引導對方進行理性的分析與比較；多跟他身邊的人溝通，透過他身邊的人對其進行「過程」的論證。

(4) 和諧型：

- 和諧型人群的特徵與分析：注重人際關係，熱愛生活，喜歡享受生活的樂趣；
- 與和諧型人群做生意的方法：滿足對方和諧的人際關係，多談生活而少談產品與銷售，多關心他們身邊的人的「生活」，跟其培養一種異常和諧的感情。

5. 差異性的基本觀念是：「我們的缺點往往就是長處發揮過當造成的。」根據這個觀念，要變得更有銷售能力的辦法是不要被「缺點」所困，而是要強調我們的長處並限制其使用過當。這實際上也就是「人本管理」的觀念。

(1) 人的行為都是長處的表現。

(2) 長處發展過當就是我們所說的「短處」。

(3) 長處與短處都是一體兩面的，我們應該利用自己的短處去開發別人的資源。

(4) 因人而異的策略實質上就是努力用別人喜歡的方式去對待別人，從而真正的利用行銷上千年不變之「想要別人如何對待自己，自己就要先怎樣對待別人」的古訓。

因己而異

學習因人而異的同時，還是要形成一個「因己而異」的策略。

我們其實也只有透過不斷的學習，不斷的總結，從而形成自己的經驗，採用符合自己所表現的習慣和手法的策略，才能達到頂尖行銷的境地。所以，在知道差異化的溝通方法以後，要在我們的實際工作中進行「差異性」的銷售，採用「因人而異」的策略，切實做到「因人而異、因事而異、因時

而異、因地而異、因己而異」。

當然，同我們一樣，每個客戶也有他們偏好的取向和風格組合，而且也是由基本價值觀和個人目標所推動的。他們的風格組合也會受到事件、情況、關係的影響。如果你運氣好，重要客戶的行為模式可能相當容易預測，但是最好形成自己的一套針對男人、女人、老人、青年、小孩、主婦、企業家、教師、醫生、司機⋯⋯的策略，能夠比較科學的協助你從客戶的言談舉止，辨認出客戶的取向及推動各種取向的價值觀和個人目標，那麼，成為頂尖的行銷菁英只是時間問題而已。

不過，要切記，即使客戶的行為模式相當容易預測，也有可能隨情境而改變，你就會看到和聽到不同的行為，試著觀察這些變化的規則性，例如：在完成交易時，或類似的情況是否會造成同樣的變化。你也觀察一下客戶行為的轉變是否由於面臨威脅所引發的。你或是你的行為是否被他們當作是一種威脅呢？你也要試著去了解那些就你看來行為模式不一致的客戶，或是否在某些情況中客戶只採用單一取向，甚至是從一種取向換到另一種：

最後，記下你在不同場合理所看到的和聽到的，並且聯想到各種相關的行為描述，試著找出缺乏規則性的情形是否有其規則：只要努力，頂尖的行銷菁英定會有辦法把握住客戶的心理特點，實現自己的行銷目的。

推銷員的寒暄技巧

寒暄是建立人際關係的基石，也是推銷員向客戶表示關懷的一種行為。寒暄內容與方法得當與否，往往是一個人人際關係好壞的關鍵，所以要特別重視。

寒暄話術的技巧主要有：

1. 寒暄要發自肺腑，誠懇熱忱。

2. 寒暄要純真樸實，自然貼切。

3. 寒暄要滿腔熱忱，熱情洋溢。

4. 寒暄要簡潔有力，乾脆力量。

5. 寒暄要單刀直入，直截了當。

6. 寒暄要態度認真，表情慈祥。

7. 寒暄要面帶微笑，慈愛有善。

8. 寒暄聲音洪亮亮，語調高亢。

9. 寒暄要語氣堅定，剛強有力。

10. 寒暄要恰到好處，恰如其分。

針對個體業主時的寒暄用語

推銷員可以這樣說：

1. 您好！張老闆！今天顧客這麼多，生意這麼好，想必生意興隆，財源滾滾吧！您可真有本事啊！

2. 您好！盧老闆！您商店裡的商品，真是名目繁多，品種齊全，因有盡有啊！不僅品質上乘，而且價廉物美，售貨員對人又熱情，老闆！您可真會管理啊。

3. 您好！張經理！您商場裡的業務員個個業務精通，人人聰明能幹，又勤奮又敬業，都虧您領導有方，能在您手下做事，真是榮幸啊。

4. 何經理，您好！您最近生意這麼繁忙，您這樣日理萬機，日夜操勞，可要注意身體啊！

5. 陳老闆！您好！最近生意不錯嗎？客人絡繹不絕，顧客迎門，真是財源滾滾，福星高照啊。

6. 您好！王老闆！您的經營真有一套，生意這樣興旺，真是令人羨慕，能不能

向您指教生意之道呢？

7. 您好！田老闆！今天您氣色這樣好，神清氣爽，容光煥發，想必又發財了吧！

8. 您好！李老闆！聽說今年您的兒子考上了大學，恭喜！恭喜！您的兒子可真有出息啊！將來學有所成，可以子承父業，光宗耀祖！真令人羨慕！

9. 您好！周老闆！您今天衣服穿得太漂亮了，英俊瀟灑，氣宇軒昂，請問您在哪裡買的，能幫我介紹一下嗎？

10. 您好！徐老闆！店前的轎車是您新買的吧？這麼漂亮，什麼牌子的？真漂亮，人說：「好馬配好鞍，俊馬配英雄」，您開上這臺車，真是風光瀟灑啊，它一定會給你帶來財氣和運氣！

11. 您好！趙老闆！您店裡商品擺設的真是錯落有致，整整齊齊，搭配合理，和諧自然，您可真是有心人啊！

12. 您好！余老闆！這是您的女兒吧，長得這樣漂亮、可愛，想必長得像她媽媽一樣漂亮、美麗吧！您可真有福氣，有這樣一對美如天仙的母女，您可真幸福啊！

13. 您好！梁老闆！您生意這麼好，需要幫忙嗎？請儘管吩咐我，我一定竭盡全力，為您服務！

14. 您好！蕭總！看到您企業管理的這樣井井有條，充滿生機與活力，我真是欽佩！我由衷的希望您在業務方面能給予我多多指教！我現在感到最大的困惑就是，不知道如何管理我自己的團隊？如何去爭取下屬的支持？哪天您有時間一定給我指點！指點！

15. 黃經理！您好！我是保險公司的業務代表×××，剛才我在旁邊商店裡，聽說你是這一片最有名的大老闆，生意做得特別興隆，今天我是來向你特意請教的，您是如何接待客戶，推銷產品，做售後服務的，請您一定要幫助我。

針對公務員時，推銷員可以這樣說：

1. 您好！胡局長！您氣色這麼好，又發福了，想必官運亨通，又升了，您可真有能力啊！

2. 您好！鄭科長！您看您領導的部門，年年獲獎，您工作能力可真強啊！

3. 您好！蔡科長！您看您年紀輕輕，就擔任了主管幹部，將來一定大有所為。

4. 您好！錢局長！您英俊瀟灑，年輕有為，真令人羨慕，將來一定事業有成，大展宏圖。

5. 您好！賴局長！前段時間，碰到您的兵，都講您管理有方，富有人情味，又會體貼人，能在您手下工作，真是一種幸福啊！

6. 您好！謝科長！您分管的這些業務，做得這樣優秀，真是難得啊！

7. 您好！呂局長！您可真會體恤職工啊，您的職工都誇您關心職工疾苦，體貼職工溫暖，您可真有人情味啊！

8. 您好！宋主任！這是您寫的字嗎？這麼漂亮，跟硬筆書法一樣，能否給我寫幾個字，當作字帖用！

9. 施老師！您好！您從事教育已有二十年了吧？您看您教學有方，學生遍天下，做什麼的都有？您可真有福氣啊！想必桃李滿天下啊！

電話約訪的技巧

機會又有一分鐘

　　對保險推銷員而言，這是兩分鐘的世界，你只有一分鐘展示給人們你是誰，另一分鐘讓他們喜歡你。推銷員的講話要讓對方感興趣，引人入勝，扣人心弦，有創意。

　　推銷員的語言中要充滿對客戶的羨慕和欽佩，語氣中要流露出迫切和對方見面相識的心情。

推銷員在電話中要學會用二擇一的法則，主動的確定見面的日期、時間和地點。

推銷員要再次確定見面的日期、時間、地點，並表示感謝。

說得最好才更有希望

1. 喂！您好！鄭經理，我是某某人壽保險公司的業務代表某某，昨天我在報紙上看到介紹你的文章，得知你事業有成，企業做得如火如荼，生意興隆，我特別羨慕和敬仰您，也想向您請教和學習的，當您一名學生，請問您明天上午 10：30 分還是下午 4：30 分有時間？到時我去拜訪您。

2. 您好！葉科長，我是某某人壽保險公司的業務代表某某，昨天我在您同學彭老師那裡，她在我這裡購買了一份很好的保險，同時她認為此險種非常好，特別適合您這樣的成功人士，因此她特向我推薦您和您認識，您看明天上午 10：30 分還是下午 4：30 分我去拜訪您合適呢？

3. 您好！周經理，我是某某人壽保險公司的業務代表某某，得知你的企業做得非常興隆，我特別羨慕，我們公司發明了一種可以讓您企業節省費用，提高企業利潤，同時又可以讓你的企業留各自為住人才的一個最好的企劃方案，很多企業都很歡迎，我相信對您企業的發展將大有好處，您看週二上午 10：30 分，還是下午 4：30 分我帶著企劃案去拜訪您合適呢？

4. 您好！劉科長，我是某某人壽保險公司的業務代表某某，前幾天我給您寫一封信，想必您不一定收到，我是一個剛剛從事人壽保險行銷的新手，沒有什麼工作經驗，我從電視中看到您從商已經有十幾年了，很有經商經驗，而且事業有成，我時常想從您哪裡得到指點，您看明天上午 10 點半，還是下午 4 點半我去拜訪您合適呢？

5. 您好！宋經理，我是某某保險的業務代表某某，我知道您是一位事業的成的成功人士，最近我們公司專門為著名人士設計了一種最好、最新、最令你們這些成功人士歡迎的新的保險產品，您看我是後天上午 10 點半鐘拜訪您合適，還是下午 4 點半鐘拜訪您合適呢？

6. 您好！孫總，我是某某人壽保險公司的業務代表某某，我是您的朋友馬總介紹的，昨天我在他哪裡有事，聽他所言，您是他平生最令他欽佩和讚賞的人，也是最值得他學習和效仿的榜樣，我對您也是非常欽佩和仰慕，我特別想見到您，向您請教成功的經驗，您看明天上午 10 點半，還是下午 4 點半我去拜訪您？那麼就下午 4 點半我去拜訪您了！

7. 喂！您好！你是許經理嗎？我是某某人壽保險公司的業務代表某某，是您是朋友何祕書長介紹的，他最近在我們公司購買了一個很好的保險，徹底的解決了他的的後顧之憂，他覺得這個保險很好也是很適合您的，您看我是明天上午 10 點半、還是下午 4 點半我去拜訪合適呢？

8. 喂！您好！您是韓科長嗎？我是某某人壽保險公司的業務代表某某，是專門從事保險行銷工作的，最近我們公司專門設計了一種人性化的新的保險產品，風靡各地，流行四面八方，很受國人的歡迎和愛戴，我很想向您推薦，您看我是明天上午 10 點半、還是下午 4 點半我去拜訪合適呢？

9. 您好！您是劉老師嗎？我是某某人壽保險公司的業務代表某某，前一陣了我去拜訪過您，知道你對保險很感興趣，只是沒有合適你的險種，現在我們公司新近推出一種分紅保險，是最適合你的新產品，明天下午 4 點半我給你送點資料過去，讓你看一看？明天下午 4 點半我準時到，不見不散！

10. 您好！您是吳經理嗎？我是某某人壽保險公司的業務代表某某，我知道您是主管行銷的，我聽說您的下署全體行銷人員在為了企業的生存和發展，每日在外辛勤奔波，夜以繼日的出差，的確很辛苦，最近我們公司專門為行銷人員設計的一種意外保險，很受廣大行銷人員的歡迎，你看今天上午 10 點半還是下午 4 點半我去拜訪一下？

11. 您好！我是某某壽保險公司的業務代表某某，請問你們這是行銷部嗎？郭部長在不在？啊！原來你就是郭部長啊！我是專門做意外傷害保險的，它可以解決你們部門的外勤人員，碰到突發性意外傷害帶來的煩惱，可以一勞永逸的徹底解決他們的的後顧之憂，您看明天下午 4 點鐘還是 5 點鐘？去拜訪您可以嗎？

12. 您好！我是某某人壽保險公司的業務代表某某，麻煩您一下小姐！請問您們的沈總在不在？請給我找一下？什麼他在？請讓他聽一下電話，沈總嗎？您好！我是某某人壽保險公司的業務代表某某，我有一個有關員工養老和醫療的保障計畫，相信您一定很感興趣，它可以徹底解決您公司員工的醫療和養老問題，請問您明天上午十點鐘有空？還是下午四點鐘有空？幾點方便拜訪您呢？

13. 您好！我是某某人壽保險公司的業務代表某某，得知你們家最近新添了小寶寶，恭喜！恭喜！我是保險公司專門做兒童保險的，請問你們家今天下午 4 點鐘家中有人嗎？我專門上門給你們做服務好嗎？

14. 您好！這是某某家嗎？我是某某人壽保險公司的業務代表某某，我從幼兒園得知，你們家的孩子，在我們公司辦理了「某某保險和附加住院醫療保險」，我是專門做售後服務追蹤調查的，請問你們家明天上午 10 點鐘還是下午 4 點鐘有時間呢？到時我去拜訪你們。

15. 您好！這是某某家嗎？我是某某人壽保險公司的業務代表某某，我是你家張某某的朋友，等到他回來請您轉告他，明天星期日上午 10 點，我到你們家拜訪。

　　以上這些例子，你在運用時還需要靈活掌握，因為客戶電話那頭會說什麼話，有什麼樣的反應，還需要你見機行事。

第二章　做好銷售的藝術

銷售成功的公式

　　發明家愛迪生曾經說過：「世界上沒有真正的天才，所謂的天才就是

99％的汗水 +1％的靈感。」；著名的推銷之神原一平也說過一句話：「銷售的成功就是 99％的努力 +1％的技巧。」；喬‧吉拉德也說過：「銷售的成功是 99％勤奮 +1％的運氣。」不可否認，他們都是成功人士，因此他們的話都有道理，從這三句話可以：任何的成功都是要有代價的，都需要我們付出很多，而「靈感」、「技巧」、「運氣」也是成功不可缺少的因素。總結前人的經驗，我們可以得到如下的公式：

銷售成功＝勤奮＋靈感＋技巧＋運氣

那如何做好銷售就有了答案：

第一就是勤奮。（六勤：腦勤、眼勤、耳勤、口勤、手勤、腿勤）

要想做好銷售首先要勤奮，這也是一名業務人員所必備條件。在行銷界有這樣一句話：「一個成天與客戶在一起的銷售庸材的業績，一定高於整天待在辦公室的銷售天才」。

勤奮展現在以下幾個方面：

勤學習，不斷提高、豐富自己。

一是學習自己銷售的產品知識，本行業的知識、同類產品的知識。這樣知己知彼，才能以一個「專業」的銷售人員的姿態出現在客戶面前，才能贏得客戶的依賴。因為我們也有這樣的感覺：我們去買東西的時候，或別人向我們推薦產品的時候，如果對方一問三不知或一知半解，無疑我們會對要買的東西和這個人的印象打折扣。我們去看病都喜歡找「專家門診」，因為這樣放心。我們的客戶也一樣，他們希望站在他們面前的是一個「專業」的銷售人員，這樣他們才會接受我們這個人，接受我們的公司和產品。

二是學習、接受行業外的其他知識。就像文藝、體育、政治等等都應不斷汲取。比如說：NBA 休斯頓火箭隊最近勝負如何、皇馬六大巨星狀態如

何、F1 賽車何時開賽等等，這些都是與客戶聊天的素材。哪有那麼多的工作上的事情要談，你不煩他還煩呢。工作的事情幾分鐘就談完了，談完了怎麼辦，不能冷場啊，找話題，投其所好，他喜歡什麼就和他聊什麼。

三是學習管理知識。這是對自己的提高，我們不能總停止在現有的水準上。你要對這個市場的客戶進行管理。客戶是什麼，是我們的上帝。換個角度說，他們全為給我們打工的上帝我們的銷售業績全靠同他們的關係。

勤拜訪，多走動

一定要有吃苦耐勞的精神。業務人員就是「銅頭、鐵嘴、橡皮肚子、飛毛腿」。

1. 「銅頭」—— 經常碰壁，碰了不怕，勇於再碰。
2. 「鐵嘴」—— 敢說，會說。會說和能說是不一樣的。能說是指這個人喜歡說話，滔滔不絕；而會說是指說話雖少但有內容，能說到點子上，所以我們應做到既敢說又會說。
3. 「橡皮肚子」—— 常受譏諷，受氣，所以要學會寬容，自我調節。
4. 「飛毛腿」—— 不用說了，就是「六勤」裡的「腿勤」。而且行動要快，客戶有問題了，打電話給你，你就要以最快的速度在第一時間裡趕到，爭取他還沒放下電話，我們就已敲門了。勤拜訪的好處是與客戶關係一直保持良好，不至於過幾天不去他就把你給忘了。哪怕有事親自去不了，也要打電話給他，加深他對你的印象。另外，我們要安排好行程路線，達到怎樣去最省時、省力，提高工作效率。

勤動腦，多思考

就是要勤思考，遇到棘手的問題，仔細想一下問題出現的根源是什麼，然後有根據的制定解決方案。

銷售工作中常存在一些假象：有時客戶表面很好，很爽快，讓你心情很

好的走開，可是你等吧，再也沒有消息。有時表面對我們很不友好，甚至把我們趕出去，我們可能因此不敢再去拜訪。這是因為我們沒有分清到底是什麼原因，所以我們一定要靜下心來，冷靜思考，才不會導致誤導。

勤溝通，多聊天

人常說：「當局者迷」，所以我們要經常與主管和同事交流溝通自己的市場問題，別人的市場可能同樣存在，了解他們是如何解決的，也許經過主管和同事的指點，你會恍然大悟，找到解決問題的辦法，共同提高。

勤總結，多找得失

有總結才能有所提高，無論是成功還是失敗，其經驗和教訓都值得我們總結，成功的經驗可以移植，失敗的教訓不會讓我們重蹈覆轍。

靈感：

靈感是什麼？靈感就是創意，就是創新。要想做好銷售，就不能墨守成規，需要打破傳統的銷售思路，變換思維方式去面對市場。靈感可以說無處不在。

一是與客戶談進貨時受阻。突然得知客戶生病了或者是親人、家屬生病了，靈感來了，買點東西前去慰問一下，這樣可以打破僵局，客戶由開始的拒絕，可能會改變態度 —— 進貨。

二是產品導入期：推廣受阻時，突然得知別的廠商召開新聞發布會。靈感來了，我們不妨也召開一次新聞發布會。

三是逛商場時，看見賣鞋的有鞋架。靈感來了，給防疫站打個電話，就說被狗咬了，問有血清嗎？他們一聽有人要買，可能就會進貨。

技巧：

技巧是什麼？就是方法，而且銷售技巧自始至終貫穿整個過程之中。我們所面對的客戶形形色色，我們都要堅持不達目的不甘休的原則。

與客戶交往時的技巧。

與客戶交往過程中主要有三個階段：

1. 拜訪前：

一是要做好訪前計畫。

好處是：有了計畫，才會有面談時的應對策略，因為有時在臨場的即興策略成功性很小；

事先想好可能遇到的障礙，事先準備好排除方案，才能減少溝通障礙；

事先考慮周全，就可以在臨場變化時伸縮自如，不至於慌亂；

有了充分的準備，自信心就會增強，心理比較穩定。

二訪是前計畫的內容。

確定最佳拜訪時間。如果你準備請客戶吃飯，最好在快下班前半小時左右趕到，如果不想請吃飯最好早去早回；

設定此次拜訪的目標。透過這次拜訪你想達到一個什麼樣的目的，是實現增進感情交流，還是促進客戶進貨；

預測可能提出的問題及處理辦法；

準備好相關資料。記清是否有以前遺留的問題，此次予以解決。

2. 拜訪中：

要從客戶角度去看待我們的銷售行為。如從推銷人員的立場去看，我們拜訪的目的就是推銷產品，而換一個立場從客戶的角度來看，就是把客戶當

成「攻打對象」。

拜訪的目的重點放在與客戶溝通利益上。不要只介紹產品本身，而應把給客戶帶來的利益作為溝通的重點。這樣，客戶在心理上將大幅度增加接受性，這樣我們可以在買賣雙方互惠的狀況下順利溝通。

不同的客戶需求是不一樣的。每個客戶的情況都不同，他們的需求和期待自然也就不一樣，所以我們在拜訪前就要搜集資料，調查、了解他們的需求，然後對症下藥。

下面給大家介紹在溝通中的「FAB」法則。

F —— Fewture（產品的特徵）

A —— Advantage（產品的功效）

B —— Bentfit（產品的利益）

在使用本法則時，請記住：只有明確指出利益，才能打動客戶的心。從銷售產品的立場來說，我們很容易認為客戶一定關心產品的特徵，一直是想盡辦法把產品的特徵一一講出來去說服客戶，其實不然，產品的利益才是客戶關心的，所以大家記住，在應用本法則時，可以省略 F、A，但絕不能省略 B，否則無法打動客戶的心。

3. 拜訪後：

一定要做訪後分析：

一是花一點時間做，把拜訪後的結果和訪前計畫對比一下，看看哪些目的達成了，哪些目的沒達成。

二是分析未能達成目標的原因是什麼，如何才能達成。

三是從客戶的立場重新想一想拜訪時的感受，哪些地方做得不夠好。

四是分析自己在拜訪過程中的態度和行為是否對客戶有所貢獻。

五是進一步想一想，為了做得更為有效，在什麼地方需要更好的改善。

此外，要採取改進措施：

只做分析不行，應積極採取改進措施，並且改善自己的缺陷和弱點，才能更好的提高；

「天下只怕有心人」，對於拒絕與排斥的客戶，要多研究方法，找出最佳方案，反覆嘗試，一定能帶來好的業績。

從顧客抱怨開始銷售

推銷活動是一個長期系統的活動，並非你同客戶簽單後，就萬事 OK，可以把客戶丟在一邊了。自從顧客接受你的服務後，你也許沒有聽到任何抱怨，一切都顯得風平浪靜，但這是否就意味著顧客對你的服務很滿意呢？你是否認為顧客抱怨就是給你添加麻煩呢？你是否以為顧客的抱怨越少，就越證明你的服務好呢？

如果你真的這麼以為的話，那麼你可能就是大錯特錯了！或許有一天，你會發現你的某些顧客在你不知不覺中慢慢的離去。

顧客是誰？你也許認為他是一個可以一等再等的、可以被忽略的、毫無主見的人。這樣你就錯了，你知道他是誰嗎？

有資料顯示，不滿意顧客中，只有不到 10% 的會投訴，另外超過 90% 的不滿意顧客則會保持沉默。這些沉默的顧客不向你抱怨，但會將自己不愉快的經歷告訴其他人。

曾經有「世界上最偉大的推銷員」稱號的喬‧吉拉德在其自傳中多次提到 250 法則，所以，千萬不要把顧客沒有抱怨作為你服務好的證明，更不要

認為顧客的抱怨就是在給你添麻煩。相反的，你要主動聆聽並搜集抱怨，因為抱怨並不是一件壞事，它能讓你發現問題並找出問題的根源，從而有助於你及時的更正錯誤，避免將問題帶到下一位顧客那裡。

顧客的抱怨是一個銷售機會

面對抱怨時，推銷員要正確認識，不要害怕抱怨，抱怨本身是一種在乎，一種關心。如果不在乎，不關心，客戶理都懶得理我們！

特別的，當顧客有了不滿卻悶在心中，而你又始終被蒙在鼓裡，繼續以顧客不喜歡的方式提供服務，這樣會使顧客越來越疏遠你。對於顧客的抱怨不但不能厭煩，反而要當成一個好機會。顧客願意向你抱怨，是說明他對你的產品感興趣，同時也表明他信任你，願意讓你了解他的想法和感受，這其實是給你一次糾正錯誤，再次為他服務的機會。

因此，對待每一位顧客都要以禮相待，耐心聽取對方的意見，並盡量讓顧客滿意而歸。

即使碰到愛挑剔的顧客，你也要耐心忍讓，至少要在心理上給他們一種如願以償的感覺。假若能使這些愛挑剔的顧客也滿意而歸，那麼你將常受益無窮，因為他們會給你做義務宣傳員。

真的，顧客抱怨除了能給你一個挽救的機會外，還給你提供了發掘忠誠顧客的契機。把握這種機會的關鍵是你要令沉默的顧客說出他們的不滿，然後以積極的方法重新獲得他們對你的信任。

不妨讓沉默的顧客開口抱怨

人們都說，解決顧客的問題並不太難，難在找出不滿意的沉默顧客！

一是你可以從顧客與你交談的語氣及身體語言中去了解資訊。

有些顧客即使不滿意你的服務，也不會當面指出，但是你可以從他的語氣及身體語言中辨別出他是真心願意與你交談，還是在敷衍你。

有很多顧客都是我們的親戚、朋友、同學、熟人，通常，這些顧客購買了你的產品後，即使不滿意，也不好意思直接向你抱怨。因此，你必須學會聽「話中話」。

如果你在詢問顧客的產品使用效果時，他的回答是「還可以吧」、「很好」、「還不錯」，但是他卻不再向你訂貨了。那就意味著他不滿意，但又不好意思說。如果顧客工作遇到了上述的回答後，繼續向你下訂單時，才表示他真的很滿意你的產品和服務。

二是你還可以從顧客與你聯繫的頻繁程度中去了解資訊。

當你發現經常向你購買產品的顧客很久不與你聯繫時，當一位你的大致掌握了購買規律的顧客很久都不向你下訂單時，你就應該從中感覺到他在疏遠你。

疏遠你的最大可能是他對你的服務不滿意。這時，就需要你做一些補救工作了。

如何讓沉默的顧客開口抱怨呢？

1. 加強售後服務，安排時間定期主動與顧客聯絡。

記好顧客購買的日期，在顧客購買產品一週內，主動給顧客打個電話詢問他的使用情況。在售後服務中，你可以直接詢問顧客的滿意度，比如：哪些地方做得好，哪些地方還需要改進等等。售後服務可以說明你收集各種回饋資訊。

2. 懇請顧客填寫「顧客滿意調查表」。

你也可以直接使用規範的調查表，如「顧客滿意度調查表」來幫助你搜集到寶貴的顧客資訊回饋，或根據自己的實際情況來動手設計問卷。但是通常情況下，顧客不願意花時間填寫，因此，你要確保做到：

態度誠懇。如果你真誠的向顧客說明問卷對你改進服務工作的重要性，請他幫忙，顧客會為你的敬業精神所打動，也就會認真的對待問卷了。

問卷適當，內容簡潔明瞭。

給予適當的物質獎勵。

請顧客留下詳細的聯繫方法，以便於追蹤。

總而言之，要想了解顧客是否滿意，請記住 16 個字：態度誠懇、細微觀察、定期聯絡、自我檢查。

如何令不滿意的顧客回心轉意

方法一：真誠致歉。

當你遇到不好的顧客服務時，你有沒有曾經這樣想過：我只不過想聽一句道歉的話而已。同樣的，當你的顧客不滿意時，也希望你真誠致歉，並對他遇到的麻煩表示理解。一句簡單的道歉花費不了什麼，但是卻能令你在顧客心目中留下良好的印象。

面對一位因產品包裝破損而投訴的顧客，您可以這樣說：「你收到的產品破損了，真是對不起！」

如果你送錯了產品，你可以說：「非常抱歉，由於我的疏忽送錯了產品，給您帶來了麻煩，向您表示歉意。」

真誠致歉是令不滿意的顧客回心轉意的第一步。

方法二：積極聆聽，表示理解。

在顧客投訴時，一個成熟的銷售代表應該扮演好一個聽眾的角色，並掌握好自己的情緒，讓顧客將自己的不滿意痛痛快快的發洩出來。你只有站在顧客的立場上傾聽顧客的意見，才能更好的理解顧客的抱怨。

在傾聽時，你可以採用適當的身體語言，如神情專注的望著顧客，微微點頭。還可以用「哦，是這樣……」「我明白……」「對呀……」「沒錯……」等話語來讓顧客感受到你在仔細聆聽。任何人在情緒發洩完後都會恢復理性。

方法三：提供解決方案。

在提出解決方案之前，你要先徵詢顧客的意見，然後，再針對問題的原因提出合理的解決方案。

在這個階段，你應該令顧客體會到你有處理問題的能力。

例如：顧客李小姐在使用了銷售代表小王推薦的 ××× 化妝品系列產品後，臉部皮膚出現了「脫皮」現象。這件事令她對 ××× 公司的產品品質產生了懷疑。小王得知情況後，立刻邀請了一位有經驗的營業經理一同趕往李小姐家中。經檢查發現，李小姐的皮膚屬於乾性皮膚。這種膚質在冬季整套使用 ××× 化妝品系列比較好。因此，營業經理建議李小姐試用 ××× 洗面乳，並與現有的美白潔面素搭配穿插使用。李小姐對小王提供的及時周到的售後服務感到很滿意，由此對 ××× 的產品有了非常好的信心。

方法四：採取補救行動。

一旦你們就解決方案與顧客達成了共識，就要立即著手去處理問題。顧客要求的是行動，而非幾句空話。因此，你要針對給顧客帶來的不便或造成

的損失採取有效的補救措施。顧客會對那些真誠道歉的，合理採取補救措施的銷售代表感到滿意。

由於顧客已經有了不愉快的經歷，在令不滿意的顧客回心轉意時，沒有什麼比準確及時的實現承諾更為重要的了。因為顧客的忍耐是有限度的，他們會給你一次改進服務的機會，但是不會一而再，再而三的容忍你的失誤。

總而言之，當顧客不滿意時，你不能採取「惹不起、躲得起」的消極迴避態度。躲開不滿意的顧客就意味著失去了一次達成交易的機會。當你的顧客不滿意時，你應該問自己：「我的服務有什麼問題？我應該如何補救？」

而不是：「為什麼這個顧客如此麻煩？」

一旦你的態度轉變了，你就會發現讓不滿意的顧客回頭並不是一件難事。

請記住：顧客為你設置的困難越大，就意味著他越重視你的產品和服務。

不管這是一個銷售的問題，退貨的問題，還是收款的問題，得到顧客的友誼遠遠比在今天能夠從他那裡得到的現金重要得多。

頂尖銷售六步曲

企業能否生存、發展，取決於能否擁有一大群對企業滿意的客戶。而客戶對企業「滿意」的感覺，來自購買行為的整個過程，主要包括這樣五個方面：接觸我們之前從大眾媒介、他人獲得的印象；平時參觀企業或者與我們同仁的初步聯繫、閱讀我們提供的資料時獲得的印象；實際購買前的售前服務，如提供的資料、介紹產品能讓客戶多了解其他相關產品的資料，以方便客戶盡快的做出客戶滿意的購買決定等等；實際購買過程，包括洽談的方式、訂單的制定過程、定金和貨款的收取過程、貨物的交接過程、安裝過程、保

修條件的介紹等；售後服務，如接到發生問題時的應答、取回了發生問題的
設備的過程、交還修好產品的過程、上門服務的過程等等。

　　上述各過程中，客戶對各「過程」中具體經辦人、其他員工的外形、著
裝、談吐、修養、學識等以及企業的整體感覺就是他是否滿意的主要決定因
素。而由於客戶的多樣性，要使全體客戶完全滿意將會是極端困難的，因
此，銷售業務是一門高深的學問。

優秀銷售員的標準

1. 100%的客戶滿意。
2. 一流的團隊合作精神。
3. 優秀的工作效率。
4. 勤奮、進取、光明磊落。

人際情況介紹

1. 銷售員和客戶的關係：平等、互相尊重。
2. 銷售員和企業的關係。
    (1) 企業經營者對銷售員的最大保證是提供一個可長期服務的工作，但不一
        定是一個發財的機會，因為發財的機會是自己當老闆。
    (2) 銷售員應充分考慮公司、客戶和本身三者的利益平衡。
    (3) 企業經營者的天職是賺取利潤。

銷售規範與否

　　銷售規範應使客戶感到公司是真誠待客，客戶是受到公司重視的；公司
的價格是合理、優惠的；公司做事是有章有法、負責的；公司我們的員工是
訓練有素、工作積極的。

下列規範必須做到

1. 按照預定的營業時間準時開門營業。

2. 儀表大方、穿著得體，要求穿制服的員工必須穿制服。

3. 所有員工對來客必須使用禮貌用語，不得說使客戶不愉快的話；和客戶討論時不得使用攻擊性、歧視性、責罵性詞彙，讓客戶感到輕鬆、自在、熱情。

4. 當客戶有問題需要解答時，應放下手中的工作做出讓顧客滿意的專業解答。

5. 當客人坐下洽談後，應盡快給客人倒水；如不能給客人倒水，應解釋原因。

6. 產品陳列整齊、有序、乾淨；商場的門面、地面、貨架（櫃）、桌椅等必須保持乾淨。

傑出銷售人才的服務標準

產品的銷售本質上是服務業，所以必須讓自己成為傑出的銷售人才，才能做好服務工作。

1. 做好職業定位。

2. 熟悉服務架構。

3. 恪守優秀標準：100％的客戶滿意，一流的團隊合作精神，優秀的工作效率，勤奮、進取、光明磊落。

4. 讓客戶滿意的兩個關鍵要素：良好的信譽、優質的服務。

5. 良好的信譽從哪裡來？不賣假貨、不以舊充新、不改版、不賣冒牌貨、不抽起原裝配件以保證全套原裝；不亂承諾。做不到的不承諾，承諾的一定要做到；面對問題，解決問題；不欺騙，價格合理。不有意提供錯誤資訊。優質的服務是全過程的、可預見的、規範的、一視同仁的。

6. 使客戶滿意。

良好信譽的建立需要公司全體員工長期不斷的努力，在客戶心目中建立起良好的形象。

　　那麼，銷售人員如何做到給客戶良好印象，使客戶滿意呢？那就為客戶提供優質服務。

　　做到了優質服務，即使是產品品質出問題或者客戶的要求得不到滿足，客戶仍然會對你感到滿意。優質服務使自己和客戶都心情愉快。那麼如何做到優質服務呢？

　　熟悉市場情況，了解各種顧客的需求，主要是這四種顧客類型 —— 表現型、友善型、控制型、分析型。四種顧客類型的接待方法是按客戶購買行為分類的，計畫型：計畫＋計畫；衝動型：計畫＋衝動；感情型：衝動＋衝動。

銷售六部曲

　　有效的溝通來自於「開始←→回應」、「解釋←→明白」、「確定←→接納」。可分解成親切招呼、關心顧客、誠意推介、解答疑問、建議購買、優質服務等六個部分，這與一般的銷售步調有異曲同工之妙。

　　1. 親切招呼，方式有：

　　A. 問好式；

　　B. 產品迎客式；

　　C. 讚揚式；

　　D. 放任式；

　　E. 老客戶式。

　　請注意：微笑、站姿、開放式問題、目光接觸等細節。

　　2. 關心顧客

　　關心顧客的方法是「想、問、看、聽」。對購買目標明確的顧客，需提供：

A. 快捷的服務。

B. 準確的資訊。

3. 誠意推介

用豐富的專業知識與開闊的眼界介紹產品。

產品介紹法 —— FAB 法。

宜：鼓勵顧客試用、耐心。

忌：不懂裝懂、無產品展示。

4. 解答疑問

解答疑問的技巧：

A. 保持良好的態度。

B. 針對顧客的不理解，逐步、細緻的耐心解答。

C. 針對顧客的疑問，引用數字或事實證據解答。

請注意資訊真實準確，不要信口開河，不要態度冷漠，不要歧視顧客所提出的問題。

5. 建議購買

建立購買的方式：直接式、想當然式、選擇式、建議式。

6. 優質服務

A. 服務過程：附加推銷→辦理手續→試用→包裝→送客。

B. 服務的附加推銷 —— 好處（顧客得到滿意的產品、增加銷售額、樹立專業形象）。

附加推銷的產品思路：與所購買的產品相關，相對第一件貨品的價格略低，多一些 FAB 介紹。

C. 優質服務的手續辦理：

用禮貌的語言向顧客說明辦理購買手續的流程；

協助辦理各項手續（交款、選貨等）；

注重細節（微笑、手勢、語言）。

D. 優質服務的用處：

產品各個部位的名稱；

產品的基本功能及使用；

操作演示；

指導，協助試用。

E. 優質服務的包裝：

同顧客一起核查；

幫助顧客放好所有物品；

講清售後服務內容；

介紹使用注意事項。

F. 優質服務的送客方式 —— 千萬別忘了感謝用語！

綜上所述，銷售六部曲的靈魂是：笑容＋樂於助人的態度。

行銷觀點討論

1. 如何做到優質的售後服務？

　　A.負責任的面對問題，聆聽客戶的陳述，安撫客戶的情緒：

　　B.積極的解決問題。注意自己的許可權，不越權。

　　C.進行有效的溝通。如有疑問，向同事、上司請教。

　　D.當客戶提出過度的要求時，積極的進行溝通，客戶不能滿意你的答

覆時，主動的提出請經理來解決。

2. 如何使客戶滿意售後服務？

　　A.一流的團隊合作精神。

　　B.牢記自己的職責。行為是可預見的、做事可靠。

　　C.承擔責任光榮，推卸責任可恥。

　　D.不要個人英雄主義。

　　E.會說「SORRY」。

3. 追求長期合作的同事關係。

　　A.互相幫助，團結協作，不計個人得失；

　　B.勝則舉杯相慶，敗則拼死相救；

　　C.尊重、信任同事，開放自我，有效溝通。主動將自己的好經驗、好
　　　　方法與同事分享。

4. 穩重、謙虛。

　　A.不做「好好先生」；

　　B.不怕得罪人；

　　C.對於侵害公司利益、影響公司形象的行為，必須堅決的制止，並向
　　　　公司報告。否則，根本就不可能有團隊合作。

5. 優秀的工作效率。

　　D.具備一定的基礎知識和技能；

　　E.不犯「低級錯誤」，不製造麻煩；

　　F.碰到技術問題時積極的想辦法解決；

　　G.主動、積極的學習新產品知識；

　　H.理解公司的促銷措施並積極的貫徹執行；

　　I.準確把握公司的各項規定，避免不必要的誤解。

6. 勤奮、進取、光明磊落。

    A. 成功的 30% 歸於專業技能，70% 在於做人；

    B. 有理想，努力建立起個人形象；

    C. 遵守公司的規章制度；

    D. 珍惜公司與同事、同事與同事之間的信任；

    E. 不要小聰明；

    F. 不身勤腦懶、不淺嘗輒止、不養尊處優、不無所用；

    G. 不身在曹營心在漢，不忠不義。

銷售訓練的原則

教學可以相長，銷售訓練可以達到取長補短的作用。所以，有效的銷售訓練課程對培養頂尖的行銷菁英是絕不可少的。

教育訓練的課程要求

1. 課程的品質要求：

內容詳實，最好是客觀事情的理論昇華與總結，具有一定的啟發性；

理論符合邏輯，具有科學性；

觀點新穎，符合時代發展的潮流趨勢，避免誤導學具有方向性；

貼近生活，包羅萬象，具有相當的實用性。

同時，要求分享講師具有相應溝通能力與技巧。

2. 講師上課要求：

集中精力，打開心門；

最好把影響課程的通信工具調整到振動狀態或關掉；

不要在課堂上隨意走動。

3. 對學員的要求，做個好的聽眾：

臉部微笑，以微笑的臉孔對著分享經驗的老師；

每個人只有一張凳子，找好位子，坐下來。別翹二腿；

管理好自己的物品；

精彩之處要做好筆記；

互動配合，主動參與問答分享。

銷售訓練的十大原則

1. 不做不必要的教育：

浪費的、提不出效果的教育不做；

從能期待較多效果的銷售訓練開始學習；

能收到實際效果的教育，理論訓練不如實踐訓練。

2. 必須是由上至下的教育：

A. 對重要的人先行教育。千萬別由於工作上判斷錯誤而引起損失。

損失比率表：

一般員工：每件 1 萬元；

主管：每件 5 萬～ 10 萬元；

經理：每件 10 萬～ 50 萬元；

副總經理級：每件 50 萬～ 100 萬元；

總經理、董事長：每件可使公司倒閉。

B. 透過上級教育下級。

部下所知道的事，上司本身如果不知道，部下的知識就無法行動化。

按對象層的性格、能力，實施由下而上或上下兼施的教育，使該層具有孤立感，不得不改變其觀念。

C. 必須是適合自己實際的教育。

作為工作者以前，先具有「團隊」的觀念。

模仿別公司，不經定型訓練的檢討等，都提不高效果。因為從業員的能力、工作，公司的方針都不同。

需要直接連結於自己公司工作的教育。

需要各公司的各種各樣的教育方式。

因為經營的實情不同，所以教育的必要點也不同。

將別的公司的做法五條件的採用，是不大理想的。

D. 必須與人事管理有關聯的展開。

與組織編制錄用、配置、業務完成、考核、晉升等人事管理策略表現一致，才有效果。

E. 必須是基於公司方針的有計畫性、連續性的推進。

憑臨時想法的教育很難有效果。

填鴨式教育沒有效果。

制定長期性計畫，有組織體系的繼續推進。

制定訓練方針時，必須將它貫徹於全過程。

F. 以個人為中心，實施基於訓練必要點的訓練。

公司養成「必要人才起見」的訓練必要點，須在個人之中找出來。

個人的必要點與經營上所要求的必要點緊切密連繫。

G. 以在公司的責任下，透過日常業務在職務裡實行的東西作為教育的主體。

最了解部下者，即為上司。

最了解該職場的方針、計畫、工作狀態者，也是上司。

直接的上司，才可以實施適合於部下的因人而異的教育。

追蹤指導容易，職場活用工作也好做。

按必要性、隨時性安排教育。

因為透過實務而訓練，所以非常有效。

教育委託給別人，以認為比上司實施更有效的特殊情形為限度。

「教育委託給教育專家」的修正態度。

H. 實施教育後，必須評定、檢討。

由於評定、檢討，對下一階段的實施展開才變為可能（追蹤）。

沒有效果的訓練不再做。

I. 對受過訓練的人，給予活用的機會。

沒有活用機會，等於沒教育。

既然投資，就趁機撈回成本。

活用的本身就是教育。

J. 教育以前，必須建立氣氛。

公司全體建立教育培訓的氣氛。

「我們公司，對教育即人才培養很認真」的氣氛。

自我啟發的氣氛。

銷售訓練在於提高服務的附加價值

每一次的教育培訓，都應透過認真的學習，找到簡單易學的方法，並有效掌握，以便提高服務的附加價值，這是銷售訓練的目的所在。

第三章　成功推銷的策略藝術

利用客戶心理的推銷技巧

優秀的推銷員，也需要學點心理學。利用顧客競爭心理的技巧，在實際推銷過程中應用極廣，並且也是很奏效的一種方法。它將會給你的推銷工作帶來很大的好處，並使你工作順利。

比如當你向年輕人推銷商品時，就可以抓住年輕人的心理狀態，告訴他「這種商品最適合於年輕人，現在的老年人由於思想還跟不上社會的變化節奏，已經明顯的落後於社會了，他們不懂年輕人的心、不理解現在的社會，因此對現在的一些新事物就無法接受。這種商品應該是屬年輕人的，它將給您的生活帶來蓬勃向上的青春氣息和現代生活的快節奏感，從中您還可感受到多彩的世界，激發您的向上意識，有時甚至可以從中得到一些生活的靈感。」

依照不同的對象，分析他們不同於其他人的方面，改變談話的內容，讓顧客覺得你了解他們的想法，並把最好的商品推銷給他們，就會很愉快的接受你的商品了。

除此以外，還有另一種的利用顧客競爭心理的方法。在你的推銷詞中，多說一些，「就剩這些了」、「這是最後一點」，能刺激顧客對商品的占有欲，使顧客在不知不覺中就認為眼下不必需的東西也值得買下來。一般而言，人們對於新的、好的商品都有一種喜愛之情，雖然這種物品也許對自己並無用處或是自己並不很需要；但同時，人們對於自己已有的、用舊了的物品也是十分珍愛的。雖是敝屣，但不忍丟棄，甚至認為丟棄自己用過多年的，對其有深厚感情的物品是一種罪過。

因此，當人們看到一些新的、好的物品時，雖然很想買。但一想到自己家中已有一件舊的，便在猶豫不決。

此時，業務人員便應利用說話技巧，讓對方明白愛惜用舊的物品是一種正常的心理，但是老是利用舊的物品其實並不合理。適時的更換物品，如現在購買這種新的、更為先進的物品是合理的。相反，不購買此商品則顯得不太合理。總之，要讓對方明白捨棄其原有舊物而購買新的商品，不會「上當」，相反會更為划算。

例如當業務人員推銷一種新的冰箱，而對方還在猶豫不決時、業務人員便可對他說：「您不忍白白丟棄您原有的冰箱，認為那是一種浪費，這我能理解，我自己也有這樣的經驗，但是您家的電冰箱已使用這麼多年了，馬達、壓縮機等零件都已經磨損得差不多了，如果您繼續使用下去只會增加電力的耗費，這會造成更大的浪費，還有您的舊冰箱中的製冷方式及功能也不如新型的電冰箱，它定然會影響到食物的衛生，從而影響你們全家人的身體健康，這就是更大的不划算。而我們這種冰箱的冷凍庫，不但加大了儲藏的容量，還有節省電力的變頻裝置，每個月能節省不少電費。你這麼一考慮，是不是買臺新的更划算，您的妻子、兒女一定也很喜歡。」這樣，也許那位購買者就肯「忍痛割愛」，捨棄舊冰箱，購買一臺新冰箱。

因此，業務人員在遇到這種情形時，要先承認對方的理由是合情合理的，是人之常情，然後，用說話技巧來打動對方的心，讓其最終還是放棄自己的原則，而不得不購買你的產品。

把握時機隨時推銷

在競爭日益加劇，快節奏的經濟大潮中，行銷人員要想在工作上打個漂亮仗，那就必需做到以下幾點：

1. 掌握必要的資訊：

這不僅是需要你了解經銷的商品性能、品質、包裝等情況。在當今行業競爭激烈的形勢下，僅了解上面一點是遠遠不夠的，更重要的是，需要你去幫助對方了解商品的市場，並且掌握競爭者以及市場的態勢、價格的走向，如今世界資訊產業傳播媒體十分快速，顧客不論是買烤箱或微波爐、汽車，或是電腦主機、智慧型手機都會貨比三家。若你熟悉行情，為顧客提供周到詳盡的商品性能和可信的詢價服務，必然會贏得顧客的信任和感謝。但是身為一名行銷人員首先應對自己的產品充滿信心。這是當好一名行銷人員必備的良好心態，因為行銷人員與商品之間的關係是密切、缺一不可的。

2. 多交一些朋友：

這是一個十分中肯的建議。客緣廣，生意隆。但是廣結客緣並非僅僅是追求客戶的多少，廣種薄收不可取。如果要專訪客戶，一定要研究此客戶的特點。周密計劃行銷的策略，何時拜訪最佳，以期求得最有成效的收穫。否則，匆忙應付，不但浪費自己的時間，同時浪費別人的時間。

3. 隨時發現推銷的商機：

人們讚賞這種行銷方式，從一般情況看，隨時推銷，100％是會成功的。但是要認真的掌握好推銷的分寸，否則會適得其反的，顯得缺乏修養又不成熟，給人以咄咄逼人的壓迫感。

4. 巧用技巧

推銷是一門綜合各種知識的藝術，做行銷必須懂得這一點。但在社會上。相當多的人則知其然不知其所以然，鬧出許多不該有的笑話。他們往往在週末下午五點時，還去拜見重要的客戶，並且在客戶毫無興趣的情形下，仍堅持將自己全套計畫滔滔不絕的托出，這是缺乏行銷藝術知識的表現。

5. 言多易失，說話適可而止

人非聖賢，不知道的事情就直言相告，這並非是難以啟齒之事。生活中，要當一位謙謙君子，面對自己不熟悉事情，承認自己不懂並詢問他人，旁人總是為此感到欣慰的，俗話說，沉默是金。對那些平時自己已了解的事情，我也經常佯裝不知，目的是想知道別人到底比我知道得多少。

適當的保持緘默，可以避免說錯話。因為，當你忙於講話的時候，很難真正掌握聽眾變化心理狀態和清楚明白自己的處境，而且，當你慷慨陳詞的時候，你的眼和耳這兩個重要器官顯得遲鈍。不由自主的錯話多，人常說言多必失，適可而止的意思就是提醒那些講起話來不管好嘴巴的人，該講的話就講，不該講的話絕不要講。同時，話說得簡潔明瞭，不但聽者節省時間，也能突出講話的主題，給對方留下坦誠、幹練的印象。

潛移默化的迂迴戰術

作為行銷員，大都深信這樣一個道理，向懂行的客戶推銷產品是比較容易成功的，這是因為客戶本身對產品就有喜好。正如舉辦體育競賽，要爭取一位熱心體育的人士或公司來贊助某項賽事或球隊並非是件難事，但是作為行銷員來說，最重要的是不要不斷施加影響，透過潛移默化來使那些對體育運動興趣不大而最終慷慨解囊的人贊助體育。這需有鍥而不捨的堅持和對事業執著的熱忱。

紐約的一位名叫福克斯的古董商對此則有著獨到的招數。他把自己的藏品依次陳列在家中最為豪華的他個房間裡，作為展覽室，凡有客人光臨，他總是親自陪同參觀，不時對陳列的某個別展品製作年代、材料、設計構思，甚至原主人的趣聞軼事，拍賣中如何低價拍到等等均作詳細的介紹，對展品標示的價格，則絕口不提，待一間間屋轉下來，隨意的瀏覽，絕妙的解說，已深深的感染了客人，到後來客人欣然解囊，買走幾件古董作為生活中不可缺少的擺飾而結束。

好與人辯解是推銷大忌

有的行銷員彷彿對於客戶的詢問已料事如神，總是胸有成竹似的，但仔細的觀察他們的促銷活動猶如去參加一次希臘式的對話或政治辯論，總讓客戶事情以咄咄逼人而難以對付，不時讓客戶感到惱火，真正懂行的行銷員都不會採用此種愚蠢的方法。因為向客戶推銷產品，並不是參加辯論會要在言語上占上風，最主是的是讓客戶為此嘔氣，客人哪不有心思來與之洽談生意，更不會來買你的東西了。優秀的行銷員總是耐心的講解中不知不覺的消除了客戶心中的疑慮，要麼就暫時順應客戶的情緒，接受其看法，或者讓時

間的流逝使客戶淡化，每每遇到客戶不合情理的提問，機智的行銷員總是面帶微笑，彬彬有禮，等他講完，再找一個適當的機會重新表述自己的意見。這不僅不會與客戶意見不一而發生正面衝撞，還將贏得再次說服客戶改變已見的機會。

簽訂業務合約後，對於行銷員來說僅僅是開了一好頭，還要及時督促生產廠商按期交貨，仔細驗貨，認真履行合約規定的條款，如果認為簽訂協定就成事大吉，可以高枕無憂，而不去做好履約的工作，何時交貨、貨品的品質如何均一問三不知，這樣只會喪失信心，最終喪失客戶，砸了公司招牌。

欲進先退以柔克剛

有時推銷員如果能客觀的顧客說：「這類商品不太適合你。」這會令顧客備感新奇。從長遠的利益著想，在許多時候以退為進的策略運用往往比全速衝刺更能感到獲得成功，當推銷員對顧客說：「先不急著買這個吧！」的時候，不僅贏得了對他的好感與信任，而且當再向他推銷其他商品時，也就容易接受了。

身為一名優秀的行銷員，要與客戶發展業務關係，更要建立起共同興趣，愛好下的友誼，這將會讓生意上的合作更加愉快，對初訪者來說，客戶那寬敞舒適、陳設考究的辦公室都是很好的話題。人事房地產生意的經紀人哈桑先生拜訪著名的唱片公司的總經理時，走進這位唱片鉅賈寬敞明亮的辦公室，牆上掛滿了當今正紅的音樂家、搖滾歌星的巨幅照片，儘管這位哈桑先生對流行音樂一竅不通，更難叫出那些歌壇天王們的名字。但哈桑卻從唱片鉅子的照中發現現在的他，身材已變得比照片苗條多了，他巧妙的把話題引到減肥健身這個人人都關心的問題上：「我們洽談生意經之前，我非常的想知道，你是如何節食健身的。」

幾分鐘後，節食健身的話題使他們二人成為了無話不談的知己。

這裡向你介紹一個以柔克剛的故事，美國雷德華影視公司推出的《維多利亞王烈史》中，有這樣一組鏡頭：女王維多利亞理事完畢，深夜回到臥房，見房門緊閉，她就敲起門來。房內，她的丈夫阿爾伯特公爵問：「誰」。她習慣的回答：「我是女王」。沒有開門，她接著再敲。房內又問：「誰」，她威嚴的答到：「維多利亞。」

還是沒有開門，她徘徊了半晌，再敲，房內又問：「誰」，這次她溫柔的答道：「你的妻子。」門開了，一雙手把她拉了進去，她不僅敲開了門，也敲開了丈夫的心扉。

生活中常有這種情景：一個青年犯了過失，一位主管怒不可遏，狠狠數落青年，而另一位主管只是拍拍這個青年的肩膀，微微一笑而已。

結果，前者使人的產生反感，後者則由於表現出理解和寬容，反而使青年受到震撼，進而反省自己。

人在生氣發怒時，會分泌出一些腎上腺素，這種腎上腺素的大量增加，會使人體的血糖和血壓增高，情緒激動，自制力減退，在這種情況下，任何剛烈語言的刺激，大多會形成火上燒油的反作用。

某部有位陳排長，遇事總愛發火動氣，戰士們背地稱他「陳老虎」。連長，指導員找他談了多次，他總認為「虎不威成不了百獸之王，官不威治不了戰士。」後來，他的同窗好友二排長對他說：「老陳，現在戰士不是靠我們的『威』所能治服的，而是要靠耐心說服和關懷。管理才能帶好部隊，你直接帶領的幾名戰士現有幾名要求調走，難道這不能說明問題嗎？」

聽了二排長的忠告後，陳排長想到戰士敬而遠之的表現，轉變了帶兵態度，一年後被連裡樹立為「愛兵模範」。

還有這樣一個例子，某商場一位優秀營業員，一天接待了這樣一位十分

挑剔的女顧客，足足用了幾十分鐘還沒挑選出來，當營業員的服務去接待別的顧客時，這位女顧客把臉一沉，指責道：「有你這樣服務態度嗎？我先來，東西還沒有買完，為什麼丟下我又去接待別人？」如果遇上脾氣暴躁的人，就會頂撞起來，可是這位營業員卻走過來和顏悅色的說：「請原諒，我店生意忙，對您服務不周。讓您久等了，我服務態度不好，歡迎指教。」

這位女顧客也感到很不好意思的說：「我說的話得欠妥，也請您原諒。」這位營業員用的是「似水柔情」的語言，但力量卻「勝似千均」避免了一場爭吵，使顧客滿意而歸。

通常來說，人們往往尊敬說話溫和的人，說話溫和可以使對方以相同的態度回報。

柔和的語言，在遣辭用句、聲調語氣上有一些特殊要求，比如：在交談中應注意使用謙詞敬語，禮貌用語和讚美詞，以表示尊重對方，引起好感。

在句式上，應注意使用祈使句和疑問句，少用祈使句，多用疑問句。如說：「你到這裡來吧！」就不如使用：「您方便到這裡來嗎？」使人更樂意接受。另外，少用否定句，多用肯定句。如說：「你這個觀點是錯誤的。」就不如說：「我同意另外那種觀點。」要注意用詞的情緒，多用褒義詞、中性詞，少用貶義詞。

當然，柔和的語言也不是萬能的，比如它對那些失去了良知、失去了理智的人，對於「吃硬不吃軟」的人是無濟於事的，有時，反而會被認為是軟弱可欺。只能助長囂張氣焰，對這種人就不能過度遷就、委曲，另外，在嚴肅的交際場合也不宜採用柔言以免與整個氣氛不協調，影響交際效果。

直截了當不繞彎子

為了攬到業務已花費了不少精力，但為這筆生意做成，業務員已做了大量艱苦而仔細的工作，可以說成交前的工作是艱辛，極富挑戰性的，這正是商貿活動的樂趣所在，但是並非是每筆生意都能成交，若不能成交，為此所付的努力將像骨牌倒下一樣，一切都要從另一筆生意開始從頭做起。

因此，在一般人的心目中，往往把生意的成交與否作為行銷工作的成功與否的重要標誌。並且這是一項需要掌握高超談判藝術的工作，實際上這是一種誤解，在一般的行銷工作中，成交僅是一項水到渠成的過程而已。並非那樣神祕。唯一需要牢記的是，該下訂單的時候，自己一定向客戶提出，這是非常重要的。

IMG 集團公司創業時，經過長期的工作，業務工作局面開始打開，有一天終於約見了幾個月來就想拜見的，全美名的席夢思床墊公司的總裁格蘭特‧席夢思以及好幾位副總裁，向他們推銷公司的服務，希望為該床墊公司生產配套產品。整個會談進行得十分順利，但是床墊公司彷彿仍然沒有被說服下決心合作的意向。如果錯過這個機會，再找機會將這幾位公司的巨頭與位公司的董事長們聚集一起，那可能會是幾個月以後，甚至更長的時間的事，為此，邁可先生，這位精明的總經理便是果斷的向格蘭特‧席夢思先生，這位床墊公司的總決策人提出自己的想法。

邁可先生說：「我們剛才非常榮幸的向各位介紹了本公司能為貴公司提供的配套服務，對於雙方今後的計畫，前景也得到了各位一致的贊同，這項合作計畫對我們雙方都將是有利可圖的，但是如果我們一離開這房間，這項業務對相對貴公司的大業務來說實在稱不上什麼，或許會被暫時擱置一旁，因為對你們公司來說業務實在是太多了，但對我們公司來說則非常重要，為此

我們等待了四個月的時間，既然我們都認為這是一個可行的合作專案，何不趁格蘭特先生和幾位副總在場，把合作協定簽了為我們的初次合作劃上一個圓滿的句號呢？希望能原諒我的冒昧請求。」

當然，結果是非常成功而簡單。格蘭特·席夢思先生從沙發上站了起來，握住了邁可先生的手，說「好」。合作協定就這樣簽約了。

當邁可回到公司將結果告訴同仁，他們都感到如此驚奇而難以置信，不到一個上午的會就大功告成，但結果正是如此，只要抓住機會，要求客戶下訂單，成功的過程就是這樣簡單。銷售言語學問最多

合理的確定銷價，讓中意的客戶接受，同時讓公司也有可觀的利潤，這正是每位銷員朝思暮想的事，推銷業中盛行著這樣一句話「在這樣的生意中，低價推銷總是比高價推銷更能為顧客所接受。」因為從市場上看，能夠從容不迫的接受數百萬美元以上的大項目公司不多，而對於幾萬美元的業務。勇於下手的客戶卻比比皆是，這正是低價推銷的定理所指。

ING 公司採用低價推銷的步驟有二：

第一，將公司推出的產品，專案優勢予以清晰的介紹。勾畫出未來發展的前景，當客戶迫切的想知道到底得花多少錢時，推銷員則巧妙的以別的公司為例，曾經為該專案投資了數百萬美元的錢，而另一家公司則不到一百萬美元。從而使這些高價格深深的印在客戶腦海中。

第二，這一步至關重要，當這個高價碼已高懸客戶頭上時，該公司行銷員推銷提出僅花四萬美元的方案。如果客戶接受，公司則成交一筆生意，並結交一位新朋友。

往往在這時，客戶總是說：「我們的方案是把項目做得更大一些。」當然這對公司來說前景更為樂觀。從客戶的話語中，我們可以得知他們對項目的認可程度。根據客戶思路我們還可以將項目做得更多，以此推銷更多

的產品。

正是由於在區區數萬的報價中，找到了推銷員與客戶的共同點，為雙方滿意的合作打下良好的基礎。採用這些方法，並非是商人的狡詐和耍心計，而僅僅是商務活動中廣泛使用的，公認為是壓力最小的推銷策略。

與此相反，在電腦、汽車行業，這些經銷商們總是千方萬計的想提高成交金額，讓顧客花上更多的錢來買他們的產品。當一位急於購車的顧客走進汽車展銷中心，說好要買一輛價值一萬美元的車，業務員卻先把他帶去看價值 3 萬美元的樣車前，他們這樣做並非完全沒有道理，因為：

顧客或許就買想這種車；

這一等級的車價格與顧客嘴上講的價之間並非就沒有一點議價的餘地；即使不行，仍有便宜一點的車可以選擇。

這種推銷方法，正是人們所講的高額推銷。銷售商們正是想採用如此推銷手段使顧客改變原來的採購方案。來購買價格稍高的商品，直接高額推銷給顧客帶來壓力和反感。為此，行家們認為，正是為了擺脫高額推銷的壓力，去追求一種輕鬆的購物環境，從而使低價推銷在行其道，備受顧客青睞。

正如一位顧客來購買 10 萬美元的車，銷售員則帶他參觀完不同價格、性能的車後，為他選中的是一輛標價 11 萬美元的車，如果他同意則生意做成，反之他卻想購買性能更好，品牌更優、價格略高的車，這樣結果會更好。雖然多花了錢，但卻是顧客心甘情願的，他絕不會以為是銷售員有意引導。

抓住切入點，窮追不捨

在推銷工作中，要細心尋找切入點，抓住不放，比如：在商談中，在商

務人員進行建議和努力說明之後，客戶有時會說一句：「我知道了，我考慮看看。」或者是：「我考慮好了再跟你聯繫，請你等我消息吧。」

這話是什麼意思？是不是表示他真的有意購買，只是現在還沒考慮成熟呢但是商務洽談往往就是從被拒開始的，身為一名推銷人員，當然不能在這種拒絕面前退卻下來。正確的做法應該是迎著這種拒絕頑強的走下去，抓住「讓我考慮一下」這句話好好的加以和利用，充分努力達到商談的成功。

1. 「我很高興能聽到您說要考慮一下，要是您對我們商品根本沒有興趣，您怎麼會肯去花時間考慮呢？」

2. 「可能是由於我說得不夠清楚，以至於您現在尚不能決定購買而還需要考慮，那麼請你讓我把這一點說得更詳細一些以幫助您考慮。」

3. 「您是說想找個人商量，對吧？我明白您的意思，您是想購買的，但另一方面，在您又在乎別人的看法，不願意被別人認為是失敗的、錯誤的。其實，若是您並不想購買的話，您就根本不會去花時間考慮這些問題的。」

這樣，緊緊咬住對方的「讓我考慮一下」的口實不放，不去理會他的拒絕的意思，只要借題發揮，努力爭取，盡最大的可能實現推銷夢。

談吐舉止中的禮儀須知

現代生活裡，如果沒語言，人們的生活將不堪設想。

我們在現代社會中，不管一個人的內在智力多麼高超，若不借助口才的表達，絕不可能獲得成功，因此，口才已成為決定一個人生活及事業優劣成敗的關鍵因素，據心理學家研究說，從一個人每天所說的話，可以判定他每天的工作生活情況；因為一個人每天的喜怒哀樂，往往由其語言來決定，很多人接觸時都是透過所談的話，才去判斷這個人的能力，難怪社會上總是對那些語氣柔和的人付託重任了。

在商談中，主要依靠言語的表達，這就是要求商務人員在言語的語氣、語調、遣辭用句方面給人一種明快開朗，給人以向上、愉快的感受。

1. 首先了解自己聲音的特徵，低沉還是高亢，刺耳還是柔和，有力還是有氣無力針對自己嗓音的特點，盡力尋找一個適合自己特點的發音方法，使人聽起來覺得振奮而舒適。

2. 一般說，聲音大要比聲音小成功率高，小聲說往往容易使人聽不清楚，還有一個缺點是會令人產生陰沉，似乎有不可告人的嫌疑。所以還是盡量大聲說話，不過「大聲」也不要過頭，要說一句話就嚇得對方翻三個跟頭。

3. 選擇通俗的用語，用到較深奧的字眼「應立即給予解釋，不要故意賣弄，吹得其玄乎其玄，讓人覺得你華而不實，不宜深交。

4. 使用術語、習慣用語、符號、專業用語的前提，也是必須讓對方聽懂，對方不明白的術語，寧可放棄。「隔行如隔山」。雖然在現代高科技條件下，這種狀況已經有了很大改變，但終究還是存在著差異，你懂的術語、符號，對方可能聽都沒聽過，相反，對方懂的你可能也一概不知，這就需要雙方共同努力，達到溝通，使商談得以順利進行。

5. 用語準確、明確，禁止曖昧的說法，如「酌量」、「適度」等用語，應給出準確的範圍和程度。

另外，在商淡中，還應保持良好的風度姿勢。

坐下時要注意腰、背挺直坐好，不要彎腰駝背，顯得懶散。沒有精神。兩膝不要開得太大，否則大張著兩條腿，顯得很不禮貌，適宜的距離是不要超過肩膀的寬度，此外還有兩個切忌的事項：

1. 忌蹺起二郎腿，腳尖亂抖，這樣不僅別人認為你不懂禮貌，沒有教養，還顯得你沒有誠意，態度不嚴肅。

2. 更不能脫下鞋子搔癢。「隔靴搔癢」，當然是辦不到的，可是如果因為腳癢就脫下來搔，實在是太失禮了，且不說你的腳是不是臭氣熏天，單是那形象就可以令人作嘔三天了。「噁心」成這樣，商談就別再奢望有一絲成功的希

望了。

雙手要保持正確得當的位置和姿勢，標準的姿態是將手輕輕置於面前的桌上，或交疊放於腿上，以下各項都是不正確的；

1. 用指玩弄名片，或玩弄眼前的茶杯、鑰匙、打火機、原子筆等物品，這樣做不僅顯得你心不在焉，沒有禮貌，有經驗的客戶還可透過這些小動作看出你的弱點，不利於你與他之間的談判。

2. 用手抓摸脖子、鼻子、頭髮、揪耳朵、摸下巴等，有經驗的客戶透過這些動作可判斷出你此時的心理狀態，從而把商談引向對他方有利的方向。

3. 用手指打拍子，啪啪作響，或用手指彈紙上的不存在的灰塵，弄出很大的「啪啪」的聲音。做這樣的動作尤其顯出你沒有教養，對商談不重視，不感興趣，的確令人非常惱火。

4. 商談中在紙上亂塗亂畫，這個無意間的動作也會顯得你心不在焉，還會洩露出你的祕密。所有上述這些小動作，都有害於商談的進行，應該盡快改正。

5. 座位分布的講究。

在談判時，顧客和推銷員的座位分布和高矮，對買賣的成功失敗關係很大。另外，如果顧客與推銷員的座位相距比較遠，就不好用心理戰術控制顧客，同時也難與顧客親近，對雙方交易的合作不方便，何不使雙方座位離得很近，便於交談，在心理上使雙方的距離拉得也近了，這樣很容易消除顧客對你的抗拒心理，同時，坐得很近可使推銷員在顧客精力不集中時，運用肢體語言，引起他的注意，如果相距很遠就不可能這樣做，所以坐得近是必要的。

另外，如果顧客有幾個人，這座位怎麼分配比較合理呢？

1. 要使顧客在推銷員進行商品介紹說明時集中精力，不致使他看到別的景物，同時便於在顧客不集中注意力時，推銷員可提醒他一下。

2. 要避免顧客之間商討，否則推銷員所面對的就不是一個人或兩個人的智力，

而是面對兩個有協調關係的組合體，如果顧客之間很接近就會使顧客的心理有了信心，就有了依靠，同時他們會一看一個弄成僵局，誰也不願意先訂貨，這樣對於推銷就大大不利了。

3. 要使顧客與你很近，在心理上與你有親近感，對你有所依賴，同時也可聽清楚你的商品推銷說明，而且在你進行說明時不受顧客之間談話干擾。4 座位的分配要使推銷員能清楚的觀察顧客的神情變化，還可以同時觀察幾位顧客的心理變化。

取得客戶信任，縮短彼此距離

取得信任

贏得顧客的信任，是銷售業務成交的關鍵。

可是，怎樣才能取得顧客的信任呢？

取得顧客信任的前提就是與顧客面談時，一見如故就應當作到由陌生到相互有所了解，最後才能相互信任，直到相互交個朋友。

在洽談生意前，應先與顧客交談一些各自的情況，為了積極打消顧客與推銷員之間的隔閡，就應當先介紹一下自己，先對顧客介紹自己的背景，生活情況，對自己職業的看法，或者再談一些熱門話題，這樣就可以打消顧客對你的防禦心理，使雙方交談熱烈，使彼此更為親近，更容易使雙方合作，使氣氛適合於交易的成功。

有時當你談了自己的情況後，顧客會有一種看不起你的心理，覺得你只是一個可交談的推銷員，如果你從他的表情看到這一點後，不必太擔心，因為對於第一次交談，希望的應該是「讓顧客輕視你，但你要重視任何一個顧客。」

　　因為當顧客輕視你後，你對於他所說所做，就很容易使他相信，就很容易落入你的計畫中，因為他輕視你，使他對你放鬆了警惕，你較容易與他們達成交易。

　　推銷時的商談當然並不是一開始就完全切入正題，選擇適當的主題，縮短與客戶之間的距離，使自己逐漸被客戶接受，然後把話題，縮短與客戶之間的距離，使自己逐漸被客戶接受，然後把話題引向自己的商品，從而開始商談，這樣才是成功推銷的正確途徑。

　　因為在每個人看來，這世界上最重要的最親近的人就是他自己，他所喜歡聽的，當然是別人提起他自己的事，因此，最好的話題是談引起對方最關心的事。

　　所以，如果想要讓客戶喜歡你，接受你，使商談獲得成功，就有必要多花些心思研究客戶，對他的喜好、品味有所了解，這樣商談時才能有的放矢。

　　當然，關於對方嗜好的話題是容易引起共同語言的，不過愛好畢竟是因人而異，最有效的方法是培養那些能引起人們普遍興趣的項目，除此之外，還有一些資料，比如對方的工作、時事、孩子家庭等，都是對方所關心的，或者每個人都比較關心的，這些都可以作為引起對方興趣的話題，以此可以把商談導入成功的軌道。

　　必須要謹記，在商和過程中，主角永遠必須是買方、是客戶，而賣方必自始至終完全扮演配角才可以。「這傢伙只會談論自己」得到的反應恐怕只會是冷冷的兩個字 ── 「不買」。

商談技巧是成功法寶

　　無論在生活中還是商業談判中，都需要得體的語言。

　　一位拳擊手，平日長於拳術，卻訥於語言，甚至因此而影響了他的知名度。有一次，他參賽時，膝蓋受傷，觀眾大失所望，對他的印象更加不佳了，當時他沒有拖延時間，立即要求停止比賽。

　　他說：「膝蓋的傷還不至於到不能比賽的程度，但為了不影響觀眾看比賽的興致，還是要求停賽為好。」在這之前，他並不是一個很得人緣的人，卻由於他對這件事的解釋，使大家對他有了極佳印象，他為了顧全大局面請求停賽的確為恰當的言辭，深深的感動了觀眾。可見，說話技巧的另一方面還表現在打動人心上，這位拳擊手以扣人心弦的一句話挽回了觀眾對自己的不良印象，真是一字千金，一鳴驚人。在商業談判中，如何取勝，也離不開得體的語言技巧，比如：

　　如何在開場白幾句話中引起對方的注意，使對方產生興趣如何回答一些不大了解了問題，而又不讓對方產生輕視的態度如何費許對方如何責罵對方：如何表示自己的不滿如何解決問題的各種有理以及無理的要求等等，全在於語言上的運用，使用得當便可成功或成功率比較大，用得不當則必然失敗，因此，為了取得成功，必須具有以下幾種態度和方法技巧。

1. 以熱情的態度，耐心的精神以及尊重對方的動機與對方交談，這是任何交往活動中的最主要的，也是最基本的要求。

2. 靈活一些，切忌呆板，不可說使對方生厭的字詞或事物，開場白，可以從對方的話來引出，一定要避免過多的說話，言多必失。

3. 贊同、附和對方，使對方對自己產生好感，也可使談話得到進一步開展。

4. 對顧客的一些不良習慣或不當用語，要學會寬容，不要當面指出，對方做了對自己或公司不利的事，講話一般要適當，不可大作文章，於事無補，當顧

客強詞奪理，不講道理時，也要據理力爭。

5. 遇到困難問題，或不好直接提出問題時。可委婉的表達，利用第三者等等，不可傷了元氣。

6. 具有說服力，善於表現自己的或商品的優點。使自己具有較強的競爭力。

7. 學會並善於道歉或表示謝意，也要善於利用對方的優點或弱點。

8. 以和氣生財為原則，處理事情，力爭辦好。在商業談判中，主要是依靠談判進行，所以說話技巧運用的好壞、直接關係到買賣的成敗。

好的說話技巧，能使一樁瀕於破裂的交易起死回生，煥發生機；而拙劣的說話技巧，即使一件即將大功告成的生意也有可能為此而一塊臭肉壞了一鍋湯。白白的斷送機會。第一個技巧是：即使是我方的要求，也要講成向對方詢問意見。

例如：與其生硬的說：「我在十點的時候去拜訪您」，不如委婉些說：「我十點鐘去拜訪您，好嗎？」或「明天十點您有空嗎？我能不能在那個時間去拜訪您？」這些話原意都一點也沒變，所變的只是口氣溫和了許多，但給人的感覺就不一樣了。從命令轉為請求。從要求變為詢問，語言的妙處真是無窮。第二個技巧是：否定對方之前，先加一句「緩衝語」。「對不起，我們公司沒有您所說的產品。」客戶向你推薦某些產品，而本公司不需要，則可說：「謝謝您專程打電話來通知，可是我們公司目前沒有這方面的需要。」

這樣就不至於莽言快語衝撞了客戶，使他不快而得罪了廠商。第三技巧性的提出反對意見，對方說出自己的觀點，而自己不同意，不能跟他直接的正面衝突，要巧妙的從側面衝殺出來包抄他。如客戶說：「你這份產品計畫書，和前幾天提出的一樣嘛！」

你可以這樣回答：「是的，不過我絞盡腦汁，修改了其中一些缺點。」

在回敬客戶的挑毛病時，可以說：「您說得很有道理，但我想從另一個角

度來解釋一下……」

做到反而不露痕跡，讓他舒舒服服的接受你的恭維，但不知不覺中已經進了你的「圈套」，再想溜已經不可能了，只好乖乖的「束手就擒」，接受你的觀點和意見。

消除疑慮疑為己服務

在顧客的心中，開始時總是不太信任推銷員的，而是更相信其他顧客的話，從其他顧客那裡獲得關於商品的各種各樣的資訊，以利於自己購買商品和驗證推銷員的話是否是事實，以免被推銷員欺騙了。

當你在與顧客交談時，有的顧客認為你的話可聽可不聽，不是很在意，有的客戶還以高傲的口氣與你談話，還不時的與其他顧客交談評價商品的好壞，這種商品在其他地方銷售的行情等，這對你的推銷工作很不利，必須採用辦法來制止它。

身為推銷員，要制止這種情況的發生，採用強硬辦法顯然是行不通的，只有掌握住顧客的心理，順著他的心理吸引他。

比如說，有的顧客顯出對你一副不在意的樣子，這時你就可以向他表明你並不是一位普通的推銷員，而是一位對市場情況很熟悉，對顧客的回饋資訊作過深入調查的推銷員，你具有很多一般的推銷員所沒有的知識，顧客一般是願意選擇那些具有決定權的推銷員，從他那裡可得知更多的情況，你就可以迎合這一點，當顧客對你的身分相信以後，他就會很認真的與你交談，不再與其他顧客交換意見了，你也就可以進行推銷工作了。

商務談判技巧

如果用二十個字來概括談判技巧，可以說：「步步為營，逐漸引誘，有禮

有節，不卑不亢，及時出手！」

步步為營，逐漸引誘

談判要有步驟、按步驟進行，談判要一個一個問題解決，談判不能快，談判要企劃，有備而談。

談判是一場企劃。高明的推銷員在與客戶談判之前，以將談判步驟、要談及的問題全部羅列出來，並安排先後順序，對客戶將預期提出的一些問題進行初步判斷。

實際談判中，經常會出現被客戶牽著鼻子走的局面，主要原因就是談判沒有規劃，沒有自己的思路。在談判過程中，被客戶打斷，就失去了自己的主線。等談完後，才發現與客戶在某個問題上糾纏了幾個小時，其他的事項根本沒有提及。整個談判失敗！如果先規劃，按計畫的思路進行，客戶提出疑問或者故意想引開你，你只需對客戶提出的問題簡單做答，馬上回到原來的步驟中繼續談判。

談判不能太快。有些推銷員到客戶那裡將所有事項一講完，就認為自己的談判完成了，結果客戶提出一大籮筐的問題，自己一個也解決不了，事情還是沒有達成。

例如：經理安排推銷員到某客戶處安排一次促銷，並結算上一筆的貨款。推銷員去之後，將促銷計畫告訴了客戶，馬上提出收款的事情。客戶於是向推銷員提出了一大堆的市場問題，推銷員一聽，完了！一個也解決不了。

為什麼？太快！順序不對！在沒有弄清楚對方的需求之前，切忌將自己的底牌很快抖出。重新安排一下談判步驟，按步驟一項項進行，結果會大相徑庭。先到客戶那裡了解市場情況，客戶肯定會向你提出許多市場問題，等客戶將市場問題說完了，你告訴客戶經過認真考慮安排一次促銷來緩解、解

決市場問題，並就市場下一步發展與客戶探討，最後提出辦款的事。我們可以想一下，自己是客戶，會拒絕辦款嗎？不辦，有些說不過去！

談判是講條件的過程，切忌將你的問題全部說出，要一個一個陳述，一個個商討解決方案。不要在第一個問題沒有解決之前，拋出第二個問題。否則第二個問題一說，你馬上要陷入被動的、沒有結果的、新談判中。

談判是一場陷阱遊戲，要故意設一些善意的「陷阱」，引誘客戶「就範」。

有禮有節，不卑不亢

尊重客戶，有原則的尊重，得體的尊重。

尊重客戶是一件永遠正確的事情。陳安之在演講是曾舉過一個「背對客戶，也要 100％尊重客戶」的例子。

一個業務代表與客戶預約晚上 10：00 通電話，早上按時與妻子 8：00 就上床睡覺了，9：45 鬧鐘響了。業代起床，脫掉睡衣睡褲，穿上西裝，梳妝打扮一番，精神抖擻，10：00 準時與客戶通了電話。打電話 5 分鐘。接著又脫掉西裝，穿上睡衣睡褲，上床睡覺。這是妻子開始發問了，「老公，你剛才做什麼呀？」「給客戶打電話。」「你打電話只有 5 分鐘，卻準備了 15 分鐘，何況又可以在床上打。你是不是瘋了？」「老婆，你不知道啊！背對客戶也要 100％尊重客戶，我睡著給客戶打電話，雖然客戶看不見我，可是我看得見我自己！」

尊重別人是一種美德，更何況「客戶是上帝」，我們需要聆聽客戶抱怨，我們有時候需要扮演出氣筒桶」的角色。客戶許多時候是想傾訴，找一位聽眾。

但這裡，須要強調的是：尊重客戶要有原則的尊重，得體的尊重。

實際推銷中，有些推銷員是徹頭徹尾的阿諛奉承客戶，不敢說半個「不」

字。這叫「過火」、「過猶不及」！曾經有一位推銷員陪一名業代與客戶吃飯，整整 3 個小時，業代全部阿諛奉承客戶，什麼「您了不起！」、「您生意做得大！」、「您為人好，大家一致好評！」、「您這裡，我們最放心！」、「您是我們學習的榜樣！」……客戶也喜歡這樣，所以為這位推銷員講起了創業史。3 小時就這樣白白流走了，什麼案子都沒有談成。

還有一部分客戶經常喜歡故意在推銷員面前擺架子，刁難業務代表。碰到這種客戶，一味尊重是談不成生意的。

筆者曾經遇到過這樣一個客戶，他生意做得大，是我們的二級客戶，一直想做一級客戶，公司去了許多人，考察都感覺暫時不行。某推銷員去拜訪他，剛進門自我介紹完，就被罵一通「你們公司的人都是一群廢物！廢物！廢物！還來做什麼？」某推銷員一下子愣了！不知道說什麼了！接著他又將剛才說過的話重複了一遍。某推銷員忍不住了！為了公司的形象，為了個人的尊嚴，某推銷員有義務從今天開始重新在客戶這裡樹立公司人員的形象！某推銷員平靜而有力的說：「經理，我知道你對我們公司有些誤會，我禮貌性拜訪，你不應該這樣對我。就算我們在街上偶然撞上，你也不會這樣對待一個陌生人。更何況你現在還在做我們的產品，還想繼續做我們的產品，還是賺錢的！你不應該這樣對我，有問題請說出來，時間變化了，情況變化了，我們可以一起商量，才有解決問題的可能！」客戶被推銷員的話說服了，他馬上收起粗魯的態度，將抱怨的情況、原因全部說出來了，還主動向我道歉！後來生意做成了！

在談判過程中，還有一個情與原則的矛盾點。有許多推銷員與客戶建立了良好的感情，面對工作中的一些制度化、標準化的規定，反而不敢直接向客戶講解，害怕破壞了彼此的交情，在一些政策性的問題上給客戶講的也是簡單帶過，讓客戶產生誤解。結算期到時，矛盾也出現了，結果不歡而散！

在這裡，要強調幾點：

1. 政策性東西不要一步到位；
2. 無法確定的事情不要擅自決策；
3. 客戶抱怨要認真傾聽；
4. 原則性的問題不能模糊，要認真講解。

及時出手

善於識別與把握成交機會，達成交易。

1. 識別成交機會

哪些是成就機會？如：客戶在詢問性能、特點、品質後，接著又問了產品價格，也沒有表示什麼疑問，接著談起了售後服務的一些問題。此時成交機會已經出現，客戶提出的售後服務你都解答，成交已水到渠成！

客戶就只針對價格進行談判外，其他都不提什麼疑問時，成交機會出現。這時推銷員只需要向客戶解釋「物有所值、物超所值」，打消客戶對價格的懷疑，馬上就可以成交。或者在進行多輪討價還價後，稍微讓出一點利，並告訴客戶這已經是我的底限，不要錯過機會。

2. 巧言妙語促成交

在零售學中有這樣一項統計：20%的顧客是事先已計劃購買某種產品，80%的顧客都是臨時產生購買欲望，並進行購買決策的。可以說大部分顧客是隨機構買的，受推銷員的影響較大，推銷員的介紹說明、服務是其購買決策的一個重要依據。推銷員又主要是透過語言、交談、問話來影響顧客的。透過研究沒有成交的一些案例可以清楚看出：都是沒有識別成交機會，沒有利用談話、問話的技巧來促成交易。所以有時候，優秀的推銷員都認為：「沒

有成交，就是你沒有說好，沒有問好。」

　　關於推銷口才與技巧的知識還有很多，各位讀者朋友也需要邊實踐邊總結，這樣才能逐步提高自身的業務水準和行銷能力。

第四章　推銷之王的冠軍法則

記住客戶的名字

　　無論做什麼工作，做任何事情，只要和人打交道，就要尊重別人，只有尊重別人，工作才能順利開展。在推銷活動中，記住客戶的名字和稱謂也很重要。

　　在卡內基很小的時候，家裡養了一群兔子，所以每天找青草餵兔子，成了他每日固定的工作。卡內基年幼時家中並不富裕，他還要代替母親做其他的雜事，所以，實在沒有充足的時間找到兔子喜歡吃的青草。因此，卡內基想了一個辦法，他邀請了鄰近的小朋友到家裡看兔子，要每位小朋友選出自己最喜歡的兔子，然後用小朋友的名字給這些兔子命名。每位小朋友有了與自己同名的兔子後，每天都會迫不及待的送最好的青草給予自己同名的兔子。

　　名字的魅力非常奇妙，每個人都希望別人重視自己，重視自己的名字，就如看重他本人一樣。傳說中有這樣一位聰明的堡主，想要整修他的城堡以迎接貴客臨門，但在當時，各項物質資源相當匱乏，聰明的堡主想出了一個好辦法：他頒發指令，凡是能提供對整修城堡有用東西的人，他就把他的名

字刻在城堡入口的圓柱和磐石上。指令頒發不久，大樹、花卉、怪石……都有人絡繹不絕的捐出。了解名字的魔力，能讓你不勞所費就能獲得別人的好感，所以，如果你是一個推銷人員，千萬不要疏忽了它。

銷售人員在面對客戶時，若能經常流利的以尊重的方式稱呼客戶的名字，客戶對你的好感也將越來越濃。專業的銷售人員會密切注意，潛在客戶的名字有沒有被媒介報導，若是你能帶著報導有潛在客戶名字的剪報拜訪你初次見面的客戶，客戶能不被你感動嗎，能不對你心懷好感嗎？

1898 年，紐約石地鄉發生了一起悲慘的事件。村裡有一個孩子死了，鄰居正預備赴葬。那天地上積滿了雪，天氣寒冷。巴勒到馬棚去騎馬，那馬好幾天沒有運動了。當它被引到水槽旁時，就在地上打轉，雙蹄騰空，竟將巴勒踢死了。在一個星期內，這個小小的村子就舉行了兩次喪禮。巴勒遺下妻子，三個孩子，還有幾百美元的保險。

他 10 歲的長子傑姆到磚廠去工作，任務是把沙搖進模型中，然後將磚放到一邊，讓太陽晒乾。這個男孩從未有機會接受過教育，但他有著愛爾蘭人樂觀的性格和討人喜歡的本領，後來他參政了，經過多年以後，他養成了一種非凡的記憶人名的奇異能力。

他從未見過中學是什麼樣子，但在他 46 歲以前，4 所大學已授予他學位，他成了民主黨全國委員會的主席，美國郵政總監。

記者有一次訪問傑姆，問他成功的祕訣。他說：「若干。」記者說：「不要開玩笑。」

他問記者：「你以為我成功的原因是什麼？」記者回答說：「我知道你能叫出 1 萬個人的名字來。」

「不，你錯了，」他說，「我能叫出 5 萬個人的名字！」

正是他的這種能力後來幫助羅斯福進入了白宮。

在傑姆為一家石膏公司做推銷員四處遊說的那些年中，在擔任石地村祕書的時候，他發明了一種記憶姓名的方法。

最初，方法極為簡單。無論什麼時候遇見一個陌生人，他就要問清那人的姓名、家中人口、職業特徵。當他下次再遇到那人時，儘管那是在一年以後，他也能拍拍他的肩膀，問候他的妻子兒女、他後院的花草。難怪他得到了別人的追隨！

在羅斯福開始競選總統之前的數個月，傑姆一天寫數百封信，發給西部及西北部各州的人。然後他乘輕便馬車、火車、汽車、快艇遊經 20 個州，行程 12,000 公里。他每進入一個城鎮，就同他們傾心交談，然後再前往下一段旅程。

回到東部以後，他立刻給他所拜訪過的城鎮中的每個人寫信，請他們將他所談過話的客人的名單寄給他。到了最後，那些名單多得數不清，但名單中每個人都得到傑姆一封巧妙諂媚的私函。這些信都用「親愛的比爾」或，「親愛的傑」開頭，而它們總是簽著「傑姆」的大名。

傑姆在早年即發覺，普通人對自己的名字最感興趣。「記住他人的姓名並十分容易的叫出，你便是對他有了巧妙而很有效的恭維。但如果忘了或記錯了他人的姓名，你就會置你自己於極不利的地位。例如：我曾在巴黎組織一次演講的課程，我給城中所有的美國居民發出過一封印刷信。這位法國打字員英文不好，輸入姓名，自然有錯。有一個人是巴黎一家美國大銀行的經理，寫給我一封義正詞嚴的責備信，因為他的名字被拼錯了。可見，記住人家的名字對對方是多麼重要！」傑姆如是說。

學會尊重你的客戶

傑克和約翰去曼哈頓出差，由於在那天早上的第一個約會前有一點時

間，兩個人可以從容的吃頓早餐。點完菜之後，約翰出去買報紙。過了 5 分鐘，他空手回來了。他搖搖腦袋，含糊不清的發洩著憤怒。

「怎麼啦？」傑克問。

約翰答道：「我走到對面那個商店，拿了一份報紙，遞給那傢伙一張 10 美元的鈔票。他不是找錢，而是從我腋下抽走了報紙。我正在納悶，他開始教訓我了，說他的生意絕不是在這個高峰時間給人換零錢的。」

兩個人一邊吃飯，一邊討論這一插曲，約翰認為這裡的人傲慢無理，都是「品格惡劣的傢伙」。以後他再也不讓任何人給找 10 美元的鈔票了。飯後，傑克接受了這一挑戰，讓約翰在飯店門口看著，自己則橫過馬路去。

當商店主人轉向傑克時，傑克和順的說：「先生，對不起，我不知道你能不能幫個忙。我是個外地人，需要一份《紐約時報》。可是我只有一張 10 美元的鈔票，我該怎麼辦？」他毫不猶豫的把一份報紙遞給傑克道：「嗨，拿去吧，找開錢再來！」

傑克興高采烈的拿了「勝利品」凱旋而歸。傑克的同伴搖搖腦袋，隨後他把這件事稱為「街上的奇蹟」。

傑克順口道：「我們這次任務又多得一分，差別在於方法。」

這個故事講述了這樣一個道理：尊重他人是你獲得合作的保證。在這種情況下，推銷員與客戶就能建立起公平和信任，並能互相交換實情、態度、感情和需要。有了這樣的基礎，就可以找到推銷的好辦法，從而使雙方都成為贏家。

掌握成功推銷

吉拉德認為，訂約簽字的那一剎那，是推銷員事業中最有魅力的時刻。

他說：「締結的過程應該是比較輕鬆的、順暢的，甚至有時候應該充滿一些幽默感。每當我們將產品說明的過程進行到締結步驟的時候，不論是推銷員還是客戶，彼此都會開始覺得緊張，抗拒也開始增強了，而我們的工作就是要解除這種尷尬的局面，讓整個過程能夠在非常自然的情況之下發生。」

你在要求成交的時候應該先運用假設成交的方法。當你觀察到最佳的締結時機已經來臨時，你就可以直接問客戶：「你覺得哪一樣產品比較適合你？」或者問：「你覺得你想要購買一個還是兩個？」、「你覺得我們什麼時候把貨送到你家裡最方便呢？」或者直接拿出你的購買合約，開始詢問客戶的某些個人資料的細節。

締結合約的過程之所以讓人緊張，主要的原因在於推銷員和客戶雙方都有所恐懼。推銷員恐懼在這個時候遭受客戶的拒絕，而客戶也有所恐懼，因為每當他們做出購買決定的時候，他們會有一種害怕做錯決定的恐懼。

締結是成交階段的象徵，也是推銷過程中很重要的一環，有了締結的動作才有成交的機會，但推銷員有時卻羞於提出締結的要求，而白白的讓成交的機會流失。

有位挨家挨戶推銷洗滌用品的推銷員，好不容易才說服公寓的主婦，幫他開了鐵門，讓他上樓推銷他的產品。當這位辛苦的推銷員在主婦面前完全展示他的商品的特色後，見她沒有購買的意願，黯然帶著產品下樓離開。

主婦的丈夫下班回家，她不厭其煩的將今天推銷員向她展示的產品的優良性能重達一遍後，她丈夫說：「既然你認為那項產品如此實用，為何沒有購買？」

「是相當不錯，功能也很令我滿意，可是那個推銷員並沒有開口叫我買。」

這是推銷員百密一疏、功虧一簣的原因所在，很多推銷員，尤其是剛入

行的推銷員在面對客戶時，不敢說出請求成交的話，他們害怕遭到客戶的拒絕，生怕只因為這一舉動葬送了整筆交易。

其實，推銷員所做的一切工作，從了解顧客，接近顧客，到後來的磋商等等一系列行為，最終的目的就是為了成交，遺憾的就是這臨門一腳也是最關鍵的一環，卻是推銷員最需要努力學習的。

成交的速度當然是越快越好，任何人都知道成交的時間用得越少，成交的件數就越多。有一句話在推銷技巧中被喻為金科玉律：「成交並不稀奇，快速成交、大量成交才是重點。」這句口號直接說明了速度對於銷售的重要性。

可是，到底要如何才能達到快速成交的目的？首先必須掌握一個原則：不要做太多說明，商品的特性解說對於客戶接受商品的程度是有正面影響的，但是如果解釋得太詳細反而會形成畫蛇添足的窘境。

推銷員如果感覺到客戶購買的意願出現時，可以適當的提出銷售建議，這是很重要的一環。大多數人在決定買與不買之間，都會有猶豫的心態，這時只要敢大膽的提出積極而肯定的要求，營造出半強迫性的購買環境，客戶的訂單就可以手到擒來。千萬不要感到不好意思，以為談錢很現實，反而要了解「會吵的孩子有糖吃」的道理。

適時的嘗試可以達到快速成交的理念，倘若提出要求卻遭受無情的拒絕，而未能如願所償也無妨，只要再回到商品的解說上，接續前面的話題繼續進行說明就可以了，直到再一次發現客戶的購買意願出現，再一次提出要求並成交為止，多一分締結要求就等於多一分成交的機會，推銷員必須打破刻板的老舊觀念，大膽勇於嘗試提出締結合約的要求。

任何時候都要留有餘地

喬・吉拉德說，保留一定的成交餘地，也就是要保留一定的退讓餘地。任何交易的達成都必須經歷一番討價還價，很少有一項交易是按賣主的最初報價成交的。尤其是在買方市場的情況下，幾乎所有的交易都是在賣方做出適當讓步之後拍板成交的。因此，推銷員在成交之前，如果把所有的優惠條件都一股腦的端給顧客，當顧客要你再做些讓步才同意成交時，你就沒有退讓的餘地了。所以，為了有效的促成交易，優秀的推銷員懂得要保留適當的退讓餘地。

有時進行到了這一步，當電話銷售人員要求客戶下訂單的時候，客戶可能還會有另外沒有解決的問題提出來，也可能他有顧慮。想一想：我們前面更多的探討的是如何滿足客戶的需求，但現在，需要客戶真正作決定了，他會面臨決策的壓力，他會更好的詢問與企業有關的其他顧慮。如果客戶最後沒作決定，在銷售人員結束電話前，千萬不要忘了向客戶表達真誠的感謝：

「劉經理，十分感謝您對我工作的支援，我會與您隨時保持聯繫，以確保您愉快的使用我們的產品。如果您有什麼問題，請隨時與我聯繫，謝謝！」

同時，推銷員可以透過說這樣的話來促進成交：

「為了使您盡快拿到貨，我今天就幫您下訂單可以嗎？」

「您在報價單上簽字、蓋章後，傳真給我就可以了。」

「劉經理，您希望我們的工程師什麼時候為您上門安裝？」

「劉經理，還有什麼問題需要我再為您解釋呢？如果這樣，您希望這批貨什麼時候到您公司呢？」

「劉經理，假如您想進一步商談的話，您希望我們在什麼時候可以確定？」

「當貨到了您公司以後，您需要上門安裝及教學嗎？」

「為了今天能將這件事確定下來，您認為我還需要為您做什麼事情？」

「所有事情都已經解決，剩下來的，就是徵得您的同意了。」

「從公司來講，今天就是下訂單的最佳時機，您看怎麼樣？」

一旦銷售人員在電話中與客戶達成了協定，需要進一步確認報價單、送貨地址和送貨時間是否準備無誤，以免出現不必要的誤會。

推銷時留有餘地很容易誘導顧客主動成交。

誘導顧客主動成交，即設法使顧客主動提出成交意願，實施購買行動。這是成交的一項基本策略。一般而言，如果顧客主動提出購買，說明推銷員的說服工作十分奏效，也意味著顧客對產品及交易條件十分滿意，以致顧客認為沒有必要再討價還價，因而成交非常順利。所以，在推銷過程中，推銷員應盡可能誘導顧客主動購買產品，這樣可以減少成交的阻力。

推銷員要努力使顧客覺得成交是他自己的主意，而非別人強迫。通常，人們都喜歡按照自己的意願行事。由於自我意識的作用，對於別人的意見總會下意識的產生一種「排斥」心理，儘管別人的意見很對，也不樂意接受，即使接受了，心裡也會感到不暢快。因此，推銷員在說服顧客採取購買行動時，一定要讓顧客覺得這個決定是他自己的主意。這樣，在成交的時候，他的心情就會十分舒暢而又輕鬆，甚至為自己做了一筆合算的買賣而自豪。

不要為了讓你的客戶一時做出購買的決定，而對他們做出你根本無法達到的承諾。因為這種做法最後只會讓你喪失你的客戶，讓客戶對你失去信心，那是絕對得不償失的。

許多推銷員在成交的最後過程中，為了能使客戶盡快的簽單或購買產品，而無論客戶提出什麼樣的要求他們都先答應下來，而到最後當這些承諾

無法兌現的時候，卻發現絕大多數的情況下會造成客戶的抱怨和不滿，甚至會讓客戶取消他們當初的訂單。而且當這種事情發生時，我們所損失的不是只有這個客戶，而是這個客戶以及他周邊所有的潛在客戶資源。

成交以後盡量避免客戶反悔

有位大廈清潔公司的推銷員李先生，當一棟新蓋的大廈完成時，馬上跑去見該大廈的業務主任，想承攬所有的清潔工作，例如：各個房間地板的清掃、玻璃窗的清潔、公共設施、大廳、走廊、廁所等所有的清理工作。當李先生承攬到生意，辦好手續，從側門興奮的走出來時，一不小心，把消防用的水桶給踢翻，水潑了一地，有位事務員趕緊拿著拖把將地板上的水拖乾。這一幕正巧被業務主任看到，心裡很不舒服，就打通電話，將這次合約取消，他的理由是：「像你這種年紀的人，還會做出這麼不小心的事，將來實際擔任本大廈清掃工作的人員，更不知會做出什麼樣的事來，既然你們的人員無法讓人放心，所以我認為還是解約的好。」

推銷員不要因為生意談成，高興得昏了頭，而做出把水桶踢翻之類的事，使得談成的生意又變泡影，煮熟的鴨子又飛了。

這種失敗的例子，也可能發生在保險業的推銷員身上，例如：當保險推銷員向一位婦人推銷她丈夫的養老保險，只要說話稍不留神，就會使成功愉快的交易，變成怒目相視的拒絕往來戶。

「現在你跟我們訂了契約，相信你心裡也比較安心點了吧？」

「什麼！你這句話是什麼意思，你好像以為我是在等我丈夫的死期，好拿你們的保險金似的，你這句話太不禮貌了！」

於是洽談決裂，生意也做不成了。

喬‧吉拉德提醒大家，當生意快談攏或成交時，千萬要小心應付。所謂小心應付，並不是過度逼迫客戶，只是在雙方談好生意，客戶心裡放鬆時，推銷員最好少說幾句話，以免攪亂客戶的情緒。此刻最好先將攤在桌上的檔，慢慢的收拾起來，不必再花時間與客戶閒聊，因為與客戶聊天時，有時也會使客戶改變心意，如果客戶說：「嗯！剛才我是同意了，現在我想再考慮一下。」那你所花費的時間和精力，就白費了。

成交之後，推銷工作仍要繼續進行。

專業推銷員的工作始於他們聽到異議或「不」之後，但他真正的工作則開始於他們聽到「可以」之後。

永遠也不要讓客戶感到專業推銷員只是為了薪資而工作。不要讓客戶感到專業推銷員一旦達到了自己的目的，就突然對客戶失去了興趣，轉頭忙其他的事去了。如果這樣，客戶就會有失落感，那麼他很可能會取消剛才的購買決定。

對有經驗的客戶來說，他會對一件產品發生興趣，但他們往往不是當時就買。專業推銷員的任務就是要創造一種需求或渴望，讓客戶參與進來，讓他感到興奮，在客戶情緒到達最高點時與他成交。但當客戶的情緒低落下來時，當他重新冷靜時，他往往會產生後悔之意。

很多客戶在付款時，都會產生後悔之意。不管是一次付清，還是分期付款，總要猶豫一陣才肯掏錢。一個好辦法就是：寄給客戶一張便條，一封信或一張卡片，再次稱讚和感謝他們。

身為一名真正的專業推銷員，他不會賣完東西就將客戶忘掉，而是定期與客戶保持聯繫，客戶會定期得到他提供的服務的。而老客戶也會為你介紹更多的新客戶。

愛上你的產品

　　喬·吉拉德說，我們推銷的產品就像武器，如果武器不好使，還沒開始我們就已經輸了一部分了。努力提高產品的品質，認真塑造產品的形象，培養自己和產品的感情，愛上推銷的產品，我們的推銷之路一定會順利很多。

　　客戶最希望銷售人員能夠提供有關產品的全套知識與資訊，讓客戶完全了解產品的特徵與效用。倘若銷售人員一問三不知，很難在客戶中建立信任感。因此吉拉德在出門前，總先充實自己，多閱讀資料，並參考相關資訊。做一位產品專家，才能贏得顧客的信任。假設您所銷售的是工具機，您不能只說這個型號的工具機可真是好貨；您還最好能在顧客問起時說出：這種工具機的優勢在哪裡，這種工具機的技術情況和這種工具機的維修、保養費用，以及和同類產品比它的優勢是什麼等等。

　　多了解產品知識很有必要，產品知識是建立熱忱的兩大因素之一。若想成為傑出的銷售高手，工作熱忱是不可或缺的條件。吉拉德告訴我們：一定要熟知你所銷售的產品的知識，才能對你自己的銷售工作產生真切的工作熱忱。能用一大堆事實證明做後盾，是一名銷售人員成功的信號。要激發高度的銷售熱情，你一定要變成自己產品忠誠的擁護者。如果您用過產品而滿意的話，自然會有高度的銷售熱情，不相信自己的產品而銷售的人，只會給人一種隔靴搔癢的感受，想打動客戶的心就很難了。

　　我們需要產品知識來增加勇氣。許多剛出道不久的銷售人員，甚至已有多年經驗的業務代表，都會擔心顧客提出他們不能回答的問題。對產品知識知道得越多，工作時底氣才會越足。

　　了解更多的產品知識會使我們更專業。

　　產品知識會使我們在與專家對淡的時候，能更有信心。尤其在我們與採

購人員、工程師、會計師及其他專業人員談生意的時候，更能證明充分了解產品知識的必要。可口可樂公司曾詢問過幾個較大的客戶，請他們列出優秀銷售人員最傑出的素養。得到的最多回答是：「具有完備的產品知識。」你對產品懂得越多，就越會明白產品對使用者來說有什麼好處，也就越能用有效的方式為顧客作說明。

此外，產品知識可以增加你的競爭力。假如你不把產品的種種好處陳述給顧客聽，你如何能激發起顧客的購買欲望呢？了解產品越多，就越能無所懼怕，產品知識能讓你更容易贏得顧客的信任。

對本公司的產品充滿信心

推銷人員給顧客推銷的是本公司的產品或服務，那麼你應該明白產品或服務就是把你與顧客連繫在一起的紐帶。你要讓顧客購買你所推銷的產品，首先你應該對自己的產品充滿信心，否則就不能發現產品的優點，在推銷時就不能理直氣壯；而當顧客對這些產品提出意見時，就不能找出充分的理由說服顧客，也就很難打動顧客的心。這樣一來，整個推銷活動難免成為一堆空話了。

如何對你的產品有信心？吉拉德告訴我們以下幾種有效的方法：

要熟悉和喜歡你所推銷的產品

如果你對所推銷的產品並不十分熟悉，只了解一些表面的淺顯的情況，缺乏深入的、廣泛的了解，就會影響到你對推銷本企業產品的信心。在推銷活動中，顧客多提幾個問題，就把你「問」住了，許多顧客往往因為得不到滿意的回答而打消了購買的念頭，結果因對產品解釋不清或宣傳不力而影響了推銷業績。更嚴重的問題是，時間一長，不少推銷人員會有意無意的把影

響業績的原因歸罪於產品本身，從而對所推銷的產品漸漸失去信心。心理學認為：人在自我知覺時，有一種無意識的自我防禦機制，會處處為自己辯解。因此，為消除自我意識在日常推銷中的負面影響，對本企業產品建立起充分的信心，推銷人員應充分了解產品的情況，掌握關於產品的豐富知識。

在熟知產品情況的基礎上，你還需喜愛自己所推銷的產品。喜愛是一種積極的心理傾向和態度傾向，能夠激發人的熱情，產生積極的行動，有利於增強人們對所喜愛事物的信心。推銷人員要喜愛本企業的產品，就應逐步培養對本企業產品的興趣，應當自覺的、有意識的逐步培養自己對本企業產品的興趣，力求對所推銷的產品做到喜愛和相信。

要關心客戶需求、推動產品的改進

任何企業的產品都處在一個需要不斷改進和更新的過程之中。因此，推銷人員所相信的產品，也應該是一種不斷完善和發展的產品。產品改進的動力來自於市場和客戶，推銷人員是距離市場和客戶最近的人，他們可以把客戶意見以及市場競爭的形勢及時回饋給生產部門，還可將客戶要求進行綜合歸納後，形成產品改進的建設性方案提交給企業主管。這樣，改進後或新推出的產品不僅更加優良、先進和適應市場需要，而且凝結著推銷人員的勞動和智慧，他們就能更加充滿信心的去推銷這些產品。

還要相信自己所推銷的產品的具有價格優勢。

由於顧客在心理上總認為推銷人員會故意要高價，因而總會說價格太高，希望推銷人員降價出售。這時，推銷人員必須堅信自己的產品價格的合理性。雖然自己的要價中包含著準備在討價還價中讓給顧客的部分，但也絕不能輕易降價；否則，會給人留下隨意定價的印象。尤其當顧客用其他同類產品的較低的價格做比較來要求降價時，推銷人員必須堅定信念，堅持一分

錢一分貨，只有這樣，才有說服顧客購買的信心和勇氣。當然，相信自己推銷的產品，前提是對該產品有充分的了解，既要了解產品的品質，又要了解產品的成本。對於那些品質值得懷疑，或者那些自己也認為對方不需要的產品，不要向顧客推銷。

塑造產品形象

塑造形象的意識是整個現代推銷意識的核心。

許多推銷界的權威人士提出：推銷工作蘊含的另一個重要目的，除了「買我」之外，還要「愛我」，即塑造良好的大眾形象。在這裡有一點需要說明，那就是樹立的形象必須是真實的，大眾形象要求以優質的產品、優良的服務以及推銷員的言行舉止為基礎，虛假編造出來的形象也許可能會存在於一時，但不可能長久存在。

良好的形象和信譽，是企業的一筆無形資產和無價之寶，對於推銷員來說：在客戶面前最重要的是珍惜信譽、重視形象的經營思想。具有強烈的塑造形象意識的推銷員，清醒的懂得用戶的評價和回饋對於自身工作的極端重要性，他們會時時刻刻像保護眼睛一樣維護自己的聲譽。

有人曾經戲言，如果可口可樂公司遍及世界各地的工廠在一夜之間被大火燒光，那麼第二天的頭條新聞將是「各國銀行巨頭爭先恐後的向這家公司貸款」，這是因為，人們相信可口可樂不會輕易放棄「世界第一飲料」的形象和聲譽。這家公司在紅色背景前簡簡單單寫上八個英文字母「Coca-Cola」的鮮明生動的標記，透過公司宣傳推銷工作的長期努力已經得到了全世界消費者的認可，他們的形象早已深入各界人士的腦海裡，一旦具備了相對的購買條件，他們尋找的飲料必是可口可樂無疑。

對於任何工商企業的推銷員而言，確立塑造形象的意識是籌劃一切推銷

活動的前提與基礎。只有明確認識良好的形象是一種無形的財富和取用不盡的資源，是企業和產品躋身市場的「護身符」，才能卓有成效的開展各種類型的宣傳推廣活動。

　　只有讓產品先接近顧客，讓產品做無聲的介紹，讓產品默默推銷自己，這是產品接近法的最大優點。

了解顧客對你的評價

　　推銷員要不斷完善自我，推銷員要盡量完善在顧客心中的形象，為以後推銷工作的順利進行鋪平道路。

　　一個替人割草打工的男孩讓他的室友打電話給李太太：「您需不需割草工？」

　　李太太回答：「不需要了，我已經有工人了。」

　　室友又說：「我會幫您拔掉花叢中的雜草。」

　　李太太回答：「我的割草工已做到了。」

　　室友接著說：「我會幫您把草與走道的四周割整齊。」

　　李太太說：「我請的那人也已經做了，謝謝你，我真的不需要新的割草工。」

　　室友便掛了電話，此時男孩的室友問他：「你不就是李太太那裡的割草工嗎？為什麼還要打這個電話？」男孩說：「我只是想知道我的客戶還有什麼需求！」

　　男孩透過這個電話知道了客戶對自己的看法，如果有不足他一定會完善自身，這的確是很好的一個方法。

與顧客道別的藝術

俗話說：「天下沒有不散的宴席。」推銷工作進展到成交階段以後，不管雙方的購銷交易能否順利達成，推銷人員都應當適時與客戶道別。

完美的道別能為下一次接近奠定基礎、創造條件。買賣雙方的分手，只是做好善後工作的開始。因此，無論成交與否，推銷員都應保持從容不迫、彬彬有禮的態度。聰明的推銷人員不管成交與否，往往在與客戶分手時都要進一步修整和鞏固一下雙方的關係。

在與客戶道別時，要求推銷人員面對客戶，在態度上有誠懇的表示，在言辭上有得體的話語，在行為上有禮貌的舉止。從這一點上來看，與客戶道別與其說是一種推銷工作方式，倒不如說是一種推銷策略。就推銷活動的結局分析，推銷人員應該區別對待達成交易與未達成交易這兩種不同的情況，採取相對的舉措。

達成交易後如何道別？

達成交易，意味著推銷人員達到了推銷工作的目的，但不是大功告成、萬事大吉。成交後要特別注意離開現場的時機。推銷人員是否立刻離開現場需酌情而定，關鍵在於客戶想不想讓你留下。有人說，成交後迅速離開，可以避免客戶變卦；其實不然，如果推銷工作做得紮實，客戶確信購買的商品對自己有價值，不想失去這個利益，一般是不會在最後一分鐘改變主意的。但若未讓客戶信服，即使推銷人員離開現場，他也會取消訂單。因此，匆忙離開現場往往使客戶產生懷疑，尤其是那些猶豫不決、強做出購買決定的客戶，甚至會懊悔已做出的購買決定，或者變卦，或者履行合約時設置障礙，使交易結外生枝。

應當認識到，成交以後買賣雙方的分手，並不是生意的結束，而是下次生意的開始，所以，成交以後推銷人員匆忙離開現場或表露出得意的神情，甚至一反常態，變得冷漠、高傲，都是不可取的。達成交易後，推銷人員應以恰當的方式對客戶表示感謝，祝賀客戶做了一筆好生意，讓客戶產生一種滿足感，對此點到為止即可。隨即就應把話題轉向其他，如具體的指導客戶如何正確的維護、保養和使用所購的商品，重複交貨條件的細節等。在客戶簽名時，還應慢條斯理的繼續與客戶友好交談。簽約後，不宜長久逗留，只要雙方皆大歡喜，心滿意足，這種熱情，完滿、融洽的氣氛是離開現場的最好時機。

未達成交易後如何道別？

對於推銷人員來說，無論是否成交，態度都應始終如一，這一點並不容易做到。在推銷失敗後，依然要對冷冰冰的客戶露出微笑，並表示友好，確實需要高超的技藝。但這樣做是為了長遠利益，是為了下一次交易，因為新的生意可能就由此而產生。合格的推銷人員必須具備承受失敗的能力。當生意未成而告別時，應避免以下三種態度：蔑視對方，惱羞成怒，自暴自棄。

推銷人員費了九牛二虎之力，沒能與客戶達成交易，難免感到沮喪，並在表情上有所流露，言行無禮。沒談成生意，不等於今後不會再談成生意。生意場上有一句至理名言：「買賣不成情義在。」雖然沒有談成生意，但溝通了與客戶的感情，留給客戶一個良好的印象，那也是一種成功你為贏得下次生意的成功播下了種子。推銷專家忠告：「只要推銷人員在道別行為上給客戶留下一個良好形象，仍會有希望與客戶建立起業務上的交往關係。」因此，推銷人員即使在未達成交易的情況下，也要注意道別的技巧，講究道別的策略。

走向成功事業的巔峰

社會競爭越來越激烈，要求我們絕不能安於現狀，不安於現狀的推銷員會時刻戰勝自己，主動改進，永遠也不會說「已經做得夠好了」。

那是在 1990 年代的一天，有兩個人騎著駱駝行走在非洲的大沙漠裡，他們的目的地是沙漠另一邊的一個小城鎮。

他們帶了好幾壺水和好幾袋食物，足夠應付幾天的供應。

「我們應該加快前進速度，不然會被困在沙漠裡。」進入沙漠的第二天，其中一個人覺得走得太慢了，便對另一個人說。

「怕什麼？我們有這麼多的水和食物，慢慢走吧。」另一個人說。

提議走快一點的那個人聽了，覺得有道理，也放棄了走快一點的想法。

然而，就在那天晚上，一場風暴襲來，兩個人的命是保住了，可是水、食物、行李都被風暴捲走了，駱駝也失蹤了。

這一下，他們不能再「慢慢走」了。第三天，他們開始拼命的奔跑，可惜的是，由於無水無食，又辨別不清方向，最終走不出大沙漠。

足夠多的水和食物，是兩個人當時的「現狀」，安於這樣的「現狀」，兩個人慢慢的走。但無情的風暴毀掉了他們的「現狀」，並最終毀掉了他們的性命。

風暴不是人力可以控制的，「現狀」也不是自己可以挽留的。

其實，每一個組織以及每一個人，都會隨時遭遇類似於「風暴」的不可控事件，這些事件會毀掉一切，讓沒有準備的、安於現狀的人陷入絕境。

即使沒有狂風大浪，你所處的境況也每時每刻都在變化，安於現狀只能是一廂情願的夢想，當你從夢中醒來時，你會發現原來擁有的一切，都已經

隨風而逝。因此，你必須像非洲瑪族人那樣，主動變化，在「現狀」變化之前就做好準備，如果像相族人那樣等「現狀」消失了再變化，一切都晚了。

世界上第一輛四輪汽車是福特發明的，在其他汽車公司崛起之前，世界上最受歡迎的汽車是福特的 T 型車。這種汽車色彩單一，除了黑色還是黑色，樣式也比較古板，但在生產線大量生產模式下，其生產成本較低，而且耐用，迎合了當時世界各國消費者的需求，暢銷期長達 20 年。也許正是因為這種暢銷，讓福特的經營者們誤認為「現狀」應當一成不變，福特王朝可以永遠做汽車業的老大，進而忽視了世界一直都在前進的現實。

1920 年代，經濟進一步發展了，美國人的收入增加了，汽車不再僅僅是代步的工具，人們更樂意把它當作地位和身分的象徵。顯然，色彩單一，樣式單一的 T 型車，已經無法滿足人們的這種新的需求了。然而，福特公司經營者對這種變化視而不見，福特本人還固執的說：「不管消費者需要什麼，福特公司生產的汽車永遠都是黑色的！」

前進中的世界，終於使停止「現狀」的福特落後了。跟上時代發展的，是順應消費者需求的通用汽車，以及後來的日本豐田和本田等，他們很快擠占了福特原來的市場，福特車利潤銳減。

你安於現狀，但其他對手仍在進步，你止步不前，換來的只能是落後，落後就面臨被淘汰。你不變，環境每時每刻都在變。

有的企業家，在幾年前還把企業做得生意興隆，近幾年卻力不從心了；也有的老闆，過去成功過，後來栽了跟頭，現在想東山再起，卻辦不到了，即使擁有比當年創業時更豐富的資源都無法辦到。

企業家今不如昔，可能有多方面的原因：企業規模大了，他本人卻沒有成長；現在創業門檻更高了，他跨不過去了，市場機會越來越少了，競爭者卻更多了，競爭更劇烈了；現在的創業環境變化了，他不適應了。這些原因，

總結起來，其本質都是安於現狀造成的。

尤其是環境的變化，讓很多缺乏遠見的老闆吃了大虧。他們總是以為：環境不會惡化，只會越來越好，或者至少可以保持現狀。在日新月異的環境中，他們頑固的走著老路，使用舊方法，守著落後的經營理念。

主動才能前進，被動就要挨打

在第二次世界大戰中期，美國空軍和降落傘製造商之間發生了分歧，因為降落傘的安全性能不夠。事實上，透過努力，降落傘的合格率已經提高到99.9％了，但軍方要求達到100％，因為如果只達到99.9％，就意味著每1,000個跳傘士兵中會有一個因為降落傘的品質問題而送命。降落傘商則認為提高到99.9％就夠好的了，世界上沒有絕對的完美，根本不可能達到100％的合格率。軍方在交涉不成功後，改變了品質檢查辦法。他們從廠商前一週交貨的降落傘中隨機挑出一個，讓廠商負責人裝備上身後，親自從飛機上往下跳。這時，廠商才認知到100％合格率的重要性。奇蹟很快出現了：降落傘的合格率一下子達到了100％。

在通常情況下，99.9％的合格率已經夠好的了。但如此「夠好」，卻意味著每1,000個士兵中，就可能有一個人不是死於敵人的槍炮，而是死於降落傘的品質問題。

實際上，事物永遠沒有「夠好」的時候。

一個人成功與否在於他是否做什麼都力求最好。成功者無論從事什麼工作，都不會輕率疏忽，滿足現狀。相反，他會在工作中以最高的規格要求自己，能做到最好，就必須做到最好。對於主管來說，這樣的員工才是最有價值的員工，這樣的推銷員也是最棒的推銷員。

工作中的每個人都應該培養自己一絲不苟的工作作風，那種認為小事就可以被忽略或置之不理的想法，正是你做事不能善始善終的根源。它直接導致工作中漏洞百出。要不斷思考如何改進你必須要做的事。當然，在你對既有工作流程尋求改變以前，必須先努力了解既有工作流程，以及這樣做的原因。然後質疑既有的工作方法，想一想能不能進一步改善。

不斷戰勝自我

一個失去一條腿的軍人曾說過這樣一段話：「我認為最可怕的敵人便是躲在暗處、看不見的敵人。與明處敵人作戰時，內心具有一種充實感。但我最害怕在密林深處作戰。當你屏息靜氣，不敢發出任何聲響，緊張的注視著周圍時，好像什麼阻力也沒有，甚至連敵人的影子都看不見。時間 1 分鐘、2 分鐘、5 分鐘、10 分鐘的過去，最令人害怕、毛骨悚然的就是如此的寂靜，當恐怖感滲透全身時，也就到了與那些看不見、摸不著的敵人開始戰鬥的時刻了……」

推銷員同樣也面對著看得見的「敵人」（競爭對手）和看不見的「敵人」（自己）。對於看得見的「敵人」，當然要全力戰勝他，誰都明白應該怎樣去做。為了取得成功，當然要付出相當的努力，因此，對於看得見的「敵人」，我們沒有任何懼怕。

真正可怕的是那些看不見的「敵人」，這無形的「敵人」就在你感覺不到的自身之中。

所謂推銷，就是即使客戶擺出一副拒絕的架勢，推銷員也要用相對的對策使客戶購買。客戶不想買，你就要用相對的對策來改變客戶的觀點，這就是推銷員的工作。當然，客戶不會輕易改變自己的主意。道理很簡單，你自己一旦有了某種打算，也不會隨意改變，何況是要求別人改變決定呢？同樣

是拒絕，方式卻有不同。有時客戶是洗耳恭聽後再禮貌的拒絕，有時卻態度粗暴，令你難以忍受。推銷員差不多每時每刻都在各種拒絕中與「敵人」打交道。假如一個推銷員一開始就認為推銷工作真讓人討厭，那麼，等到第二天起床他會更加厭惡自己的工作。這就是以悲觀的態度去從事推銷工作。

身為一個推銷員，在他剛剛開始推銷時，會遇到一系列的問題的困難。如果此時自己的惰性占了上風，也正是敗給看不見的「敵人」的開始。因此，我們最可怕的敵人便是自己的惰性。無論成功，還是失敗，都取決於自己如何有效的抑制逃避困難與貪圖眼前安逸的心理。

戰勝自己，不斷攀登，這就是一名普通業務員成為世界級推銷大師的唯一途徑。

推銷之王的冠軍法則

寒暄有禮化、介紹客製化、讚美真誠化，銷售聖經在手，訂單只能我有！

作　　者：徐書俊，禾土

發 行 人：黃振庭

出 版 者：崧燁文化事業有限公司

發 行 者：崧燁文化事業有限公司

E-mail：sonbookservice@gmail.com

粉 絲 頁：https://www.facebook.com/
　　　　　sonbookss/

網　　址：https://sonbook.net/

地　　址：台北市中正區重慶南路一段六十一號八
　　　　　樓 815 室

Rm. 815, 8F., No.61, Sec. 1, Chongqing S. Rd.,
Zhongzheng Dist., Taipei City 100, Taiwan

電　　話：(02)2370-3310

傳　　真：(02) 2388-1990

印　　刷：京峯彩色印刷有限公司（京峰數位）

律師顧問：廣華律師事務所 張珮琦律師

定　　價：480 元

發行日期：2022 年 04 月第一版

◎本書以 POD 印製

國家圖書館出版品預行編目資料

推銷之王的冠軍法則：寒暄有禮
化、介紹客製化、讚美真誠化，銷
售聖經在手，訂單只能我有！/ 徐書
俊，禾土著 .-- 第一版 . -- 臺北市：
崧燁文化事業有限公司 , 2022.04
　面；　公分
POD 版
ISBN 978-626-332-302-5(平裝)
1.CST: 銷售 2.CST: 銷售員 3.CST:
職場成功法
496.5　　111004810

電子書購買

臉書